———— 王建新 隋美丽 著

Gambas
程序设计
基于国产操作系统

化学工业出版社

·北京·

内容简介

本书帮助读者快速了解 Gambas 的语法规则、语言特色、GUI 程序开发规范，掌握 Gambas 的基本程序设计方法，包括 Gambas 集成开发环境与程序打包发布、数据类型与结构化程序设计、窗体设计、基本控件应用、图像处理与图形绘制、消息框与对话框、键盘与鼠标事件以及流操作等内容。

本书配备了不同层次的实例，并提供详细的程序注释说明，使读者能够深入理解程序设计基本思路、基本方法和一般步骤，提高实际应用能力。

本书适合程序开发人员参考，可作为计算机、电子信息、通信和自动化类等专业的 BASIC 程序设计课程教材，也可作为职业教育和社会培训用教材。

图书在版编目（CIP）数据

Gambas 程序设计：基于国产操作系统/王建新，隋美丽著．—北京：化学工业出版社，2021.7
ISBN 978-7-122-38891-9

Ⅰ.①G…　Ⅱ.①王…②隋…　Ⅲ.①BASIC 语言-程序设计-职业教育-教材　Ⅳ.①TP312.8

中国版本图书馆 CIP 数据核字（2021）第 063337 号

责任编辑：宋　辉　　　　　　　　　　文字编辑：毛亚囡
责任校对：刘　颖　　　　　　　　　　装帧设计：王晓宇

出版发行：化学工业出版社（北京市东城区青年湖南街 13 号　邮政编码 100011）
印　　装：北京建宏印刷有限公司
787mm×1092mm　1/16　印张 21½　字数 546 千字　2021 年 8 月北京第 1 版第 1 次印刷

购书咨询：010-64518888　　　　　　　　售后服务：010-64518899
网　　址：http://www.cip.com.cn
凡购买本书，如有缺损质量问题，本社销售中心负责调换。

定　　价：88.00 元　　　　　　　　　　　　　　　　　　版权所有　违者必究

BASIC 语言诞生于 20 世纪 60 年代，由于易学易用、用途广泛，成为广大程序初学者和工程技术人员的首选语言。我国许多高校开设了 Visual Basic 程序设计课程，在国家计算机二级考试中设置了 Visual Basic 科目，同时，有大量 BASIC 语言源代码和相关代码的开发者、维护者。

随着微电子技术、计算机技术和通信技术的快速发展，国产操作系统和 CPU 技术日臻完善，相关应用和开发已经提上了日程，逐步满足我国相关行业对国产化的要求。在软件国产化大趋势下，出现了龙芯、兆芯、飞腾等国产 CPU 以及 Deepin、UOS、中标麒麟、中科方德、银河麒麟等国产操作系统，需要有一个新的、开源的开发工具来替代 Windows 下的 BASIC 开发工具，Gambas 就是其中的首选。Gambas 能将 Windows 下的 Visual Basic、VB.net、KBasic、HBasic 代码非常容易地转换改写为 Gambas 代码，实现国产操作系统的软件适配，同时，也可以使 BASIC 程序设计员很容易地转移到 Linux 开发平台上。

Gambas 开发的系统已经应用于信息网络、电子通信、自动化、生化和工业生产的各个领域。本书主要以 Deepin 下的 Gambas 开发环境为基础进行讲解，全书共分为 8 章，介绍了 Gambas 的由来、语言特色、GUI 程序开发等内容，通过相关的应用实例，使读者对 Linux 操作系统下 Gambas 程序设计有一个深入了解，从代码的角度来展现这门语言的独特魅力。

为便于读者学习，本书提供程序源代码，读者扫描下方二维码，复制链接至电脑端，即可下载。

本书由北京电子科技学院王建新、北京电子科技职业学院隋美丽执笔，北京电子科技学院张磊、肖超恩、赵成、董秀则、丁丁、陈汉林、靳济方、方熙、段晓毅、李秀滢、周玉坤、史国振、王丽丰、宿淑春、李雪梅、高献伟、李晓琳老师为本书的编写工作提供了帮助。

由于本书涉及面比较宽，加上作者水平有限，书中难免存在不妥之处，希望广大读者批评指正。

著　者

目 录
CONTENTS

第 1 章 Gambas 概述 ······ 1

1.1 Gambas 简介 ······ 1
1.2 Benoît Minisini 简介 ······ 1
1.3 Gambas 的主要特性 ······ 2
1.4 编译和安装 ······ 6
1.5 Gambas 集成开发环境 ······ 9
1.5.1 Deepin 下 Gambas 安装 ······ 9
1.5.2 Gambas 集成开发环境 ······ 10
1.6 创建一个简单的 GUI 程序 ······ 17
1.6.1 GUI 程序生成向导 ······ 17
1.6.2 GUI 程序开发框架 ······ 19
1.7 程序发布 ······ 22
1.7.1 生成安装包 ······ 22
1.7.2 安装应用程序 ······ 28
1.7.3 卸载应用程序 ······ 30
1.8 程序调试 ······ 31
1.8.1 调试工具 ······ 31
1.8.2 程序调试 ······ 32
1.8.3 程序调试的一般方法与步骤 ······ 34

第 2 章 Gambas 程序设计基础 ······ 35

2.1 数据类型 ······ 35
2.1.1 基本数据类型 ······ 35
2.1.2 基本数据操作函数 ······ 38

2.1.3　本地容器类 ·· 40

2.2　常量和变量 ·· 42

　　2.2.1　标识符 ··· 42

　　2.2.2　常量 ·· 43

　　2.2.3　变量 ·· 44

　　2.2.4　数组声明 ·· 45

　　2.2.5　对象变量 ·· 46

　　2.2.6　结构体声明 ··· 48

　　2.2.7　方法声明 ·· 49

2.3　运算符和表达式 ·· 52

　　2.3.1　运算符 ··· 52

　　2.3.2　表达式 ··· 54

　　2.3.3　字符串函数 ··· 55

　　2.3.4　数学函数 ·· 57

　　2.3.5　日期与时间函数 ··· 59

2.4　程序结构 ·· 59

　　2.4.1　顺序结构 ·· 60

　　2.4.2　分支结构 ·· 60

　　2.4.3　循环结构 ·· 63

2.5　错误处理 ·· 69

2.6　面向对象程序设计 ··· 71

　　2.6.1　面向对象技术特点 ·· 72

　　2.6.2　对象和类 ·· 73

　　2.6.3　事件和事件观察器 ·· 74

　　2.6.4　继承 ·· 76

　　2.6.5　组件 ·· 76

第3章　窗体设计 ·· 77

3.1　窗体 ·· 77

　　3.1.1　创建窗体 ·· 77

　　3.1.2　窗体属性 ·· 79

　　3.1.3　窗体事件 ·· 82

　　3.1.4　窗体方法 ·· 84

　　3.1.5　窗体的启动与结束 ·· 86

3.2 用户登录窗体程序设计 …… 89
3.2.1 实例效果预览 …… 90
3.2.2 实现步骤 …… 90
3.3 图片浏览与音乐播放程序设计 …… 96
3.3.1 效果预览 …… 96
3.3.2 实现步骤 …… 96
3.4 MDI 窗体程序设计 …… 101
3.4.1 效果预览 …… 101
3.4.2 实现步骤 …… 102

第4章 基本控件应用 …… 107
4.1 命名约定 …… 107
4.2 标签类控件 …… 109
4.2.1 Label 控件 …… 109
4.2.2 TextLabel 控件 …… 115
4.2.3 LCDLabel 控件 …… 116
4.2.4 URLLabel 控件 …… 117
4.2.5 标签程序设计 …… 118
4.3 文本框类控件 …… 123
4.3.1 TextBox 控件 …… 124
4.3.2 TextArea 控件 …… 127
4.3.3 MaskBox 控件 …… 129
4.3.4 ValueBox 控件 …… 130
4.3.5 文本编辑程序设计 …… 131
4.4 按钮类控件 …… 135
4.4.1 Button 控件 …… 135
4.4.2 ToolButton 控件 …… 137
4.4.3 MenuButton 控件 …… 140
4.4.4 ColorButton 控件 …… 142
4.4.5 RadioButton 控件 …… 142
4.4.6 SwitchButton 控件 …… 143
4.4.7 ToggleButton 控件 …… 143
4.4.8 ButtonBox 控件 …… 144
4.4.9 CheckBox 控件 …… 145

4.4.10	ComboBox 控件	146
4.4.11	按钮程序设计	148

4.5 滚动条类控件 … 156

4.5.1	Slider 控件	156
4.5.2	ProgressBar 控件	157
4.5.3	Spinner 控件	157
4.5.4	SpinBox 控件	158
4.5.5	SliderBox 控件	159
4.5.6	ScrollBar 控件	160
4.5.7	SpinBar 控件	160
4.5.8	滚动条程序设计	161

4.6 图片类控件 … 165

4.6.1	MovieBox 控件	165
4.6.2	PictureBox 控件	166
4.6.3	Image 类	168
4.6.4	图片动画与图像处理程序设计	174
4.6.5	GIMP 图像处理	180

第 5 章 图像图形处理 … 188

5.1 颜色类控件 … 188

5.1.1	ColorChooser 控件	188
5.1.2	ColorPalette 控件	189
5.1.3	实用图像处理程序设计	190

5.2 绘图类控件 … 207

5.2.1	DrawingArea 控件	207
5.2.2	Draw 类	209
5.2.3	实用图形绘制程序设计	216

第 6 章 Message 类 … 222

6.1 消息框类 … 222

6.1.1	Message 类	222
6.1.2	InputBox 类	224
6.1.3	消息框程序设计	225

6.2 对话框类 … 229

6.2.1 Dialog 类 ········· 229
6.2.2 对话框程序设计 ········· 232
6.3 Menu 类 ········· 235
6.3.1 Menu 类 ········· 236
6.3.2 .Menu.Children 虚类 ········· 238
6.3.3 记事本程序设计 ········· 238
6.4 Object 静态类 ········· 255
6.4.1 Object 静态类 ········· 256
6.4.2 动态添加控件程序设计 ········· 260

第 7 章 事件处理 ········· 267
7.1 键盘事件 ········· 267
7.1.1 按键事件 ········· 267
7.1.2 Key 类 ········· 268
7.2 Mouse 类 ········· 273
7.3 Timer 控件 ········· 275
7.4 板球游戏程序设计 ········· 276

第 8 章 流与输入输出 ········· 282
8.1 流与输入输出 ········· 282
8.1.1 流打开与关闭 ········· 283
8.1.2 流输入输出 ········· 285
8.1.3 流锁定 ········· 287
8.1.4 流信息 ········· 288
8.1.5 流读写定位 ········· 288
8.1.6 流错误处理 ········· 291
8.1.7 简易英汉汉英双语词典程序设计 ········· 293
8.2 文件操作 ········· 297
8.2.1 File 类 ········· 297
8.2.2 Stream 类 ········· 305
8.2.3 .Stream.Term 虚类 ········· 305
8.3 文件和目录管理 ········· 306
8.3.1 文件管理函数 ········· 306
8.3.2 文件 Access 属性测试程序设计 ········· 314

8.4 Stat 类 ··· 317
　8.4.1 Stat 类 ·· 317
　8.4.2 .Stat.Perm 虚类 ··· 319
　8.4.3 文件 Stat 属性测试程序设计 ··· 319
8.5 二进制文件操作 ·· 322
　8.5.1 Exif 信息 ··· 322
　8.5.2 图片 GPS 信息提取程序设计 ··· 327

参考文献 ·· 333

第1章

Gambas概述

Gambas 是法国计算机工程师 Benoît Minisini 发起并设计的一套基于类 Unix 操作系统的功能强大的程序设计语言，可应用于 Linux 和 Mac OS。Gambas 以 BASIC 语法为基础，以可视化为主要特点，采用面向对象、事件驱动机制，巧妙地把 Linux 程序设计的复杂性封装起来，使研究和开发 Linux 环境下的应用程序变得非常容易。

本章介绍 Gambas 的由来、Gambas 之父 Benoît Minisini 的主要经历、Gambas 的主要特征、语言特色、编译和安装、创建简单的 GUI 程序、程序发布和安装卸载以及程序调试等，使读者对 Gambas 和 Linux 操作系统程序设计有一个初步了解，包括：程序设计的基本概念、基本方法，Gambas 集成开发环境、安装包生成、应用程序安装与卸载以及程序调试方法等。

1.1 Gambas 简介

Gambas 是一个法语词汇，本意为"产于地中海的明虾"，发音为［gābas］（甘巴斯），法国计算机工程师 Benoît Minisini 借用这个词语，并赋予其新的内涵，Gambas：Gambas Almost Means Basic，将其设计成为一种基于 BASIC 的面向对象的程序设计语言。

顾名思义，BASIC（Beginners' All-purpose Symbolic Instruction Code）即初学者通用符号指令代码，最初是一种为初学者设计的程序设计语言，于 1964 年由 Dartmouth 学院的 John G. Kemeny 和 Thomas E. Kurtz 教授开发。BASIC 语言简单、易学，很快流行起来，成为主要的程序设计语言之一。

随着计算机科学技术的迅速发展，特别是微型计算机的广泛使用，计算机厂商不断在原有的 BASIC 的基础上进行功能扩充，出现了多种 BASIC 版本，例如 TRS-80 BASIC、Apple BASIC、GW BASIC、IBM BASIC、True BASIC、Quick BASIC、Visual Basic、VB. net、KBasic、HBasic、Gambas 等。当前，BASIC 已经由初期小型、简单的学习语言发展成为功能丰富的高级程序设计语言。许多知名厂商都提供 BASIC 语言开发工具，由于版本和理解的差异，不同的 BASIC 语言在语法、规则、功能上不尽相同，但是均继承了 BASIC 创始人所设计的基本形态，并分别赋予其独特的设计方法和特色功能。

1.2 Benoît Minisini 简介

Gambas 由法国计算机工程师 Benoît Minisini（贝努瓦·米尼西尼）设计开发，被业界称为 Gambas 之父。Benoît Minisini 出生于 1972 年，法国人。12 岁时，他在一台 CPC Amstrad 464 上进行 BASIC 程序设计，开始了其传奇的程序设计生涯；在 EPITA（Ecole d'Ingenieurs en Informatique，法国高等计算机信息工程师学院）学习期间，在 Windows3.1 下实现了一款 Lisp 语言解释器。由于对编译器研究的痴迷，从 20 世纪 90 年代中后期开始，Benoît Minisini 致力于 Gambas 开发工具的设计，并将工作之余的大部分时间都贡献给了自由软件世界，他的名言"When you are doing something, you have against you every people doing the same thing, every people doing the opposite thing, and the very large majority of people doing nothing"一直在网络中流传，成为一段佳话。

1.3　Gambas 的主要特性

　　Gambas 是一款非常流行、免费、功能强大的集成开发环境（IDE），可运行于绝大多数类 Unix 平台，包括各种 Linux 发行版、Mac OS，甚至能以命令行形式运行于 Windows，采用具有对象扩展功能的 BASIC 解释器，使用 BASIC 语法规则，在体系结构上参考 Java 实现方案，其外部表现类似于 Visual Basic。实际上，用 Gambas 开发的应用程序是一组文件的集合，每个文件描述一个类，类文件编译后由解释器执行。

　　Gambas 集成开发环境由以下模块组成：

- 编译器
- 解释器
- 归档管理器
- 脚本解释器
- 图形用户界面
- 集成开发环境

Gambas 编译器、解释器用 C 语言设计开发。Gambas 解释器是一个命令行程序，而集成开发环境用 Gambas 自身编写。用户创建的 Gambas 工程存储在一个目录下，归档管理器将工程转换为一个独立的可执行文件。编译一个工程时仅需要编译被修改的类，一个类的每一个外部引用只有在执行时才会被动态调用。Gambas 体系结构允许扩展组件，可以通过组件来扩展本地类共享库。Gambas 工程可以翻译成其他国家语言。

　　Gambas 的语言特色如下。

　　① Gambas 包含约 250 个关键字和本地函数，能够完成数学计算、字符串处理、输入输出、文件管理和时间管理等功能，包括：

- 错误处理
- 进程控制，使用伪终端管理
- 支持监视输入输出文件描述符
- 支持定时器事件循环
- 支持本地 UTF-8 字符串
- 支持国际化和翻译
- 支持调用系统共享库以及外部函数

　　② Gambas 具备面向对象的能力，包括：

- 类和对象
- 属性、方法、事件
- 公有和私有标识
- 多态性
- 单一继承
- 构造函数和析构函数
- 数组访问器、枚举器、可排序对象

　　③ Gambas 继承采用完全动态机制，包括：

- 创建现有类的新版本
- 重新实现一个类并扩展
- 重写类的方法或属性

　　任何类都可以被继承、重新实现或覆盖，甚至是用 C/C++编写的本地类，并且可以用 Observer 类拦截对象触发的事件。

④ Gambas 解释器核心是一个终端命令行程序，所有特性均由组件提供，组件是用 C/C++、Gambas 编写的类组，包括：

- 数据库访问，如 MySQL、PostgreSQL、SQLite、ODBC
- 图形用户界面程序设计，基于 Qt 工具箱或 GTK＋工具箱
- 网络程序设计，使用增强管理协议 HTTP、FTP、SMTP、DNS
- D-Bus
- SDL 程序设计
- OpenGL 程序设计
- XML 程序设计
- CGI 程序设计

目前，Gambas 包含 857 个类和 10516 个函数。

⑤ 用 C/C++编写的组件存储于共享库内，在程序启动时加载或在程序执行期间按需加载，类似于 Linux 内核设备驱动程序，包括：

- 组件的源代码位于 Gambas 源代码树中。
- 组件和解释器通过应用程序接口进行通信。
- 在解释器中执行。

⑥ Gambas 可以用作脚本语言，由 scripter 提供，是一个小型的 Gambas 可执行文件，允许 Gambas 代码保存到一个文本文件中，其配置环境参数与操作系统、Gambas 版本有关。

举例说明：

```
#!/usr/bin/env gbs3
' This script returns the memory really used by the system, the cache and swap being excluded.
Function GetUsedMemory() As Long

    Dim sRes As String
    Dim aRes As String[]
    Dim cVal As New Collection
    Dim sVal As String

    Exec ["cat","/proc/meminfo"] To sRes
    For Each sVal In Split(sRes,"\n"," ",True)
        aRes=Split(sVal," "," ",True)
        cVal[Left$(aRes[0],-1)]=CLong(aRes[1])
    Next
    Return cVal ! MemTotal-cVal ! MemFree-cVal ! Buffers-cVal ! Cached+cVal ! SwapTotal-cVal ! SwapFree-cVal ! SwapCached
End
Print Subst("Used memory:& 1 Kb",GetUsedMemory())
```

⑦ Gambas 组件提供统一的对外接口，通过对底层的抽象获得一致的外部特性，包括：

- 独立于具体数据库系统，每种数据库都通过相同的 API 访问。

集成开发环境中的数据库管理器使用相同的代码来管理 MySQL、PostgreSQL、SQLite、ODBC 数据库，如图 1-1 所示。

- 独立于图形工具箱，QT 组件和 GTK＋组件使用相同接口。

使用 Gambas 可以编写独立于图形工具箱的应用程序，QT4 组件和 GTK＋组件具有相同的界面，如图 1-2 所示。

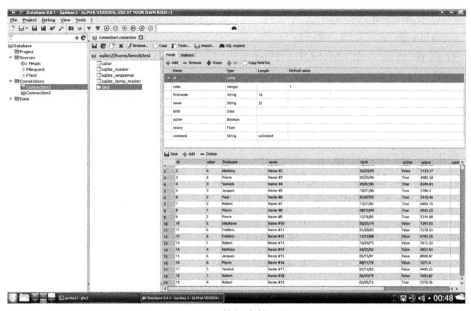

图 1-1 数据库管理器

(a) QT4 组件

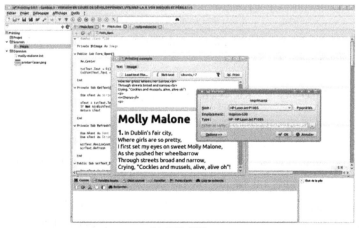

(b) GTK+组件

图 1-2 QT4 组件和 GTK+组件使用相同接口

⑧ Gambas 提供了一个完整功能的 IDE 集成开发环境，其本身采用 Gambas 编写，能够实现创建窗体、添加控件、编辑代码和系统调试等功能，如图 1-3 所示。

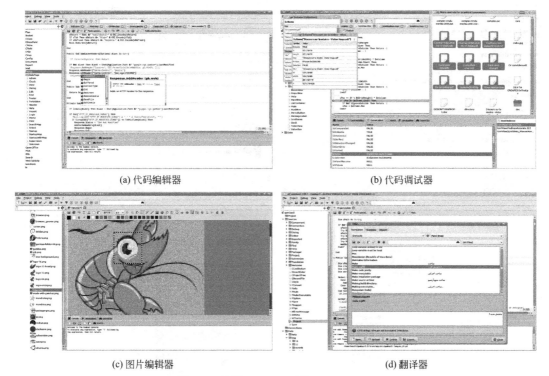

(a) 代码编辑器　　　　　　　　　　　　(b) 代码调试器

(c) 图片编辑器　　　　　　　　　　　　(d) 翻译器

图 1-3　使用 Gambas 开发 Gambas IDE

Gambas 集成开发环境提供以下功能：
- Gambas 代码、超文本标记语言、CSS 文件的语法高亮显示
- 代码自动补全
- 图形用户界面窗体编辑器
- 集成调试器
- 图片编辑器
- 字符串翻译器
- Subversion 支持
- 数据库管理器
- 在线文档查看器，源自文档维基
- 程序示例，软件农场

⑨ 支持发行版安装包制作，以及基于 GNU 自动化工具的 tar.gz 安装包，如图 1-4 所示。

支持的 GNU/Linux 发行版，包括：
- Arch Linux
- Debian
- Fedora
- Mageia
- Mandriva
- Pardus
- SuSE
- Slackware
- Ubuntu

图 1-4 安装包制作工具

1.4 编译和安装

(1) 编译要求

编译 Gambas 依赖于一些开发包组件，而这些开发包与 Linux 发行版存在很大关系，其库与模块如表 1-1 所示。

表 1-1 Gambas 依赖库与模块

组件	库或 pkg-config 模块
Compilation	gcc g++ automake autoconf libtool>=2.0
Interpreter	libffi
gb.compress.bzlib2	libbz2.so
gb.compress.zlib	libz.so

续表

组件	库或 pkg-config 模块
gb.cairo	cairo>=1.6.0 cairo-ft>=1.6.0
gb.crypt	libcrypt.so
gb.db.mysql	libmysqlclient.so、libz.so
gb.db.odbc	libodbc.so
gb.db.postgresql	libpq.so
gb.db.sqlite2	libsqlite.so
gb.db.sqlite3	libsqlite3.so
gb.dbus	dbus-1
gb.desktop	libXtst.so
gb.desktop.gnome	gnome-keyring-1
gb.gmp	libgmp.so
gb.gsl	libgsl.so、libgslcblas.so
gb.gtk	gtk+-2.0>=2.16 cairo>=1.6.0 cairo-ft>=1.6.0 gtk+-unix-print-2.0>=2.10 librsvg-2.0>=2.14.3
gb.gtk.opengl	gtkglext-1.0
gb.image.io	gdk-pixbuf
gb.image.imlib	imlib
gb.libxml	libxml-2.0
gb.media	gstreamer-0.10>=0.10.31 gstreamer-interfaces-0.10>=0.10.31 for Gambas<=3.4 gstreamer-1.0 gstreamer-video-1.0 for Gambas>=3.5
gb.mime	gmime-2.4 或 gmime-2.6
gb.ncurses	ncurses.so、panel.so
gb.net.curl	libcurl>=7.13
gb.openal	openal>=1.13 alure
gb.opengl、gb.opengl.glsl	libGL.so、libGLEW.so
gb.opengl.glu	libGLU.so
gb.openssl	openssl
gb.pcre	libpcre.so
gb.pdf	poppler>=0.5
gb.poppler	poppler>=0.5 poppler-glib
gb.qt4、gb.qt4.ext、gb.qt4.opengl、gb.qt4.webkit	Qt4 libraries>=Qt 4.5
gb.qt5	Qt5Core>=5.3.0、Qt5Gui、Qt5Widgets、Qt5Svg、Qt5PrintSupport、Qt5X11Extras

续表

组件	库或 pkg-config 模块
gb.qt5.opengl	Qt5Core>=5.3.0、Qt5Gui、Qt5Widgets、Qt5OpenGL Qt version>=5.4.0 不需要 gb.qt5.opengl
gb.qt5.webkit	Qt5Core>=5.3.0、Qt5Gui、Qt5Widgets、Qt5Network、Qt5Xml、Qt5WebKit、Qt5WebKitWidgets、Qt5PrintSupport
gb.sdl	libSDL.so、libSDL_ttf.so、libGL.so、libGLEW.so
gb.sdl2	libSDL2-2.0.so、libSDL2_image-2.0、libSDL2_ttf-2.0、libGL.so、libGLEW.so
gb.sdl.sound	libSDL.so、libSDL_mixer.so
gb.sdl2.audio	libSDL2-2.0.so、libSDL2_mixer-2.0.so
gb.v4l	libjpeg.so、libpng.so、Video4Linux>=2.0
gb.xml.xslt	libxml-2.0、libxslt

此外，Gambas 必须有/tmp 目录的写权限，并且必须用下列版本的 GNU 工具：
- Automake 1.11.1
- Autoconf 2.68
- Libtool 2.4

(2) 下载源代码
- 可以从 http://gambas.sourceforge.net 网站下载源代码。
- 使用 git 命令，创建 gambas 目录并下载源代码：

git clone--depth=1 https://gitlab.com/gambas/gambas.git

为了检查和下载更新，进入 gambas 目录，并使用以下命令：

git pull

(3) 编译安装
- 当确定已经安装了相关库或包并下载了源代码，进入源代码顶级目录。
- 使用命令创建配置脚本：

./reconf-all

- 检查操作系统，并配置安装包：

./configure-C

如果某个库或者开发包错漏，会提示某些组件不能使用。
- 编译源代码：

make

- 安装：安装 Gambas 到操作系统，必须以 root 权限进行。

su-c" make install"
Password:<在这里输入 root 口令>

或者

```
sudo make install
Password:<在这里输入用户口令>
```

- 升级源代码之后，在编译中出现错误，可以通过下面的命令尝试重建配置脚本：

./reconf-all

- 重新执行配置安装包：

./configure-C

- 如果出现错误，输入命令：

(./configure-C；make；make install)>output.txt 2>&1

检查 output.txt 文件。

(4) 编译组件

Gambas 的 IDE 使用 Gambas 编写，使用前必须编译下列组件：

- gb.clipper
- gb.db
- gb.db.form
- gb.debug
- gb.desktop
- gb.desktop.x11
- gb.eval
- gb.eval.highlight
- gb.form
- gb.form.dialog
- gb.form.editor
- gb.form.mdi
- gb.form.print

- gb.form.stock
- gb.form.terminal
- gb.gui.qt
- gb.gui.qt.webkit
- gb.image
- gb.markdown
- gb.net
- gb.net.curl
- gb.settings
- gb.signal
- gb.term
- gb.util

1.5 Gambas 集成开发环境

Gambas 可运行于各种类 Unix 操作系统，使用前必须先安装到用户计算机上，包括 Gambas、各种组件、各类依赖库等。

1.5.1 Deepin 下 Gambas 安装

① 打开 Deepin 操作系统（Deepin V15.11 桌面版）的"应用商店"，在左侧的"编程开发"中找到 Gambas 开发工具，点击进入，或直接在搜索框输入"Gambas"搜索该开发工具，如图 1-5 所示。

② 在 Gambas 页面中，点击按钮"安装"，系统将自动完成软件的下载与安装。安装完成后，该按钮变成"打开"，点击即可启动 Gambas。也可以通过"启动器"→"所有分类"→"编程开发"→"Gambas3"打开该应用，如图 1-6 所示。

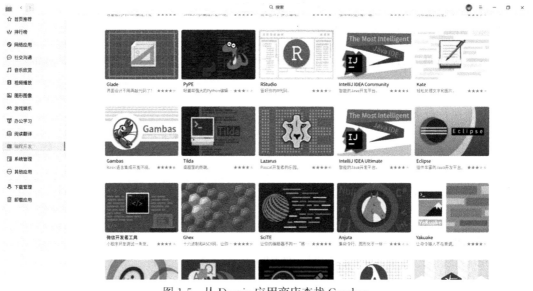

图 1-5　从 Deepin 应用商店查找 Gambas

图 1-6　安装完成后打开 Gambas

1.5.2　Gambas 集成开发环境

Gambas 集成开发环境由若干窗口组成，包括主窗口、工程窗口、属性窗口、控制台窗口、窗体窗口等。

(1) 主窗口

Gambas 集成开发环境主窗口与 Linux 下的其他 GUI 集成开发环境窗口类似，由标题栏、菜单栏、工具栏组成。

① 标题栏　标题栏具有 Deepin 用户界面的一个共同特征，中间是标题，显示当前正在编辑的模块、工程名称、版本号，以及开发工具的名称和主版本。标题栏的最右端是最小化、最大化和关闭按钮。

Gambas 有三种工作模式：

a. 设计模式　在 Gambas 集成开发环境下开发应用程序，此时可进行用户界面的设计和代码编写。

b. 运行模式　在 Gambas 集成开发环境下运行应用程序，此时不能编辑代码和界面。

c. 中断模式　应用程序运行暂时中断，此时可进行程序代码的调试。

② 菜单栏　Gambas 集成开发环境包括 7 个菜单标题，每个菜单标题都有一个下拉菜单，这些下拉菜单包括了程序开发过程中所需要的各种操作。菜单从左至右依次为：

a. "文件"菜单用于新建工程、打开工程、保存工程、打开文件等操作，包括工程和文件类操作，如图 1-7 所示。

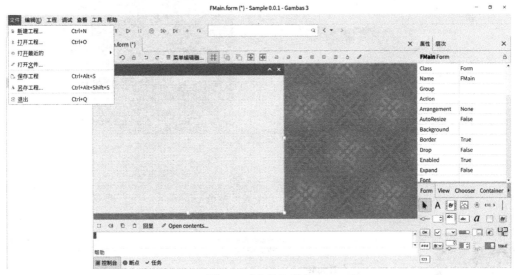

图 1-7　"文件"菜单

b. "编辑（E）"菜单用于程序界面与源代码编写过程中的操作，包括撤消、重做、剪切、复制、粘贴、删除等操作，容器、菜单操作，窗体界面运行，以及锁定、关闭、重载、保存等操作，如图 1-8 所示。

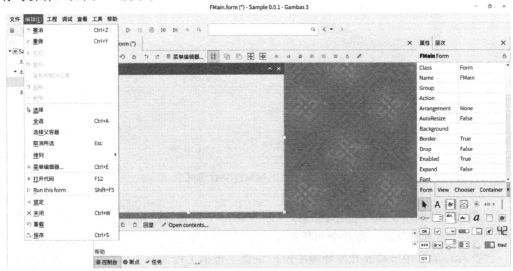

图 1-8　"编辑（E）"菜单

c."工程"菜单用于程序编译、发布、冗余信息清理、刷新以及"属性…"设置等,如图 1-9 所示。"属性…"菜单项包含所开发应用程序的一些基本信息。其中,"通用"包含工程类型、Vendor(提供商)、版本、标题、描述、作者等信息,"组件"包含所用到的 Gambas 组件,如图 1-10 所示。

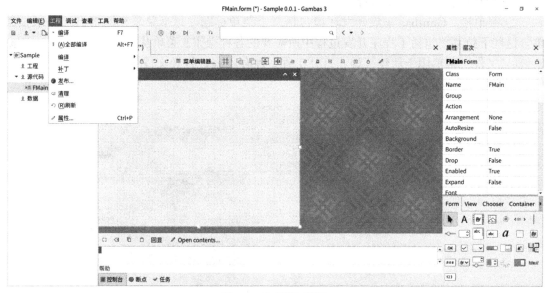

图 1-9 "工程"菜单

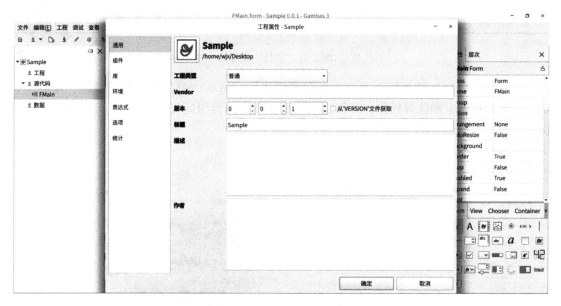

图 1-10 "工程属性"对话框

d."调试"菜单用于执行程序代码以及断点调试、仿真等。其中,断点调试包括暂停、停止、步进、前进、结束、清除全部断点等,如图 1-11 所示。

e."查看"菜单用于集成开发环境的窗口设置,包括工程窗口、属性窗口、控制台窗口、菜单条的隐藏与显示等,如图 1-12 所示。

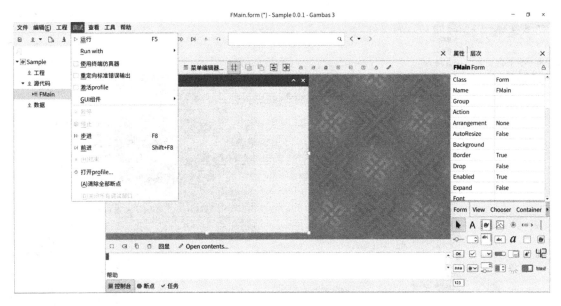

图 1-11 "调试"菜单

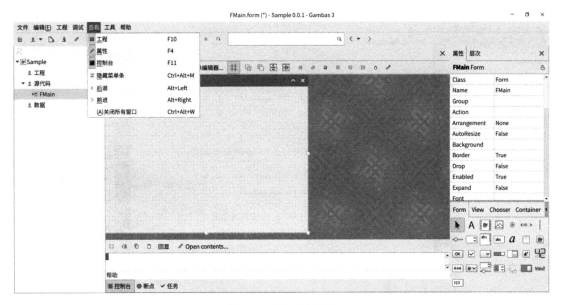

图 1-12 "查看"菜单

f. "工具"菜单用于源代码的查找、替换、浏览工程、快捷键设置、开发环境设置等，如图 1-13 所示。"首选项…"菜单项中包含了身份、接口、字体、编辑者、主题、代码格式化、代码片段、背景、帮助与应用、源归档等设置，如图 1-14 所示。

g. "帮助"菜单用于打开帮助文档，显示系统信息和 Gambas 版本信息等，如图 1-15 所示。获得 Gambas 的在线帮助信息可在集成开发环境中直接按下 "F1" 键。其中，"语言参考"中的"语言索引"和"组件"最为常用，如图 1-16 所示。

③ 工具栏　工具栏从左至右依次为：新建工程、打开工程、保存工程、另存工程、工

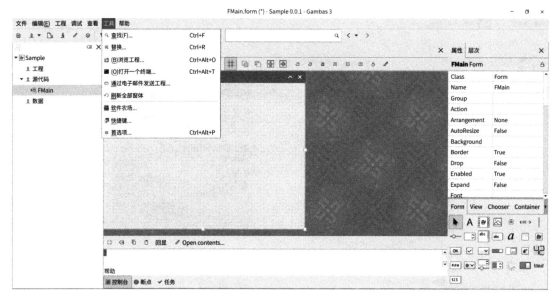

图 1-13 工具菜单

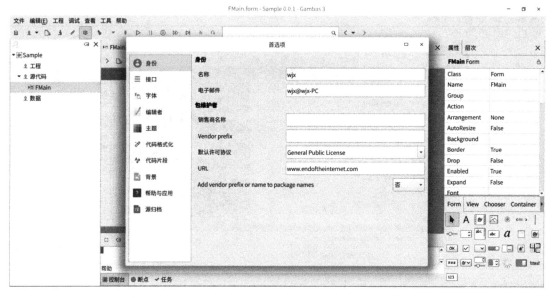

图 1-14 "首选项"对话框

程属性、首选项、制作可执行文件、编译、全部编译、运行、暂停、停止、步进、前进、结束当前函数或过程、运行到当前行、浏览工程、后退、前进等。在工具栏中右击鼠标，在弹出菜单中选择"配置"选项，可对工具栏进行自定义设置，如图 1-17 所示。

（2）工程窗口

工程窗口以树状列表形式列出了当前的工程、源代码和数据等，如图 1-18 所示。其中，源代码中可以包含模块、类和窗体；数据中可以包含图像、HTML 文件、样式表、Java 脚本文件以及其他文件。当创建或从工程中删除文件时，工程资源的变化都会在该窗口中体现

图 1-15 "帮助"菜单

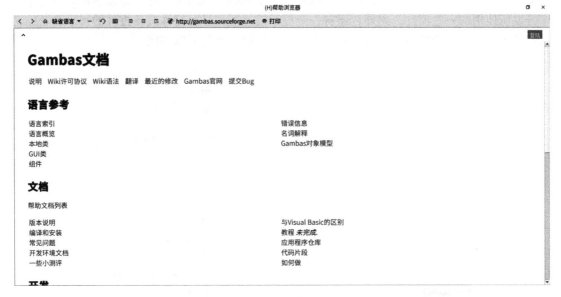

图 1-16 在线帮助

出来。可以直接在该窗口中右击，在弹出菜单中创建、添加、删除资源文件。

(3) 属性窗口

属性窗口包括属性、层次和控件工具箱等，如图 1-19 所示。其中，属性是描述对象性质的形式化机制，每个对象都有若干属性，通过设置属性值来控制对象的外观和行为。"属性"标签页的左侧是属性名称，右侧为属性值，一些属性值会以列表的形式给出，供用户选择，该属性窗口列出了窗体的部分常用属性和设置值；"层次"标签页列出了窗体中所有控件的排列顺序，即按下 Tab 键后控件的切换顺序，可通过其中的上下箭头调整顺序；帮助

图 1-17 "配置"工具栏

位于属性窗口的中间部分,当选中窗体中的相关控件时,显示帮助信息;控件工具箱位于属性窗口的下半部分,包含了"From""View""Chooser""Container"等标签页,内置了程序开发所使用的一些控件。此外,还有一个提示信息框,显示窗体或各控件的提示和帮助信息,位于控件工具箱和属性窗口之间,由于不常使用,此处可以关闭。

图 1-18 工程窗口

图 1-19 属性窗口

(4)控制台窗口

控制台窗口在代码和界面编辑状态下包含"控制台""断点"和"任务"等标签页,根据程序运行和调试情况会动态增减标签页,如图 1-20 所示。其中,"控制台"显示控制台输出信息,如输出到终端的标准输出数据;"断点"显示调试信息;"任务"显示相关任务信息。

图 1-20　控制台窗口

(5) 窗体窗口

窗体窗口主要包括 GUI 界面和类文件,如图 1-21 所示。其中,GUI 界面上的 Form 窗体可以看作是一个容器控件,可放置控件工具箱中的各种控件。在窗体的上部有一排工具栏按钮,其中,第一个按钮为窗体和代码的切换按钮,可以方便实现代码与窗体的相互切换。

图 1-21　窗体窗口

1.6　创建一个简单的 GUI 程序

1.6.1　GUI 程序生成向导

① 在启动 Gambas 后,会弹出"今日知识"窗口,包含一些编程知识和小技巧,每打开一次会自增一条,直到最后一条后重新开始,如果不需要浏览,可点击右下角"关闭"按钮,如图 1-22 所示。窗口中的初始画面显示当前安装了 Gambas 3.9.1 版本,选择"新建工程…"选项,创建一个新的工程项目。

② 在"新建工程"对话框"1. 工程类型"中选择"Graphical application"选项,创建一个 GUI 应用程序,点击"下一个(N)"按钮,如图 1-23 所示。

③ 在"新建工程"对话框"2. Parent directory"中选择"Desktop"文件夹(也可使

图 1-22 启动 Gambas

图 1-23 "新建工程"中的"工程类型"对话框

用自定义文件夹），在桌面创建一个 GUI 应用程序的工程目录，包含窗体、类、模块等文件，并且这些文件为隐藏状态，对用户不可见，点击"下一个（N）"按钮，如图 1-24 所示。

④ 在"新建工程"对话框"3. Project details"中输入工程名和工程标题，如在这里输入"Sample"，点击"确定"按钮，如图 1-25 所示。

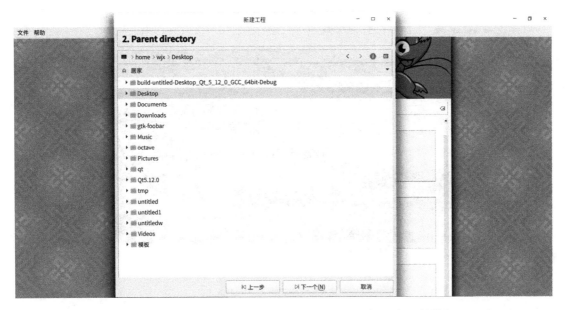

图 1-24 "新建工程"中的"Parent directory"(父目录)对话框

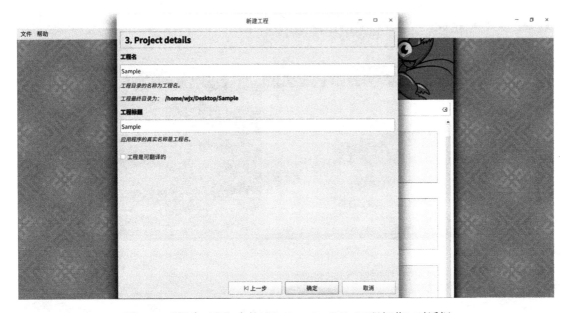

图 1-25 "新建工程"中的"Project details"(工程细节)对话框

1.6.2 GUI 程序开发框架

① 进入 Gambas 集成开发环境后,显示初始开发框架。该工程名为"Sample",GUI 界面名为 FMain,如图 1-26 所示。

② 在"工程窗口"→"源代码"下双击 FMain,打开窗体,通过鼠标拖拽窗体右下角,将其调整到最佳大小,如图 1-27 所示。

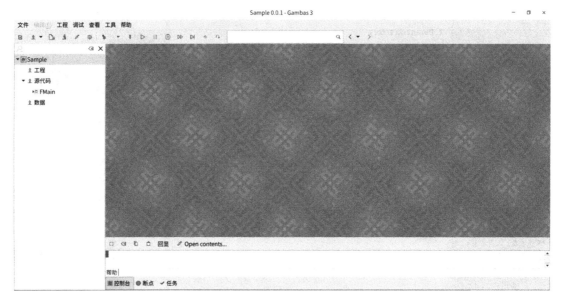

图 1-26　初始开发框架

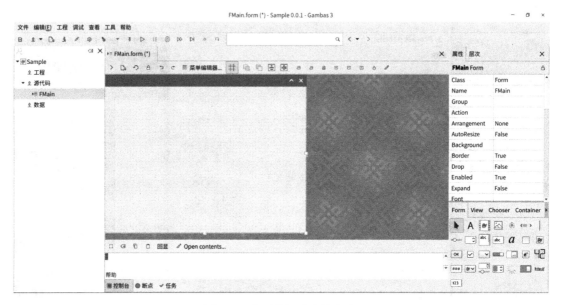

图 1-27　打开并调整窗体大小

③ 在"属性"窗口下半部分的控件工具箱"Form"标签页中找到 Label（标签）控件 A，按下鼠标左键，拖拽到窗体居中位置，释放鼠标左键，调整控件大小；在控件工具箱中找到 Button（命令按钮）控件 OK，按下鼠标左键，拖拽到窗体底部居中位置，释放鼠标左键，调整控件大小；选中 Button 控件，在右侧的"属性"标签页中找到"Text"属性，输入"确定"，则控件文本显示"确定"，如图 1-28 所示。

④ 双击"确定"按钮，系统会自动生成 Button 控件的代码框架"Public Sub Button1_

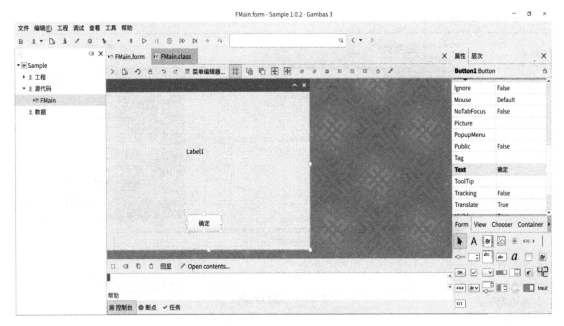

图 1-28　在窗体中添加控件

Click（）"和"End"，在其代码框架中添加一行代码"Label1.Text" Hello，World！" "，如图 1-29 所示。

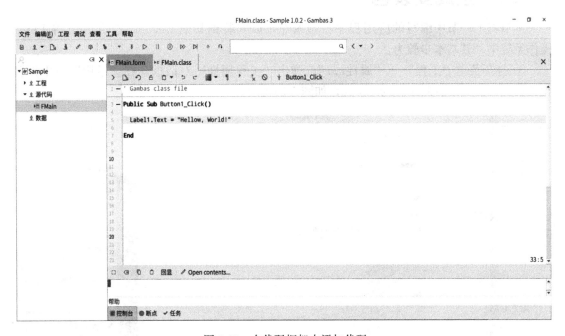

图 1-29　在代码框架中添加代码

⑤ 选择工具栏中的运行按钮，或按下"F5"键，运行代码，显示 FMain 窗体，点击"确定"按钮，Label 控件显示"Hello，World！"，如图 1-30 所示。

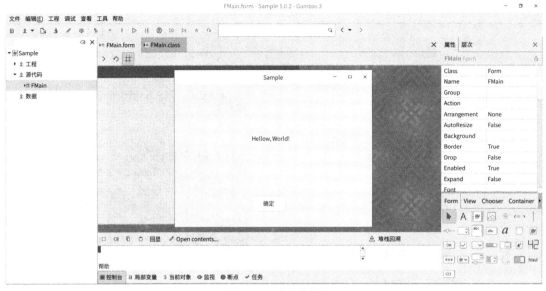

图 1-30　运行代码

1.7　程序发布

1.7.1　生成安装包

本节将上一节中编写的应用程序打包发布，以安装到其他 Deepin 或 Ubuntu 等 Linux 操作系统中，其基本步骤为：

① 打开菜单"工程"→"属性…"，弹出"工程属性"对话框，在"通用"栏中设置相关属性，这里设置版本号为 1.0.2，如图 1-31 所示。

图 1-31　设置应用程序版本号

② 打开菜单"工程"→"编译"→"(X) 可执行文件...",弹出"制作可执行文件"对话框,使用默认路径和文件名,点击"确定"按钮,即在当前工程文件夹下生成可执行文件 Sample.gambas,如图 1-32 所示。可执行文件打开方式为:在当前位置打开终端,输入"./Sample.gambas",并确定可执行文件是否能够正常打开和执行。

图 1-32 生成可执行文件

③ 打开菜单"工程"→"编译"→"(I) 安装包...",弹出"生成安装包"的"1. 包信息"对话框,可设置销售商名称、Vendor prefix、名称、电子邮件、URL、描述、许可等内容,完成后,点击"下一个(N)"按钮,如图 1-33 所示。

图 1-33 "生成安装包"中的"1. 包信息"对话框

④ 在"生成安装包"的"2.变更日志"对话框中,可设置相关日志信息,完成后,点击"下一个(N)"按钮,如图1-34所示。

图1-34 "生成安装包"中的"2.变更日志"对话框

⑤ 在"生成安装包"的"3.目标发行版"对话框中,可设置要发行适配的操作系统,这里选择"Ubuntu/Kubuntu/Mint…"选项,即Ubuntu系列,能够较好兼容Deepin系统,完成后,点击"下一个(N)"按钮,如图1-35所示。

图1-35 "生成安装包"中的"3.目标发行版"对话框

⑥ 在"生成安装包"的"4.包组"对话框中,可设置要发布的组,这里选择"electronics"选项,完成后,点击"下一个(N)"按钮,如图1-36所示。

图1-36 "生成安装包"中的"4.包组"对话框

⑦ 在"生成安装包"的"5.菜单条目"对话框中,可设置菜单分类,这里选择"Electronics"选项,完成后,点击"下一个(N)"按钮,如图1-37所示。

图1-37 "生成安装包"中的"5.菜单条目"对话框

⑧ 在"生成安装包"的"6.桌面配置文件"对话框中,可进行相关设置,这里不进行设置,完成后,点击"下一个(N)"按钮,如图1-38所示。

⑨ 在"生成安装包"的"7.附加从属部分"对话框中,可添加相关包,这里不进行设

图 1-38 "生成安装包"中的"6.桌面配置文件"对话框

置,完成后,点击"下一个(N)"按钮,如图 1-39 所示。

图 1-39 "生成安装包"中的"7.附加从属部分"对话框

⑩ 在"生成安装包"的"8.附加文件"对话框中,可添加相关文件,这里不进行设置,完成后,点击"下一个(N)"按钮,如图 1-40 所示。

⑪ 在"生成安装包"的"9.附加 autoconf 测试"对话框中,可进行相关设置,这里不

图 1-40 "生成安装包"中的"8.附加文件"对话框

进行设置，完成后，点击"下一个（N）"按钮，如图 1-41 所示。

图 1-41 "生成安装包中的"9.附加 autoconf 测试"对话框

⑫ 在"生成安装包"的"10.目的目录"对话框中，可设置安装包生成路径，这里选择"Pictures"文件夹，完成后，点击"下一个（N）"按钮，如图 1-42 所示。

⑬ 在"生成安装包"的"11.创建包"对话框中，点击"创建包"按钮创建安装包，可点击"复制"按钮对创建信息进行复制，待安装包创建完成后，弹出"建包成功"提示，点击"确定"按钮关闭提示对话框，完成之后点击"取消"按钮，退出"生成安装包"对话

框,如图 1-43 所示。

图 1-42 "生成安装包"中的"10.目的目录"对话框

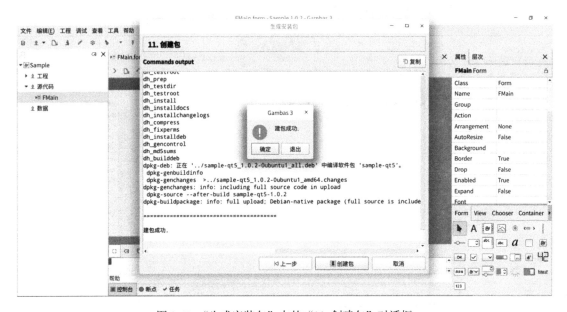

图 1-43 "生成安装包"中的"11.创建包"对话框

1.7.2 安装应用程序

① 打开安装包所在目录,对生成的 deb 安装包进行安装。在当前目录下打开终端,在终端输入安装命令:

    sudo dpkg -i sample_1.0.2-0ubuntu1_all

其中,sample_1.0.2-0ubuntu1_all 为安装包文件名。包安装过程如图 1-44 所示。

```
wjx@wjx-PC: ~/Pictures
wjx@wjx-PC:~/Pictures$ sudo dpkg -i sample_1.0.2-0ubuntu1_all
[sudo] wjx 的密码：
dpkg: 错误: 无法访问归档 'sample_1.0.2-0ubuntu1_all': 没有那个文件或目录
wjx@wjx-PC:~/Pictures$ sudo dpkg -i sample_1.0.2-0ubuntu1_all.deb
正在选中未选择的软件包 sample。
(正在读取数据库 ... 系统当前共安装有 325983 个文件和目录。)
正准备解包 sample_1.0.2-0ubuntu1_all.deb  ...
正在解包 sample (1.0.2-0ubuntu1) ...
正在设置 sample (1.0.2-0ubuntu1) ...
正在处理用于 lastore-daemon (0.14.6-1+comsta) 的触发器 ...
正在处理用于 desktop-file-utils (0.23-1) 的触发器 ...
正在处理用于 bamfdaemon (0.5.3-2) 的触发器 ...
Rebuilding /usr/share/applications/bamf-2.index...
正在处理用于 mime-support (3.60) 的触发器 ...
正在处理用于 hicolor-icon-theme (0.15-1) 的触发器 ...
wjx@wjx-PC:~/Pictures$
```

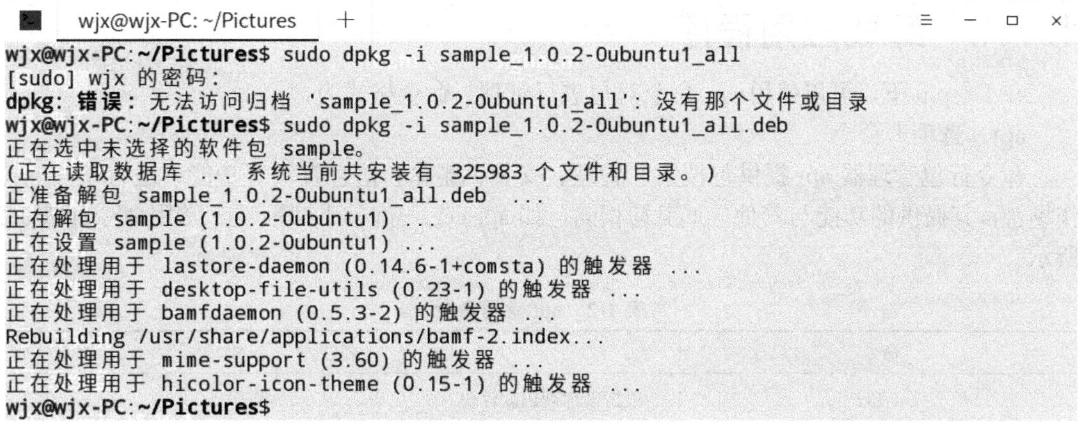

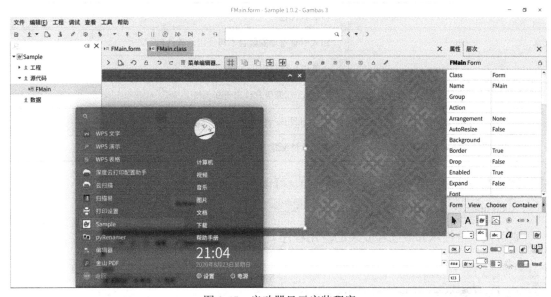

图 1-44　包安装过程

② 安装完成后，可在启动器的开始菜单中找到相关项，这里为 Sample，如图 1-45 所示，点击即可打开该应用程序，如图 1-46 所示。

图 1-45　启动器显示安装程序

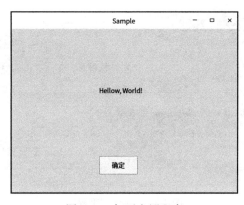

图 1-46　打开应用程序

1.7.3 卸载应用程序

在 Deepin 下，可以使用 apt 命令对包进行管理。命令格式为：

apt [选项] 命令

命令行包管理器 apt 提供包搜索、管理、安装、删除和信息查询等功能，适合于交互操作场合，其提供的功能与其他 apt 工具相同，如 apt-get、apt-cache 等。apt 常用命令如表 1-2 所示。

表 1-2 apt 常用命令

命令	备注
list	根据名称列出软件包
search	搜索软件包描述
show	显示软件包细节
install	安装软件包
remove	移除软件包
autoremove	卸载所有自动安装且不再使用的软件包
update	更新可用软件包列表
upgrade	通过安装、升级软件来更新系统
full-upgrade	通过卸载、安装、升级来更新系统
edit-sources	编辑软件源信息文件

卸载上一节中安装的应用程序 Sample，可以在终端输入命令：

sudo apt remove sample

则可按系统提示卸载已经安装的应用程序，如图 1-47 所示。

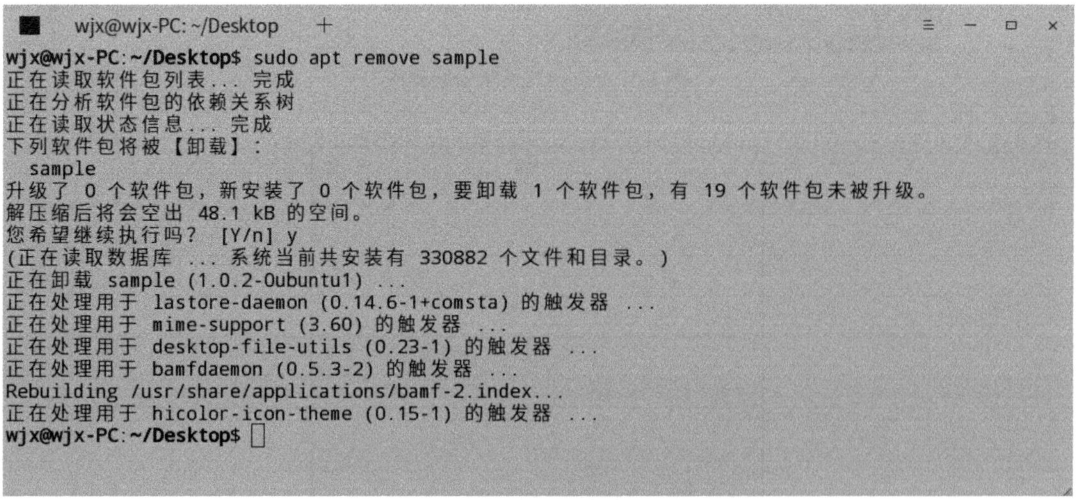

图 1-47 卸载应用程序

1.8 程序调试

程序调试是将编写的应用程序投入实际运行前，用手工或编译等方法进行测试，修复语法错误和逻辑错误的过程，是保证程序正确性的必不可少的步骤。编写完程序后，必须进行程序测试，根据测试时所发现的错误，找出错误原因和具体位置。Gambas 本身不能修复代码中的错误，一般是通过集成调试工具获得应用程序在某一时刻变量的具体数值，从而找出错误代码并及时更正。

1.8.1 调试工具

Gambas 有完整的程序调试方法和完善的调试工具。利用调试工具，可完成程序运行状态、变量和对象属性分析。程序的调试主要包括断点、监视、显示变量和属性等。这些调试工具可以从"调试"菜单或工具栏中找到。工具栏调试按钮分别为运行、暂停、停止、步进、前进、结束当前函数或过程、运行到当前行，如图 1-48 所示。

此外，代码窗口工具栏也包含了如窗口切换、重载、自动换行、使用断点和监视表达式等按钮，如图 1-49 所示。

图 1-48　工具栏调试按钮

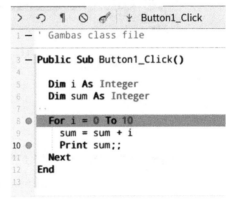

图 1-49　代码窗口工具栏

(1) 使用断点

在程序中确定一行，设置或取消一个断点，程序执行到该行语句时会停下来。

(2) 监视表达式

监视表达式的当前值。

(3) 步进

步进即单步执行，点击一次，执行一条语句，并能跟踪到函数或过程中。

(4) 前进

与步进功能类似。

(5) 结束当前函数

跳出当前循环或函数。

(6) 运行到当前行

运行到当前光标所在位置。

1.8.2 程序调试

Gambas 在控制台窗口有五个与调试有关的标签页，分别是：控制台、局部变量、当前对象、监视和断点。

① 在代码窗口中，将光标放在指定的行，点击工具栏"使用断点"按钮，即可在行号附近显示一个圆点，即断点标识，再次点击该按钮后，取消断点；直接在行号附近双击鼠标，可设置或取消断点；可以使用 Stop 语句代替断点，程序会在运行到该语句时自动停留在当前位置，若调试完成，则应删除或注释 Stop 语句。

② 点击"运行"按钮或按下"F5"键，程序开始执行，当进入断点处时会自动停止，此时，可以按下"步进"按钮或按下"F8"键单步执行，如图 1-50 所示。

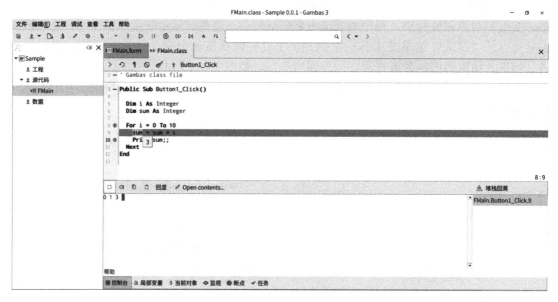

图 1-50 断点调试

③ 如果使用标准输出函数，会在控制台输出结果。当选中相关变量，并且鼠标悬停于变量上方时，会显示变量当前值，如图 1-50 中 sum 变量当前值为 3。

④ 可以通过"局部变量"标签页查看当前函数局部变量值，如图 1-51 所示。

图 1-51 查看当前函数局部变量值

⑤ 可以通过"当前对象"标签页查看当前对象的内存地址，如图 1-52 所示。双击该地

址，可以查看该对象的属性值，如图 1-53 所示。

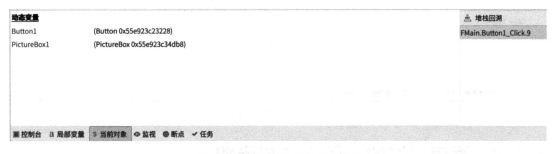

图 1-52　查看当前对象内存地址

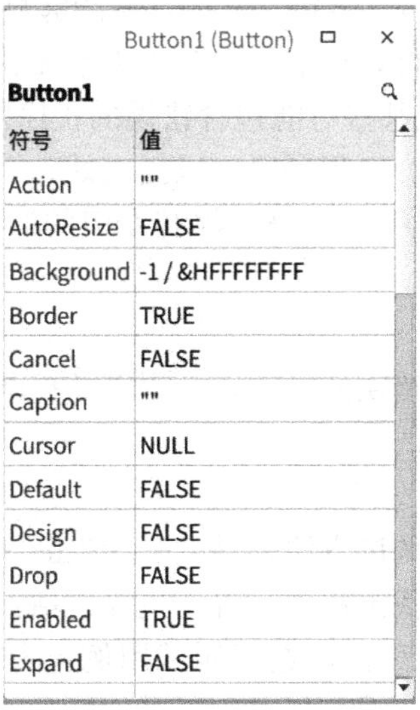

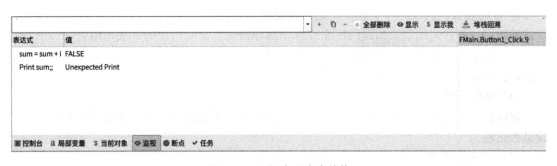

图 1-53　查看当前对象属性值

⑥ 如果需要监视表达式的值，在选中代码中的相关表达式后，点击"监视表达式"按钮，在"监视"标签页可监视表达式的当前值，如图 1-54 所示。

图 1-54　监视表达式当前值

⑦ 可以通过"断点"标签页查看当前设置的断点情况，包括断点所在的类名、函数名，以及断点所在的行，如图 1-55 所示。

33

图 1-55　监视断点

1.8.3　程序调试的一般方法与步骤

（1）简单调试法

① 在程序中插入 Print（打印）语句。其优点是能够显示程序的动态过程，比较容易检查程序的变量信息，缺点是效率低，可能需要输入大量无关的数据，发现错误带有偶然性。

② 运行部分程序。为了测试某些可能包含错误的程序段，会将整个程序反复执行多次，应尽量使被测程序只执行需要检查的程序段，以提高效率。

③ 使用调试工具。大多数程序设计语言都有专门的调试工具，可以用这些工具来分析程序的动态行为。

（2）回溯调试法

回溯调试法要确定最先发现错误的位置，沿程序的控制流向上追踪程序代码，直到找到相关错误或错误代码所属程序块。

（3）归纳调试法

归纳调试法是一种系统化的调试方法，是从个别推断全体的方法，这种方法从错误信号出发，通过分析错误之间的关系找出错误位置。主要包括：

① 收集相关数据。收集测试用例，查清测试用例包含哪些错误征兆，以及在什么情况下会出现错误等信息。

② 组织数据。整理分析数据，以便发现规律，即什么条件下出现错误，什么条件下不出现错误。

③ 导出假设。分析研究线索之间的关系，找出规律，提出关于错误的一个或多个假设，如果无法做出假设，则应设计并执行更多的测试用例，以便获得更多的数据。

④ 证明假设。假设不等于事实，证明假设的合理性是极其重要的，不经证明就根据假设排除错误，往往只能消除错误的征兆或修正部分错误。证明假设的方法是用它解释所有原始的测试结果，如果能圆满地解释一切现象，则假设得到证明，否则可能是假设不成立或不完备，也可能是有多个错误同时存在。

（4）演绎调试法

演绎调试法先假设可能的原因，用已有的数据排除不正确的假设，细化并证明剩余的假设是否正确。

（5）对分调试法

如果知道每个变量在程序内若干个关键点上的正确值，则可用赋值语句或输入语句在程序中的关键点附近"注入"这些变量的正确值，然后检查程序的输出。如果输出结果是正确的，则表示错误发生在变量注入之前，否则，认为错误发生在变量注入之后。通过反复进行多次调试，逐渐逼近错误位置。

第 2 章

Gambas程序设计基础

Gambas 采用面向对象的程序设计思想和事件驱动机制，一个 Gambas 应用程序由若干个对象构成，对象功能主要通过事件构建，事件过程代码中包含了大量不同类型的数据、运算，通过各种程序结构连接到一起，共同完成相关功能。

本章介绍 Gambas 的数据类型、常量与变量、运算符和表达式，以及顺序结构、分支结构和循环结构。此外，还介绍类、对象、事件、继承、组件等，以及面向对象程序设计的一般方法。

2.1 数据类型

数据类型决定数据的存储方式，包括数据的大小、有效位以及是否有小数点等。在不同的程序设计语言中，数据类型的规定和处理方法也有所不同。Gambas 不但提供了丰富的基本数据类型，还可以由用户自定义数据类型。

2.1.1 基本数据类型

数据是程序的重要组成部分和程序处理的对象。基本数据类型是系统定义的数据类型，是处理数据的基本依据。Gambas 主要包括字符串型和数值型的数据类型。此外，还提供了日期型、变体型、字节型、布尔型、对象型和指针型等数据类型。

(1) 字符串型

字符串是一个字符序列，由 ASCII 码组成，包括标准的 ASCII 码字符和扩展 ASCII 码字符。在 Gambas 中，字符串是放在双引号内的若干个字符，如果长度为零，则表示空字符串。其局部变量声明格式为：

```
DimVar AS String
```

举例说明：

```
Dim s As String
Dim t As String
s=" Wellcom,Gambas！"
t=" "
```

第 1 行和第 2 行用 Dim 声明 s 和 t 为局部变量，变量类型为字符串型；第 3 行和第 4 行对变量赋值，其中 t 被赋值为空字符串。字符串的第一个字符编号为 1，依此类推，按顺序排列。理论上，字符串可以包括 NULL 空字符，即 ASCII 码中的 "0"，但是一些 Gambas 内部功能依赖于以 NULL 结尾的字符串，尤其是本地类中拥有字符串参数的方法，所以，应尽可能避免字符串中非结尾位置包含 NULL 字符。

（2）数值型

Gambas 的数值型数据分为整型和浮点型两类。其中，整型又分为短整型、整型、长整型，浮点型又分为单精度浮点型和双精度浮点型。

① 短整型表示一个 2 字节的短整数值，其局部变量声明格式为：

Dim Var AS Short

② 整型表示一个 4 字节的有符号整数值。整数值可以写成十进制、十六进制、二进制、八进制等格式：

- 十六进制使用前缀 &、&H、&h 开头。
- 二进制使用前缀%、&X、&x 开头。
- 八进制使用前缀 &O、&o 开头。

其局部变量声明格式为：

Dim Var AS Integer

③ 长整型表示一个 8 字节的长整数值，较其他整型类型表示的范围更大。其局部变量声明格式为：

Dim Var AS Long

④ 单精度浮点型表示单精度浮点数值，即一个 4 字节的浮点数。其局部变量声明格式为：

Dim Var AS Single

⑤ 双精度浮点型表示一个 8 字节的双精度浮点数值。这个数据类型的精度是 52 个二进制位，相当于十进制小数点后保留 16 位有效数字，如：给 1.0 加上一个小于 2E-16 的正数，结果仍是 1.0，尾部数据被截断。其局部变量声明格式为：

Dim Var AS Float

（3）日期型

日期型表示一个日期和时间，数据存储在两个整型数的内部：

① 第一个整数保存自 Gambas 纪元（一个指定的公元前 8000 年的某日）以来的天数。
② 第二个整数保存自午夜以来的毫秒数。

日期和时间按 UTC 格式保存，只有在显示时才转换为当地时间。日期型能转换成数值，整数部分是内部存储的天数，小数部分描述的是毫秒数。其局部变量声明格式为：

Dim Var AS Date

举例说明：

Print Now;;" - ";;CFloat(Now)
Print CFloat(Date(-4801,1,1,0,0,0))

（4）变体型

变体型是一种可变的数据类型，可以表示任何一种数据类型，包括数值型、字符串型、日期型等。由于数据类型管理机制的差异，Gambas 对变体型变量的操作比具有准确类型定义的变量操作要慢。其局部变量声明格式为：

    Dim Var AS Variant

(5) 字节型

字节型数据实际上是数值类型，用一个字节的无符号二进制形式存储，其取值范围为 0～255。其局部变量声明格式为：

    Dim Var AS Byte

(6) 布尔型

布尔型数据是一种逻辑类型，用一个字节存储，其取值只有真（True）和假（False）两种。布尔型转换为数值时，True 转换为 -1，False 转换为 0。其局部变量声明格式为：

    DimVar AS Boolean

(7) 对象型

对象型表示一个对 Gambas 对象的匿名引用。由于数据类型管理机制的差异，使用匿名引用比使用在编译时有明确类声明的引用要慢。创建一个新对象使用 NEW 关键字，当对象不再被引用时，会自动释放，并且释放过程基于存储在每个对象中的引用计数器。由于 Gambas 没有内存回收功能，如果创建了一个交叉引用，即对象 A 引用了对象 B，对象 B 又引用了对象 A，则对象不会释放，在程序退出时会警告"循环引用"。其局部变量声明格式为：

    Dim Var AS Object

(8) 指针型

指针型表示一个指针，即内存单元的地址。在 32 位系统中，这个数据类型与整型数据类型相同；在 64 位系统中，这个数据类型与长整型数据类型相同。其局部变量声明格式为：

    Dim Var AS Pointer

Gambas 基本数据类型如表 2-1 所示。

表 2-1　Gambas 基本数据类型

数据类型	说明	默认值	字节数
String	字符串型:长度可变	NULL	4 字节
Short	短整型：-32768～$+32767$	0	2 字节
Integer	整型：-2147483648～$+2147483647$	0	4 字节
Long	长整型：-9223372036854775808～$+9223372036854775807$	0	8 字节
Single	单精度型	0.0	4 字节
Float	双精度型	0.0	8 字节
Date	日期型	NULL	8 字节

续表

数据类型	说明	默认值	字节数
Variant	变体型:可存储任意数据类型	NULL	12字节
Byte	字节型:0~255	0	1字节
Boolean	布尔型:真(True)或假(False)	FALSE	1字节
Object	对象型:可对任意对象匿名引用	NULL	4字节
Pointer	指针型:指向内存单元地址	0	4字节(32位系统) 8字节(64位系统)

2.1.2 基本数据操作函数

Gambas 提供了一些函数可以强制将一个表达式转换成某种特定数据类型。通常情况下，系统自动类型转换不会导致数据丢失，如一个双精度型数据与一个单精度型数据相加之后存储为双精度型数据。数据类型在数据结构中的定义是一个值的集合以及定义在这个值集上的一组操作。变量是用来存储值的，具有名称和数据类型，变量的数据类型决定了如何将这些值存储到计算机的内存中以及如何对这些值进行处理。

(1) 数据类型转换函数

Gambas 数据类型转换函数如表 2-2 所示。

表 2-2 Gambas 数据类型转换函数

函数	说明
CBool	转换一个值为 Boolean 类型
CByte	转换一个值为 Byte 类型
CDate	转换一个值为 Date 类型
CFloat	转换一个值为 Float 类型
CInt、CInteger	转换一个值为 Integer 类型
CLong	转换一个值为 Long 类型
Conv $	转换一个字符串编码,从一个字符编码到另一个字符编码
CPointer	转换一个值为 Pointer 类型
CShort	转换一个值为 Short 类型
CSingle	转换一个值为 Single 类型
CStr、CString	转换一个值为 String 类型
CVariant	转换一个值为 Variant 类型
DConv $	转换一个字符串编码,从系统字符编码到 UTF-8 编码
SConv $	转换一个字符串的编码,从 UTF-8 编码到系统字符编码
Str $	转换一个数值或日期为字符串类型
Val	转换一个字符串为数值或日期类型

(2) 格式化函数

Gambas 格式化函数如表 2-3 所示。

表 2-3　Gambas 格式化函数

函数	说明
Bin $	格式化一个数值为二进制格式
Format $	格式化一个数值或日期
Hex $	格式化一个数值为十六进制格式
Oct $	格式化一个数值为八进制格式

格式化输出函数可以使日期、时间、数字和货币等按指定的格式输出。声明格式为：

String=Format$(Expression[,Format])

String=Format(Expression[,Format])

Expression 为输出的字符串。

Format 为指定输出格式，主要包括：数值表达式格式化、货币格式化和日期格式化。

① 数值表达式格式化　数值表达式格式化如表 2-4 所示。

表 2-4　数值表达式格式化

符号	说明
+	打印数值的符号
-	仅打印负数的符号
♯	仅打印需要的数位 数字的左侧用空格填补,使小数点前面打印的字符数量大于等于小数点前的♯数量
0	总是打印数位,如果需要则用 0 填充
.	打印小数点
,	打印千位分隔符
%	转换为百分数,并打印百分号
E	引入浮点数的指数部分,打印指数符号

举例说明：

Print Format$(Pi," - ♯.♯♯♯")

结果为：3.142。

② 货币格式化　对于货币格式,可以使用所有的数值格式符以及专用格式符。货币格式化如表 2-5 所示。

表 2-5　货币格式化

符号	说明
$	打印本国货币符号
$ $	打印国际货币符号
( )	打印负数货币符号

举例说明：

Print Format$(1972.06,"$#.###")

结果为：$1972.06。

Print Format$(-1972.06,"($$,#.###)")

结果为：(USD 1972.06)。

③ 日期格式化　日期格式化如表2-6所示。

表2-6　日期格式化

符号	说明
yy	打印2位数的年份
yyyy	打印4位数的年份
m	打印月份
mm	打印2位数的月份
mmm	打印月的缩写字符串
mmmm	打印月的全称字符串
d	打印天
dd	打印2位数的天
ddd	打印星期的缩写字符串
dddd	打印星期的全称字符串
/	打印日期分隔符
h	打印小时
hh	打印2位数的小时
n	打印分钟
nn	打印2位数的分钟
s	打印秒
ss	打印2位数的秒
:	打印时间分隔符
u	打印毫秒数(如果其不为0)
uu	打印1个小数点和3位数的毫秒值
t	打印时区的字母缩写
tt	用HHMM格式打印时区
AM/PM	依据小时数打印AM或PM的本地等价符号,且强制将小时用1～12的数值表示

举例说明：

Print Format$(Now,"mm/dd/yyyy hh:nn:ss.u")

结果为：04/15/2002 09：05：36.26。

2.1.3　本地容器类

(1) 本地数组

Gambas为每个本地数据类型预定义一个数组类,数组类名是数据类型名后加上一对方括号"[]"。

一个数组是一组用整数索引的值，它们在内存中连续存放。

数组中所有的值有相同的数据类型，对于每一个本地数据类型都有一个数组类，Boolean 型除外。

数组可以是多维的，索引的整数个数大于 1。

如果数组是一维的，它可以用 Resize 动态收缩或扩张。

Gambas 数组说明如表 2-7 所示。

表 2-7　Gambas 数组说明

函数	说明
Boolean[]	Boolean 值数组
Byte[]	Byte 值数组
Short[]	Short 值数组
Integer[]	Integer 值数组
Long[]	Long 值数组
Single[]	Single 值数组
Float[]	Float 值数组
Date[]	Date 值数组
String[]	String 值数组
Object[]	Object 值数组
Pointer[]	Pointer 值数组
Variant[]	Variant 值数组

Gambas 设计了内置数组，声明格式为：

Array=[Expression[,...]]

Array 为创建并返回的数组。

Gambas 会检测所有参数的类型，如果类型全部相同或能被转换成相同的本地数据类型，则返回一个指定的数组。如果只有字符串则返回 String []，如果只有小数则返回 Float []，以此类推，如果有多种数据类型，则返回 Variant []。

举例说明：

Print [" A" ," B" ," C"]. Join(" /")

结果为：A/B/C。

Print Object. Type([2.4,3,3.2])

结果为：Float []。

Print Object. Type([" 2.4" ,3,3.2])

结果为：Variant []。

(2) 集合

一个集合是一组用一个字符串索引的值。

只有 Variant 类型的值能够存储于集合中。

数值存储于哈希表内部，当越来越多的成员插入进来时，哈希表会动态增长。

Gambas 数组和集合比较如表 2-8 所示。

表 2-8　Gambas 数组和集合比较

项目	数组	集合
内存	一个内存块	哈希表，一组内存单元，每一个都有相同哈希代码键(Key)列表的链接
索引类型	整数	字符串
访问速度	直接访问	与其他每个有相同哈希代码键值进行比较
插入速度	有时需要改变内存块大小，如果插入发生在数组中部，需要移动部分内存块	改变哈希表的大小，有时要重新计算以保证快速访问
删除速度	有时需要改变内存块大小，如果删除发生在数组中部，需要移动部分内存块	改变哈希表的大小，有时要重新计算以保证快速访问

Gambas 设计了内置集合，声明格式为：

Collection=[Key : Expression[,...]]

Collection 为创建并返回的集合。

举例说明：

Dim cCol As Collection
cCol=["A": 1, "B": 2, "C": 3]
Print cCol["B"]

结果为：2。

2.2　常量和变量

常量是在程序的运行过程中其值保持不变的量。Gambas 定义了许多内部常量，同时也允许用户自定义常量。变量是在程序的运行过程中其值改变的量。实际上，变量是程序中被命名的存储空间。在程序代码中指定一个变量名，运行时系统就会为之分配合适的存储空间，对变量的操作即是对该内存空间中数据的操作。变量的数据类型决定数据的存储方式，内存存储数据的特点决定变量值的变化规则。变量一经赋值，可以多次取出使用，其值保持不变，直到再次给该变量赋以新值，则新值会替代旧值。

2.2.1　标识符

标识符是一个字符序列，用来代表一个变量、类、方法、属性、常数或事件名称。
标识符的第一个字符必须是字母、下划线或$。
标识符的其他字符可以是字母、数字、下划线、$或问号。
下列是合法的标识符：

① A
② i
③ Xyz1972
④ Null?
⑤ $Global_Var
⑥ _DoNotUse
⑦ Event_Handler

Gambas 保留一些标识符作为关键字，这些标识符不能被用作变量名。为避免编译器将一个标识符解释成关键字，可以将其放在大括号中，如：

Dim{Default} AS String

Dim{Dim} AS Collection

2.2.2 常量

(1) 内部常量

Gambas 中，定义了大量内部常量，包括数据类型常量、文件类型常量、字符串常量等，通常以"gb."形式给出，如 gb. Integer 表示整型常量。

Gambas 数据类型常量如表 2-9 所示。

表 2-9　Gambas 数据类型常量

常量名	说明
gb. Null	NULL 值
gb. Boolean	Boolean 值
gb. Byte	Byte 值
gb. Short	Short 值
gb. Integer	Integer 值
gb. Long	Long 值
gb. Single	Single 值
gb. Float	Float 值
gb. Date	Date 值
gb. String	String 值
gb. Variant	Variant 值
gb. Object	Object 引用

注：表中常量可被 TypeOf 函数返回。

Gambas 文件类型常量如表 2-10 所示。

表 2-10　Gambas 文件类型常量

常量名	说明
gb. File	普通文件
gb. Directory	目录
gb. Device	设备文件
gb. Pipe	命名管道
gb. Socket	套接字专用文件
gb. Link	符号连接

注：表中常量可被 Stat 函数返回。

Gambas 字符串常量如表 2-11 所示。

表 2-11　Gambas 字符串常量

常量名	说明
gb.NewLine	换行符，等价于 Chr$(10)
gb.Tab	制表符，等价于 Chr$(9)

（2）自定义常量

自定义常量声明格式为：

{PUBLIC | PRIVATE} CONST Identifier AS Datatype=Constant value

CONST 为声明一个类的公有常量。

该常量可以用在所在类的任何地方。

如果指定 PUBLIC 关键字，也可以被有对该类的对象引用的其他类使用。

常量数据类型包括：Boolean、Integer、Long、Float、String。

举例说明：

Public Const MAX_FILE As Integer=30

Private Const DEBUG As Boolean=True

Private Const MAGIC_HEADER As String="#Gambas form file"

2.2.3　变量

变量是关联对象或方法的标识符，可以进行读写。变量使用之前必须在类或程序的开始部分声明。

- 变量必须有所属的数据类型，如 String、Integer 等。
- 变量可以是公有的、私有的、局部的。
- 只有 Gambas 内部规定的类可以被声明为公有变量。
- 访问变量比访问属性速度快，访问变量是直接访问内存读写变量值。

Gambas 不提供全局变量，可以在主模块中声明为 PUBLIC 公有类型，如果工程中没有主模块，只有主窗体，可以声明为 STATIC PUBLIC 静态公有型。要访问这些变量，必须使用主模块名或主窗体名，如：MyMainModule.MyglobalVariable 或 MyMainForm.Myglobalvariable。

（1）静态变量

静态变量声明格式为：

[STATIC]{PUBLIC | PRIVATE} Identifier[Static array declaration]AS Datatype[= Expression]

声明一个静态、公有或私有变量。

如果指定 PUBLIC 关键字，可以被有对该类的对象引用的其他类使用。

如果指定 STATIC 关键字，该类的每个对象将共享该变量。

举例说明：

Static Public GridX As Integer

Static Private bGrid As Boolean

Public Name As String

Private Control As Object

变量可以用任意表达式初始化。
举例说明：

    Private Languages As String[ ]=[" fr" ," it" ," es" ," de" ," ja"]
    Private DefaultLanguage As String=Languages[1]

(2) 局部（动态）变量

局部变量声明格式为：

    Dim Identifier AS Datatype[=Expression]

在过程或者函数中，声明一个局部变量。该变量仅在声明所在的函数或过程中有效。
举例说明：

    Dim iVal As Integer
    Dim sName As String
    Dim hObject As Object
    Dim hCollection As Collection

变量可以使用任意表达式初始化。
举例说明：

    Dim bCancel As Boolean=True
    Dim Languages As String[ ]=[" fr" ," it" ," es" ," de" ," ja"]
    Dim DefaultLanguage As String=Languages[1]

可以用对象变量的新实例初始化变量。

    DIM Identifier AS NEW Class(Arguments...)

举例说明：

    Dim aTask As New String[ ]
    Dim aCollection As New Collection(gb. Text)

复合声明，可以在同一行声明多个变量，用逗号分隔每个声明。
举例说明：

    Dim Text As String,Matrix As New Float[3,3]
    Dim X,Y,W,H As Integer

2.2.4 数组声明

Gambas使用"[ ]"来声明数组维数和引用下标。

(1) 动态数组

数组声明格式为：

    DIM Identifier AS[NEW]Native Datatype[Array dimensions...]

可以使用任意表达式指定数组大小，数组元素可以使用任何数据类型。
举例说明：

```
Dim aWords As New String[WORD_MAX*2] ' 一维数组
Dim aMatrix As New Float[3,3] ' 二维数组
Dim aResult As String[] ' 字符串数组
Dim aLabel As New Label[12,12]
Dim aResult As New String[][12] ' 字符串数组的数组
```

数组维数最大可以有八维。

举例说明：

```
Dim iGroupc As New Integer[27,9]
Dim iFieldr As New Integer[9]
Dim iX9X As New Integer[3,4,5,2,3,2,2,4,2] ' 数组超过八维将会报错
```

(2) 静态数组

静态数组声明格式为：

[STATIC]{PUBLIC | PRIVATE} Identifier[Array dimensions ...]AS Native Datatype

静态数组是一个被直接分配在声明所在对象内部的数组，不能被对象共享和删除。

静态数组不能是公有的，而且不能进行初始化。

不要使用静态数组作为局部变量。

静态数组不会随函数或过程的结束而释放。

举例说明：

```
Private Handles[8] As Label
Static Private TicTacToe[3,3] As Integer
```

2.2.5 对象变量

(1) 对象变量

对象变量声明格式为：

[STATIC]{PUBLIC | PRIVATE} Identifier AS NEW Class(Arguments ...)

举例说明：

```
Static Private Tasks As New List
Private MyCollection As New Collection(gb.Text)
```

数组是一类特殊的对象变量，可以用一个本地动态数组对象初始化对象变量。

[STATIC]{PUBLIC | PRIVATE} Identifier AS NEW Native Datatype[Array dimensions ...]

举例说明：

```
Public Const WORD_MAX As Integer = 12
Private Words As New String[WORD_MAX*2]
Public Matrix As New Float[3,3]
```

(2) NEW 关键字

NEW 关键字不是操作，只能使用在赋值语句中，可以实例化 Class 类。声明格式为：

Object=NEW Class[(Constructor parameters...)][AS Name]

如果指定Name，新的对象能够调用其父类的公有过程或函数。

该父类或默认的事件观察器，是被实例化的新对象所属的对象或类。

事件处理的名称是对象名加下划线加事件名。

两个不同的对象可以有相同的事件名，因此，可以在同一个事件过程中管理多个对象发生的相同事件。

举例说明：

```
hButton=New Button(Me) As" MyButton"
...
Public Procedure MyButton_Click()
   Print" Mybutton 按钮被单击！"
End
' 创建9×9×9个小文本框,可以通过公共的Object[]对象数组访问
Public bIsInitialised As Boolean
Public objIsImpossible As Object[]


Public Sub Form_Open()

Dim iR As Integer
Dim iR2 As Integer
Dim iC As Integer
Dim iC2 As Integer
Dim iDigit As Integer
Dim iX As Integer
Dim objTextBox As TextBox

If Not bIsInitialised Then
   objIsImpossible=New Object[]' 创建需要的数组
   iX=0
   For iR=0 To 8
     For iC=0 To 8
       For iDigit=0 To 8
         iR2=iDigit Mod 3
         iC2=iDigit/3
         objTextBox=New TextBox(Me)' 创建9×9×9个TextBox
         objTextBox. X=(iR*3+iR2)*12+2
         objTextBox. y=(iC*3+iC2)*12+2
         objTextBox. Width=10
         objTextBox. Height=10
         objIsImpossible. Add(objTextBox,iX)
```

```
            iX=iX+1
         Next '    iDigit
       Next '     iC
     Next '      iR
   Endif
 End
```

(3) 动态实例

动态实例声明格式为：

   Object=NEW(ClassName[,Constructor parameters...])[AS Name]

指定一个字符串 ClassName 作为动态类名。

举例说明：

```
' 创建 3×3 的浮点型数组
Dim MyArray As New Float[3,3]
' 也可以这样：
Dim MyArray As Object
Dim MyClassName As String
MyClassName="Float[]"
MyArray=New(MyClassName,3,3)
```

2.2.6 结构体声明

结构体是 Gambas 中一种重要的数据类型，是由一组数据构成的一种新的数据类型，组成结构体的每个数据称为结构型数据的成员（元素）。在结构体中，每个成员可以具有不同的数据类型，通常用来表示类型不同但又相关的数据。结构体类型不是由系统定义的，而是需要程序设计者根据需要自定义，使用 STRUCT 关键字来标识所定义的结构体。

结构体声明格式为：

```
PUBLIC STRUCT Identifier
    Field 1[Embedded array declaration]AS[Datatype]
    Field 2[Embedded array declaration]AS[Datatype]
    ...
    Field n[Embedded array declaration]AS[Datatype]
END STRUCT
```

STRUCT 关键字声明一个结构体。结构体类似于一个只有公有变量的类。结构体嵌套可以实现嵌套操作，将一个结构体嵌套到一个正常的类或另一个结构体的内部，声明格式为：

   [PRIVATE | PUBLIC]Identifier AS STRUCT Structure name

举例说明：

```
' Gambas class file

PUBLIC STRUCT Arm
    Length AS Float
    NumberOfFingers AS Integer
    HasGlove AS Boolean
END STRUCT

PUBLIC STRUCT Leg
    Length AS Float
    NumberOfFingers AS Integer
    HasSock AS Boolean
    HasShoe AS Boolean
END STRUCT

PUBLIC STRUCT Man
    FirstName AS String
    LastName AS String
    Age AS Integer
    Eyes AS String
    LeftArm AS STRUCT Arm
    RightArm AS STRUCT Arm
    LeftLeg AS STRUCT Leg
    RightLeg AS STRUCT Leg
END STRUCT
```

2.2.7 方法声明

在 Gambas 中,方法包括过程和函数。

(1) 过程

声明一个过程,即声明一个没有返回值的方法。过程声明格式为:

```
[STATIC]{PUBLIC | PRIVATE}{PROCEDURE | SUB}
    Identifier
    (
        [Parameter AS Datatype[,... ]][,]
        [OPTIONAL Optional Parameter AS Datatype[,... ]][,][... ]
    )
    ...
END
```

或:

```
[STATIC]{PUBLIC | PRIVATE}{PROCEDURE | SUB}
    Identifier
```

```
    (
        [[BYREF]Parameter AS Datatype[,...]][,]
        [OPTIONAL[BYREF]Optional Parameter AS Datatype[,...]][,][...]
    )
    ...
    END
```

END 关键字用来表示过程的结束。

（2）函数

声明一个函数，即声明一个有返回值的方法。函数声明格式为：

```
[STATIC]{PUBLIC | PRIVATE}{FUNCTION | PROCEDURE | SUB}
    Identifier
    (
        [Parameter AS Datatype[,...]][,]
        [OPTIONAL Optional Parameter AS Datatype[,...]][,][...]
    )
    AS Datatype
    ...
    END
```

或：

```
[STATIC]{PUBLIC | PRIVATE}{FUNCTION | PROCEDURE | SUB}
    Identifier
    (
        [[BYREF]Parameter AS Datatype[,...]][,]
        [OPTIONAL[BYREF]Optional Parameter AS Datatype[,...]][,][...]
    )
    AS Datatype
    ...
    END
```

END 关键字用来表示函数的结束。

必须指定返回值的数据类型。

RETURN 关键字用于结束函数，并将返回值传递给调用程序。

举例说明：

```
Public Function Calc(fX As Float) As Float
    Return Sin(fX)*Exp(-fX)
End

Public Sub Button1_Click()
    Print Calc(0);;Calc(0.5);;Calc(1)
End
```

（3）方法使用

方法可以在其声明所在的类中的任意位置。

如果指定 PUBLIC 关键字，可以在其他类中通过引用这个类的对象来使用。

如果指定 STATIC 关键字，方法仅能访问该类的静态变量。

（4）方法参数

方法的所有参数使用","分隔。

如果指定 OPTIONAL 关键字，其后的所有参数是可选参数。可以在参数声明后面使用等号为其指定默认值。

如果参数列表以"…"结束，该方法可以接收附加参数，每一个附加参数用 Param 传递给方法。

举例说明：

```
Static Public Procedure Main()
…
Public Function Calc(fA As Float,fB As Float) As Float
…
Private Sub DoIt(sCommand As String,Optional bSaveIt As Boolean=True)
…
Static Private Function MyPrintf(sFormat As String,…) As Integer
```

（5）通过引用传递参数

BYREF 关键字用于通过引用传递函数参数，指定 BYREF 关键字时，参数必须是可以被赋值的表达式。

举例说明：

```
Sub ConvPixelToCentimeter(ByRef Value As Float,Dpi As Integer)
    Value=Value/Dpi*2.54
End

Public Sub Main()

    Dim Size As Float

    Size=256
    ConvPixelToCentimeter(ByRef Size,96)
    Print Size
End
```

即使在声明函数时使用了 BYREF 关键字，如果在调用函数时不使用 BYREF 关键字，参数仍将是值传递。被调用的函数允许参数通过引用传递，由调用程序决定参数传递方式。

（6）作用域

过程和函数可被访问的范围称为作用域。

作用域与定义过程及函数的位置和定义过程及函数所用的关键字有关。

在窗体或模块中定义的私有过程和函数，一般在定义它的窗体或模块中调用。

在窗体或模块中定义的公有过程和函数，可以在其他窗体或模块中调用，但必须在过程名前加上自定义过程和函数所在的窗体或模块名。

2.3 运算符和表达式

运算符和表达式在面向过程的程序设计语言中广泛使用，Gambas 中包含多种运算符：算术运算符、关系运算符、逻辑运算符、字符串运算符等。由这些运算符将相关的常量、变量、函数等连接起来的式子称为表达式。

2.3.1 运算符

(1) 算术运算符

算术运算符可连接数值型数据、可转化为数值的变体型数据，以构成算术表达式。算术表达式的值为数值型。Gambas 算术运算规则如表 2-12 所示。

表 2-12　Gambas 算术运算规则

运算规则	说明
Number＋Number	加法
－Number	取负数，零的负数仍为零
Number-Number	减法
Number * Number	乘法
Number/Number	除法，结果为浮点数，除数为零产生错误
Number ^ Power	Number 的 Power 次方，如：4^3＝64
Number \ Number Number DIV Number	整除，计算两个 Integer 数的商，并删除结果的小数部分 如果"\"右侧除数为 0，发生除数为零错误 A \ B＝Int (A/B)
Number ％ Number Number MOD Number	取余，计算两个数相除的余数 如果 MOD 右侧的除数为 0，发生除数为零错误

(2) 关系运算符

关系运算符从左向右依次执行，结果为逻辑值，若关系成立返回 True，否则返回 False。如将比较的结果赋值给整型变量，则 True 为－1，False 为 0。Gambas 关系运算规则如表 2-13 所示。

表 2-13　Gambas 关系运算规则

运算规则	说明
Number＝Number	两数相等，结果为 True
Number＜＞Number	两数不等，结果为 True
Number1＜Number2	Number1 小于 Number2，结果为 True
Number1＞Number2	Number1 大于 Number2，结果为 True
Number1＜＝Number2	Number1 小于等于 Number2，结果为 True
Number1＞＝Number2	Number1 大于等于 Number2，结果为 True

(3) 逻辑运算与位运算

逻辑运算符用于连接布尔型数据，结果为逻辑值，使用 AND、NOT、OR、XOR。此外，Gambas 也支持位运算，AND 为按位与、NOT 为按位非、OR 为按位或、XOR 为按位异或。Gambas 位运算规则如表 2-14 所示。

表 2-14　Gambas 位运算规则

运算规则	说明
Number AND Number	两个数的二进制逻辑与
NOT Number	一个数的二进制逻辑非
Number OR Number	两个数的二进制逻辑或
Number XOR Number	两个数的二进制逻辑异或

(4) 字符串运算

字符串运算包含字符串连接和字符串比较。字符串连接运算有"&"和"&/"两种。"&"两边变量的数据类型要保持一致，且应为字符串型。

① 字符串连接运算　Gambas 字符串连接运算规则如表 2-15 所示。

表 2-15　Gambas 字符串连接运算规则

运算规则	说明
String & String	连接两个字符串
String &/ String	连接路径字符串，需要时会自动在两个字符串之间添加路径分隔符"/"

② 字符串比较运算　Gambas 字符串比较运算规则如表 2-16 所示。

表 2-16　Gambas 字符串比较运算规则

运算规则	说明
String = String	检查两个字符串是否相同
String = String	检查两个字符串是否相等，不区分大小写
String LIKE String	检查字符串与模板是否匹配
String MATCH String	检查字符串是否匹配 PCRE 正则表达式
String BEGINS String	检查字符串是否以模板开头
String ENDS String	检查字符串是否以模板结束
String <> String	检查两个字符串是否不同
String1 < String2	检查 String1 是否严格小于 String2
String1 > String2	检查 String1 是否严格大于 String2
String1 <= String2	检查 String1 是否小于等于 String2
String1 >= String2	检查 String1 是否大于等于 String2

(5) 运算符优先级

Gambas 运算符优先级规则如表 2-17 所示。

表 2-17　Gambas 运算符优先级规则

运算符	优先级	示例
−（负号）、NOT	最高	f=−g^2 等价于（−g）^2
IS	11	
&	9	
&/	8	
^	7	i=4^2*3^3 等价于（4^2）*（3^3）
*、/、\、DIV、%	6	i=4*2+3*3 等价于（4*2）+（3*3）
+、−	5	
=、<>、>=、<=、>、<、LIKE、BEGINS	4	i=4+2=5+1 等价于（4+2）=（5+1）
AND、OR、XOR	2	i=a>10 AND a<20 等价于（a>10）AND（a<20）

（6）位操作函数

除了可以使用 NOT、AND、OR、XOR 进行位运算外，还可以使用专用位操作函数。Gambas 位操作函数如表 2-18 所示。

表 2-18　Gambas 位操作函数

位操作函数	说明
BClr	清除整数中一个二进制位
BSet	设置整数中一个二进制位
BTst	检测整数中一个二进制位
BChg	反转整数中一个二进制位
Lsl	左移整数
Lsr	右移整数
Shl/Asl	左移整数，保持符号位不变
Shr/Asr	右移整数，保持符号位不变
Rol	循环左移整数
Ror	循环右移整数

2.3.2　表达式

表达式是由运算符将变量、常量、函数等连接起来的有意义的式子。

表达式的书写规则：
- 乘号不能省略。
- 括号必须成对出现，且都用圆括号。
- 表达式从左至右书写。

（1）赋值表达式

表达式的赋值格式为：

[LET]Destination= Expression

可以将表达式的值赋给下列元素之一：
① 局部变量。
② 函数参数。
③ 公有变量。
④ 类变量。
⑤ 数组元素。
⑥ 对象公有变量。
⑦ 对象属性。

赋值语句不能用于设置函数返回的值。给函数分配值（返回值），要使用 RETURN 语句。

许多有返回值的语句也可以赋值，如：EXEC、NEW、OPEN、RAISE、SHELL 等。

举例说明：

```
iVal= 1972
Name=" [/def/gambas]"
hObject. Property=iVal
cCollection [sKey]= Name
```

（2）赋值操作

除了标准的赋值操作以外，Gambas 提供了一些特殊的赋值操作，类似于 C 语言中简化赋值操作符，如"＋＝"。Gambas 赋值操作如表 2-19 所示。

表 2-19 Gambas 赋值操作

赋值操作	说明
Variable＝Expression	直接赋值
Variable＋＝Expression	相加赋值，等价于 Variable＝Variable＋Expression
Variable－＝Expression	相减赋值，等价于 Variable＝Variable－Expression
Variable * ＝Expression	相乘赋值，等价于 Variable＝Variable * Expression
Variable/＝Expression	相除赋值，等价于 Variable＝Variable/Expression
Variable \＝Expression	整除赋值，等价于 Variable＝Variable \ Expression
Variable &＝Expression	字符串连接赋值，等价于 Variable＝Variable & Expression
Variable &/＝Expression	路径连接赋值，等价于 Variable＝Variable &/Expression

（3）SWAP 操作

SWAP 操作用于交换两个表达式的内容。声明格式为：

SWAP Expression A，Expression B

SWAP 操作相当于执行下面的代码：

Dim Temp AS Variant

Temp＝ExpressionA
ExpressionA＝ExpressionB
ExpressionB＝Temp

2.3.3 字符串函数

字符串函数用于处理字符串数据。若函数的返回值为字符型数据，常在函数名后加"＄"字符，Gambas 中也可省略该符号。Gambas 字符串函数如表 2-20 所示。

表 2-20　Gambas 字符串函数

函数	描述	UTF-8 等价处理
Asc	返回字符串中一个字符的 ASCII 码值	String.Code
Base64 $	返回字符串的 Base64 编码	
Chr $	返回 ASCII 码对应的字符	String.Chr
Comp	比较两个字符串	String.Comp
FromBase64 $	解码 Base64 编码的字符串	
FromUrl $	解码 URL	
Html $	引用一个 Html 字符串	
InStr	查找一个字符串在另一个字符串中的位置	String.InStr
LCase $	转换字符串为小写	String.LCase
Left $	返回字符串的左侧字符串	String.Left
Len	返回字符串的长度	String.Len
LTrim $	删除字符串的左侧的空格	
Mid $	返回字符串中的一部分	String.Mid
Quote $	引用字符串	
Replace $	用一个字符串替换另一个字符串的子串	
Right $	返回字符串的右侧字符串	String.Right
RInStr	从右侧开始查找一个字符串在另一个字符串中的位置	String.RInStr
RTrim $	删除字符串的右侧的空格	
Scan	用正则表达式模板拆分字符串	
Space $	返回仅包含空格的字符串	
Split	将字符串拆分成子串	
String $	返回相同字符串的多次连接	
Subst $	替换模板中的字符串	
Trim $	删除字符串的左右两侧的空格	
UCase $	转换字符串为大写	String.UCase
UnBase64 $	解码 Base64 编码的字符串	
Url $	编码 URL	
Unquote $	取消引用字符串	

字符串函数大部分仅处理 ASCII 码字符串。如果处理 UTF-8 字符串，应使用 String 类等价处理方法。未标示 UTF-8 等价处理的函数，则该 ASCII 码函数也能用于 UTF-8 字符串。

字符检测函数检测字符串中是否包含指定字符，并返回布尔值。Gambas 字符检测函数如表 2-21 所示。

表 2-21　Gambas 字符检测函数

字符检测函数	说明
IsAscii	检测字符串是否仅包含 ASCII 码字符

续表

字符检测函数	说明
IsBlank	检测字符串是否仅包含空白字符
IsDigit	检测字符串是否仅包含数字
IsHexa	检测字符串是否仅包含十六进制数字
IsLCase	检测字符串是否仅包含小写字母
IsLetter	检测字符串是否仅包含字母
IsPunct	检测字符串是否仅包含可打印的非字母数字字符
IsSpace	检测字符串是否仅包含空格字符
IsUCase	检测字符串是否仅包含大写字母

2.3.4 数学函数

数学函数与数学中定义的函数意义相同，其参数和函数值的数据类型均为数值型。

（1）基本数学函数

Gambas 基本数学函数如表 2-22 所示。

表 2-22　Gambas 基本数学函数

函数	说明
Abs	返回一个数值的绝对值
Ceil	返回不小于给定数值的最小整数
DEC	变量减 1
Fix	返回一个数值的整数部分
Floor	返回不大于给定数值的最大整数
Frac	返回一个数值的小数部分
INC	变量加 1
Int	返回一个数值的整数部分
Max	返回最大值
Min	返回最小值
Round	返回一个数值四舍五入后的结果
Sgn	返回一个数值的符号

（2）对数与指数函数

Gambas 对数与指数函数如表 2-23 所示。

表 2-23　Gambas 对数与指数函数

函数	说明
Cbr	立方根
Exp	e^x
Exp2	2^x
Exp10	10^x

续表

函数	说明
Expm	$Exp(x)-1$
Log	以 e 为底的自然对数
Log2	以 2 为底的对数
Log10	以 10 为底的对数
Logp	$Log(1+x)$
Sqr	平方根

(3) 三角函数

Gambas 三角函数如表 2-24 所示。

表 2-24　Gambas 三角函数

函数	说明
ACos	返回角度的反余弦
ACosh	返回角度的反双曲余弦
Ang	返回根据直角坐标计算的极坐标极角
ASin	返回角度的反正弦
ASinh	返回角度的反双曲正弦
ATan	返回角度的反正切
ATan2	返回两数商的反正切
ATanh	返回角度的反双曲正切
Cos	返回角度的余弦
Cosh	返回角度的双曲余弦
Deg	转换弧度到度
Hyp	返回直角三角形的斜边
Mag	返回根据直角坐标计算的极坐标极径
Pi	返回 π
Sin	返回角度的正弦
Sinh	返回角度的双曲正弦
Tan	返回角度的正切
Tanh	返回角度的双曲正切
Rad	转换度到弧度

注：三角函数以弧度为单位。

(4) 随机数函数

Gambas 用于产生随机数的公式取决于称为种子（Seed）的初始值。默认情况下，每当运行一个应用程序时，提供相同的种子值，即产生相同的随机数序列，如果需要每次运行时产生不同的随机数序列，可执行 Randomize 语句，声明格式为：

RANDOMIZE [Seed AS Integer]

用指定的种子数 Seed 初始化伪随机数发生器。

如果没有指定 Seed，那么随机数发生器使用当前日期和时间作为种子。
使用相同的种子总是可以得到相同的伪随机数值序列。
Gambas 随机数函数如表 2-25 所示。

表 2-25　Gambas 随机数函数

函数	说明
RANDOMIZE	初始化伪随机数种子
Rand	返回一个伪随机整数
Rnd	返回一个伪随机数

2.3.5　日期与时间函数

Gambas 提供了一些用于测试或计算日期和时间的函数。Gambas 日期与时间函数如表 2-26 所示。

表 2-26　Gambas 日期与时间函数

函数	说明
Date	返回不包含时间的日期
DateAdd	返回给定的日期增加指定的时间间隔后得到的新日期
DateDiff	返回两个日期的时间间隔
Day	返回日期中的天数值
Hour	返回日期中的小时数值
Minute	返回日期中的分钟数值
Month	返回日期中的月份数值
Now	返回当前日期(年月日时分秒)
Second	返回日期中的秒数值
Time	返回日期中的时间部分
Timer	返回程序启动以来经过的秒数
Week	返回日期是所在年的第几个星期
WeekDay	返回日期是本周的第几天
Year	返回日期中的年份数值

2.4　程序结构

在程序设计过程中，算法是解决问题的方法。结构化程序设计是描述算法的有效方式。结构化程序设计方法学认为，任何复杂的程序都是由若干种简单的基本结构组成的。这些基本结构包括：顺序结构、分支结构和循环结构。

顺序结构指程序的流程是按照一个方向进行的，一个入口，一个出口，中间有若干条依次执行的语句。

分支结构又称为选择结构、条件结构，指程序的流程出现一个或多个分支，按一定的条件选择其中之一执行，它有一个入口，一个出口，中间可以有两个或多个分支。

循环结构指程序的流程是按一定的条件重复多次执行一段程序，被重复执行的程序段叫循环体。循环结构按退出循环的条件可分为 While（当型）循环结构和 Until（直到型）循环结构。执行当型循环时，当条件成立时执行循环体，条件不成立时退出循环体；执行直到型循环时，当条件不成立时执行循环体，直到条件成立时退出循环体。按循环体至少执行的次数又可分为 0 次循环和 1 次循环，当条件表达式在循环结构的入口时为 0 次循环，当条件表达式在循环结构出口时为 1 次循环。循环结构只有一个入口和一个出口，一般只允许有限次重复，不能无限循环。

三种基本结构的特点是：

① 只有一个入口，一个出口。

② 无死语句，即没有始终执行不到的语句。

③ 无死循环，即循环次数是有限的。

2.4.1 顺序结构

顺序结构是最常用的程序结构，一般是按照解决问题的顺序写出相应的语句，自上而下依次执行。

举例说明：

```
Public Sub Button1_Click()

    Dim i As Integer
    Dim x As Integer
    Dim y As Integer

    Inc i
    x=x+2
    y=x
End
```

2.4.2 分支结构

Gambas 的分支结构可以分为二分支结构和多分支结构。二分支结构又有单行格式和多行（块）格式。多分支结构又分为 IF 语句和 SELECT 语句。

(1) IF 语句

① IF 块语句　IF 块语句格式为：

```
IF Expression[{AND IF | OR IF} Expression ... ][THEN]
   ...
[ELSE IF Expression[{AND IF | OR IF} Expression ... ][THEN]
   ...]
[ELSE
   ...]
ENDIF
```

② IF 单行语句　IF 单行语句格式为：

IF Expression[{AND IF |OR IF} Expression ...]THEN ...

③ IF...THEN...ELSE 单行语句　IF...THEN...ELSE 单行语句格式为：

IF Expression[{AND IF |OR IF} Expression ...]THEN ... ELSE ...

当使用多个用 AND IF 关键字分隔开的条件表达式 Expression 时，从左向右评估条件表达式，直到找到一个 False，那么条件的结果为 False。如果所有的条件表达式都为 True，则条件的结果为 True。

当使用多个用 OR IF 关键字分隔开的条件表达式 Expression 时，从左向右评估条件表达式，直到找到一个 True，那么条件的结果为 True。如果所有的条件表达式都为 False，则条件的结果为 False。

不能在同一行上混用 AND IF 和 OR IF 关键字。

可以将 IF...THEN 分支结构写在一行上，条件为真的选择项写在 THEN 关键字后面。
举例说明：

```
Dim k As Integer

For k=1 To 10
  If k<5 Or If k>5 Then
    Print k;;
  Else
    Print
    Print" 5 has been reached ! "
  End If
Next
Print
If Pi>0 Or If(1/0)>0 Then Print" Hello"
If(Pi>0)Or((1/0)>0)Then Print" World ! "
Catch
  Print Error.Text
```

（2）IIf 函数

IIf 函数格式为：

Value=IIf(Test AS Boolean,TrueExpression,FalseExpression)

也可以使用 If 函数，格式为：

Value=If(Test AS Boolean,TrueExpression,FalseExpression)

评估 Test 表达式，如果为真（True）返回 TrueExpression，如果为假（False）返回 FalseExpression。

举例说明：

```
Dim X As Integer=7
Print If((X Mod 2)=0," even"," odd")
```

(3) SELECT 语句

SELECT 语句格式为：

```
SELECT [CASE] Expression
   [CASE [Expression] [TO Expression #2] [,...]
     ...]
   [CASE [Expression] [TO Expression #2] [,...]
     ...]
   [CASE LIKE Expression [,...]
     ...]
   [{CASE ELSE | DEFAULT}
     ...]
END SELECT
```

依次选择表达式进行比较，并执行相应的表达式匹配的 CASE 语句包含的代码。
如果没有匹配的 CASE 语句，则执行 DEFAULT 或者 CASE ELSE 语句。
CASE 语句的条件是一个独立值的列表或用 TO 关键字隔开的两个数值之间的范围。
第一个表达式是可选的，CASE TO Expression 将匹配所有值直到 Expression。
可以使用 CASE LIKE 语法与正则表达式进行匹配。
举例说明：

```
'检查掷骰子的随机函数
'重复随机函数 1000 次
'统计掷出 1、2、3、4、5、6 的次数
Dim x As Integer
Dim w As Integer
Dim a As Integer
Dim b As Integer
Dim c As Integer
Dim d As Integer
Dim e As Integer
Dim f As Integer

For x=1 To 1000
   w=Int(Rnd(6)+1)
   Select Case w
      Case 1
         a=a+1
      Case 2
         b=b+1
      Case 3
         c=c+1
      Case 4
```

```
            d=d+1
        Case 5
            e=e+1
        Case 6
            f=f+1
        Case Else
            Print" 不可能！"
    End Select
Next
Print a,b,c,d,e,f
```

(4) Choose 函数

Choose 函数格式为：

Value=Choose(Choice,Result #1,Result #2[,...])

根据 Choice 的值，返回参数列表 Result #i 中的一个值。

如果 Choice 为 1，返回 Result #1。

如果 Choice 为 2，返回 Result #2，依此类推。

如果 Choice 小于等于 0，或者没有对应于 Choice 值的 Result #i，返回 NULL。

举例说明：

```
X=3
Print Choose(X," one "," two "," three "," four ")
```

2.4.3 循环结构

在实际问题中，经常遇到对同样的操作重复执行多次的情况。一般来说，循环次数是有限的，然而有些问题可能事先无法知道循环次数，则需根据当前情况由程序判断是否结束循环。

(1) FOR 语句

FOR 语句格式为：

FOR Variable=Expression{TO | DOWNTO} Expression[STEP Expression]

　...

　NEXT

通过递增或递减变量控制循环。变量必须是数值类型，如：Byte、Short、Integer、Long 或 Float。如果用 DOWNTO 代替 TO，则循环变量由递增变为递减。

如果 STEP 值为正数时初始表达式值大于终止表达式值，或者 STEP 值为负数时初始表达式值小于终止表达式值，不会进入循环体。

举例说明：

```
Dim iCount As Integer

For iCount=1 To 20 Step 3
    Print iCount;;
Next
```

(2) FOR EACH 语句

① FOR EACH...IN 语句　FOR EACH...IN 语句格式为：

FOR EACH Variable IN Expression
　...
NEXT

利用对象的枚举控制循环。Expression 必须是枚举对象的引用，如：集合或数组。
举例说明：

Dim Dict As New Collection
Dim Element As String

Dict[" Blue"]=3
Dict[" Red"]=1
Dict[" Green"]=2
For Each Element In Dict
　Print Element；
Next

② FOR EACH 语句　FOR EACH 语句格式为：

FOR EACH Expression
　...
NEXT

当 Expression 是枚举对象且非真正容器时，使用该语法。如：Expression 为数据库的查询结果。

Dim Res As Result

Res=DB. Exec(" SELECT*FROM MyTable")
For Each Res
　Print Res！Code；" " ；Res！Name
Next

(3) DO 语句

DO 语句格式为：

DO[WHILE Condition]
　...
　[BREAK|CONTINUE]
　...
LOOP[UNTIL Condition]

当头部条件为真或尾部条件为假时，重复执行循环体语句。如果既没有使用 WHILE 也没有使用 UNTIL，循环仅能由 BREAK 语句控制循环次数。如果此时缺少 BREAK 语句，则进入死循环。DO 语句说明如表 2-27 所示。

表 2-27 DO 语句说明

语句	说明
DO	循环开始
WHILE	如果使用，Condition 为真才执行循环
UNTIL	如果使用，Condition 为真才结束循环
Condition	布尔表达式
BREAK	跳出循环
CONTINUE	结束本次循环，开始下一次循环
LOOP	循环结尾

如果开始时头部 Condition 为假，循环不会执行，否则循环至少执行一次。

举例说明：

```
a=1
Do While a<=5
    Print" Hello World" ;a
    Inc a
Loop
```

（4） WHILE 语句

WHILE 语句格式为：

```
WHILE Expression
  ...
WEND
```

当 Expression 为真时，执行循环。
当 Expression 为假时，结束循环。
举例说明：

```
Dim a As Integer
a=1
While a<=10
    Print" Hello World" ;a
    Inc a
Wend
```

（5） REPEAT 语句

REPEAT 语句格式为：

```
REPEAT
  ...
UNTIL Expression
```

该循环结构至少执行一次，即使 UNTIL 条件的值在开始时就为假。

举例说明：

```
Public Sub Form_Open()

    Dim I As Integer

    Repeat
        Print Timer
    Until Timer>10
End
```

(6) CONTINUE 语句

CONTINUE 语句结束本次循环，开始下一次循环，与 BREAK 作用相反。

举例说明：

```
Dim i As Integer

For i=1 To 10
    If i=1 Then
        Print" One" ;
        Continue
    Endif
    If i=2 Then
        Print" Two" ;
        Continue
    Endif
    Print i;
Next
```

(7) BREAK 语句

BREAK 语句跳出循环，与 CONTINUE 作用相反。

举例说明：

```
Dim i As Integer

For i=1 To 1000
    If i=200 Then Break
    Print i
Next
```

(8) GOTO 语句

GOTO 语句格式为：

```
GOTO Label
```

跳转到函数中用行标号 Label 声明的位置。

GOTO 语句和行标号可以用于跳出循环结构。

举例说明：

```
FOR iY=0 TO 5
   FOR iX=0 TO 20 STEP 1
      PRINT" Loop1" ;iX
      IF iX=3 THEN GOTO LOOP2
   NEXT
NEXT
LOOP2:
...
```

注意：禁止将 GOTO 语句和行标号用于进入一个循环结构。
举例说明：

```
X=18
Goto LOOP3    '禁止这样使用 GOTO 跳转
...
For X=20 To -2 Step -2
...
LOOP3:
   Print" Loop2" ;iX
...
Next
```

（9）GOSUB 语句

GOSUB 语句格式为：

    GOSUB Label

跳转到函数中用行标号 Label 声明的位置，如果遇到 RETURN 语句，程序回到 GOSUB 语句后紧接着的代码处运行。可以嵌套执行 GOSUB 调用，与使用 GOTO 语句有相同的限制。

（10）ON GOTO 语句

ON GOTO 语句格式为：

    ON Expression GOTO Label0[,Label1 ...]

根据 Expression 的值跳转到指定的行标号中的一个。

Expression 必须是整数值，用来确定选中哪一个行标号。如果 Expression 的值是 0，选中第一个行标号，如果 Expression 的值是 1，选中第二个行标号，以此类推。

如果 Expression 的值是负数或大于等于行标号的数量，则语句被忽略。

（11）ON GOSUB 语句

ON GOSUB 语句格式为：

    ON Expression GOSUB Label0[,Label1 ...]

根据 Expression 的值跳转到指定的行标号中的一个并返回。

Expression 必须是整数值，用来确定选中哪一个行标号。如果 Expression 的值是 0，选中第一个行标号，如果 Expression 的值是 1，选中第二个行标号，以此类推。

如果 Expression 的值是负数或大于等于行标号的数量，则语句被忽略。

(12) QUIT 语句

QUIT 语句格式为：

　　QUIT [ExitCode]

立即结束并退出程序。关闭所有窗口并删除，释放所使用的资源。

举例说明：

```
Public Function Calcmean(fSum As Float,fCount As Float)As Float
   If fCount=0 Then
   Print" 在 Calcmean 函数中除数为 0"
      Quit
   Endif
   Return fSum/fCount
End
```

可以指定被程序返回给其父进程的退出代码，默认退出代码为 0。

(13) RETURN 语句

RETURN 语句格式为：

　　RETURN [Expression]

通过返回 Expression 的值退出函数或过程。

如果从过程返回，不能使用任何 Expression 参数。

如果从函数返回，并且没有指定 Expression 参数，返回值是函数返回数据类型的默认值。

RETURN 也被用于从 GOSUB 跳转返回。

RETURN 语句会使 FINALLY 语句引领的代码无效，因为返回会立即发生而不会执行 FINALLY 代码。

(14) STOP 语句

STOP 语句格式为：

　　STOP

停止程序运行，并且唤醒调试程序，类似于在当前行设置断点。

如果程序不是处于调试状态，则该语句不起作用。

举例说明：

```
' 如果条件为 True,则停下来
If Name=" Gates" Or Name=" Ballmer" Then Stop
```

(15) WITH 语句

WITH 语句格式为：

　　WITH Object
　　　.
　　END WITH

在 WITH 语句和 END WITH 语句之间，以"."开头的表达式被委托给 Object 对象。WITH…END WITH 结构可以嵌套。

举例说明：

```
With hButton
    .Text="Cancel"
End With
'等价于
hButton.Text="Cancel"
```

可用作数组快捷访问器：

```
With Array
    .[0]="First slot"
    .[1]="Second slot"
End With
```

集合操作：

```
With Collection
    !key="Value"
End With
```

2.5 错误处理

语法错误是由于语句中出现非法语句而引起的错误，如：语句结构不完整、双引号不全或括号不全、关键字书写错误、用关键字作为变量名或常量名等。用户在代码窗口中编辑完成代码后执行编译或运行操作时，Gambas 会对程序进行语法检查，当发现程序中存在输入错误时，会弹出错误提示信息，用户可根据提示进行修改。

逻辑错误是由于程序的结构或算法错误而引起的。这种错误不是在语法上有错误或运行有错误，因此，Gambas 不会给出提示，运行过程顺利，也不需要错误处理程序，但程序的逻辑设计不正确，运行后不会得到预期结果。对于逻辑错误，通常只能通过软件测试方法发现并修正。

运行时错误是 Gambas 程序设计中一种常见错误。应用程序正在运行期间，当一个语句试图执行一个不能执行的操作时就会产生运行时错误。比较常见的有除法运算的除数为零，尽管从语法角度看起来程序语句没有错误，但在实际上该语句不能执行。

程序运行时的错误，一旦出现可能会造成应用程序混乱甚至系统崩溃，因此，必须对可能产生的运行时错误进行处理，在系统发出错误警告之前，截获该错误，在错误处理程序中提示用户采取措施，如果能够解决错误问题，程序能够继续执行，如果取消操作，则可以跳出该程序段，继续执行后面的程序，即错误捕获。

(1) TRY 语句

TRY 语句格式为：

```
TRY Statement
```

在没有发生错误的情况下，尝试执行语句。

检查 ERROR，可以知道语句是否被正确执行。

举例说明：

'删除一个文件,即使它不存在
Try Kill FileName
'检查是否成功删除
If Error Then Print" 不能删除文件"

(2) FINALLY 语句

FINALLY 语句格式为：

```
SUB Function(...)
  ...
FINALLY
  ...
END
```

在函数的尾部，该语句引领的代码被执行，即使在其执行期间有错误发生。

FINALLY 部分是非托管的。如果函数中有错误陷阱，FINALLY 部分必须位于陷阱之前。

如果错误发生于 FINALLY 部分执行期间，错误会正常传送。

(3) CATCH 语句

CATCH 语句格式为：

```
SUB Function(...)
  ...
CATCH
  ...
END
```

该语句表示函数或过程中错误处理部分（错误陷阱）开始。

当错误发生于函数执行的起始到终止之间，执行错误陷阱部分。

如果错误发生于执行错误陷阱代码期间，会正常传送。

如果函数中有 FINALLY 语句作用部分，必须位于错误陷阱之前。

举例说明：

```
Sub PrintFile(FileName As String)

  Dim hFile As File
  Dim sLig As String
  Open FileName For Read As #hFile
  While Not Eof(hFile)
    Line Input #hFile,sLig
    Print sLig
  Wend
```

```
Finally ' 总是被执行,即使有错误发生
    Close #hFile
Catch ' 仅发生错误时执行
    Print" Cannot print file" ;FileName
End
```

(4) ERROR 语句

① ERROR AS 语句　ERROR AS 语句格式为：

```
ERROR AS Boolean
```

如果有错误发生返回错误标志 True。

仅用于 TRY 语句之后，以便获知是否执行失败。

下列情况下错误标志被清除：

- 执行 RETURN 语句。
- 执行 TRY 语句，并且没有发生任何错误。

举例说明：

```
Try Kill FileName
If Error Then Print" Cannot remove file. " ;Error. Text
```

② ERROR Expression 语句　ERROR Expression 语句格式为：

```
ERROR Expression[{;| ;;| ,} Expression ... ][{;| ;;| ,} ]
```

打印 Expression 到标准错误输出，用法和 PRINT 语句相同。

使用 ERROR TO 语句可以重定向标准输出。

(5) DEBUG 语句

DEBUG 语句格式为：

```
DEBUG Expression[{;| ;;| ,} Expression ... ][{;| ;;| ,} ]
```

打印 Expression 到标准错误输出。

Expression 被 Str $ 函数转换成字符串。

如果最后一个 Expression 后面既没有逗号，也没有分号，系统会打印行尾（结束）符。行尾符在 Stream. EndOfLine 属性中定义。

如果使用连续两个分号，在两个 Expression 之间会打印一个空格。

如果用逗号取代分号，在两个 Expression 之间会打印一个制表符（ASCII 码 9）。

举例说明：

```
Dim a As Float

a=45/180*Pi
Debug " at 45 degrees the sine value is" ,Format$(a," 0. ####" )
```

2.6　面向对象程序设计

面向对象程序设计（Object Oriented Programming）作为一种通用程序设计方法，其本

质是以数学模型为基础的体现抽象思维的过程和方法。模型用来反映现实世界中的事物特征，任何一个模型都不可能反映客观事物的一切具体特征，只是对事物特征和变化规律的一种抽象，且在它所涉及的范围内更普遍、更集中、更深刻地描述客观事物的特征。通过建立模型而达到的抽象是人们对客观事物认识的深化。程序的核心是对象，Gambas 提供了面向对象程序设计的强大功能，此外，还提供了创建自定义对象的方法和工具，使应用程序的开发更加便捷。

2.6.1 面向对象技术特点

Gambas 是一种综合运用了 BASIC 语言的结构化的高级语言开发工具，具有丰富的图形窗口工作环境。Gambas 以可视化为主要特点，采用面向对象事件驱动机制，把 Linux 编程复杂性封装起来，使研究和开发 Linux 环境下的应用程序变得非常容易。Gambas 的 GUI 图形用户界面开发不需要描述界面元素的外观和位置，只要把预设的对象拖放到窗体上，就可实现可视化编程。

在面向对象程序设计中，对象是一个包括数据和方法的被封装起来的整体，是对数据和功能的抽象和统一。面向对象的程序设计综合了功能抽象和数据抽象，把解决问题的过程看作是一个对象分类演绎的过程。

面向对象程序设计的基本思想是：把人们对现实世界的认识过程应用到程序设计中，程序中的类和对象直接对应。程序以类为基础，对象是应用程序单元，通过调用对象的方法来访问对象内部的数据，通过用户操作触发对象事件来驱动任务执行，从而完成相应的功能。

（1）模块性

模块以对象为单位，对象是一个功能和数据独立的单元，对象之间只能通过相互认可的方式来进行通信，并方便其他对象调用。

（2）封装性

封装性是指把对象的基本成分封装在对象体中，使之与外界分开。对象的使用者只能看到对象的外部特征，如主要功能、调用方式，而看不到内部的运行方式。同时，对象的方法作为外界访问对象的界面，用户只能通过界面和对象交换信息。这种封装的特性，为信息的保护提供了具体的实现手段，用户不必清楚对象内部的细节，只需了解其功能即可。封装性减少了程序各部分之间的依赖，降低了程序的复杂度，同时也为外界访问提供了简单方便的接口。

（3）继承性

继承性是面向对象程序设计技术最本质的特征。继承性是指现有的类可以派生新的类，新的类叫子类，原有的类叫父类。子类继承父类的所有特性，并可以增加新的特性。继承性为代码共享提供了一种非常有效的方法，可以避免重复代码设计，实现对象的可重用性。

（4）可靠性

对象实现了抽象和封装，从而使得其中出现的错误限制在对象的内部，不会向外部传播，同时易于检查和维护。

（5）可扩充性

面向对象系统可以通过继承机制不断扩充其对象的功能，而不会影响原有系统的运行。实际上，在类的派生过程中，继承性一直向下传递，父类的基本特征可被所有子类的对象共享，最大限度地提高代码重复利用率。

(6) 连续性

虽然面向对象的程序设计语言在编程模式上与传统的结构化设计方法区别很大，但并没有摒弃传统的设计方法，它不仅采用了传统程序设计语言的语言元素，而且可以用来模拟建立对象，从而使得一个熟悉传统程序设计语言的开发人员能够快速掌握面向对象设计的方法与步骤。

2.6.2 对象和类

(1) 类

Gambas 中的对象是一个提供属性、变量、方法和事件的数据结构，可以通过引用的方式来访问对象，即通过一个指向对象的指针来访问对象，如用 PRINT 语句来查看对象的地址：

```
Dim aStr As New String[]
PRINT aStr
```

在 Gambas 中，类是一个 Gambas 对象，用 Class 命名。静态类的所有成员均为静态，也被称为模块，静态类不能被实例化，如 System 是一个静态类，其所有的方法都是静态的，不能创建一个类为 System 的对象。

Gambas 提供了对象和类管理，如表 2-28 所示。

表 2-28 Gambas 对象和类管理

对象和类	说明
CLASS	声明一个类的用法
Class	获取类信息的静态方法
CREATE PRIVATE	声明一个不可创建的类
CREATE STATIC	声明一个可自动创建的类
EXPORT	声明一个输出类
INHERITS	生成一个继承的类
IS	如果对象是一个类的实例或者继承，返回真
LAST	返回对最近发生事件的对象的引用
ME	返回对当前对象的引用
NEW	实例化对象
Object	对象管理的静态方法
SUPER	返回对将使用继承类标志实现的当前对象的引用
USE	第一次使用类时加载特定组件

虚类是一个类的次级隐含伪类，不能用变量引用。在本地组件中，虚类是为了便于用户操作临时对象而特意设计的机制，避免再去创建这些类的对象。虚类仅被解释器当作数据类型使用，但是使用中的对象则是来自实类的真实对象。

(2) 属性、方法和变量

属性和方法可以操作数据结构。

属性、方法、变量可以是静态的。

静态变量被同一个类的所有实例共享。

静态属性或方法仅能修改静态变量。

方法或变量可以是公有的或私有的，属性则总是公有的。

私有的标识符仅能在类的内部使用。

公有的标识符可以用在任何地方，需要通过指向该对象的引用来使用。

(3) 引用

Gambas 中没有内存回收器，每个对象都有一个引用计数器，当通过任何变量、数组、集合或其他对象引用该对象时该计数器加 1；当释放时，该计数器减 1。

在创建对象时该引用计数器为 0，并且在引用释放后其再次为 0 时，对象被释放。

(4) 无效对象

Gambas 对象变成无效后，实质上没有被销毁，但是不能再被使用。一个对象将变成无效，如该对象连接到被销毁的不受 Gambas 管理的内部对象，或用户通过关闭来销毁一个窗口，相应的 Form 或 Window 对象并未被销毁。使用无效对象时会产生错误。

(5) 特殊方法

特殊方法是在类中声明的以下划线作为方法名前缀的方法，并且解释器在下列情况下调用它们：

① 创建对象时。

② 释放对象时。

③ 加载对象类时。

④ 卸载对象类时。

⑤ 将对象用作数组时。

⑥ 枚举对象时。

⑦ 将对象用作函数时。

⑧ 使用未知的对象方法或属性时。

Gambas 提供的一些专用方法如表 2-29 所示。

表 2-29 Gambas 专用方法

专用方法	说明
_new	当创建一个对象时
_init	当加载对象类时
_get _put	当像数组一样使用一个对象时
_next	当枚举对象时
_call	当像函数一样调用一个对象时
_unknown	当试图使用一个未知的对象方法或属性时
_compare	当将一个对象与另一个对象比较时
_attach	当对象被附加到其父类或从其父类剥离时
_property	识别一个未知标识是否是方法或属性时

2.6.3 事件和事件观察器

(1) 事件

事件是当对象触发某些事件时发送的信号。对象触发事件时，对象将一个引用指向其事件观察器或父类。

事件观察器是另一个实现事件处理的对象。事件观察器是被声明的实例化对象中的当前对象。事件处理仅仅是每次事件发生时被调用的公有方法。

对于发生的事件，对象必须有一个事件名。

当使用 NEW 和 AS 关键字时，事件名被指派为对象实例名，而且该实例名也是所有事件处理方法的前缀。

举例说明：

```
Dim hButton As Button
hButton=New Button(ME) As" ButtonEventName"
```

如果没有指定事件名，对象将不会触发事件。

（2）锁定对象

对象可以被锁定，以便停止响应事件，也能被解锁，以便重新触发事件，可以使用 Object.Lock 和 Object.Unlock 方法。

一些事件可以被事件处理程序使用 STOP EVENT 语句取消。

对象在其构建函数执行期间被自动锁定，不能发送和接收任何事件。

（3）事件观察器

每个控件和每个对象都可以产生事件，都有一个事件观察器（Event Observer）和一个事件组名（Group Name）。事件观察器捕捉对象产生的每一个事件，事件组名用来处理事件类名的前缀。默认的事件观察器是所创建的控件的容器对象，事件组名是控件名。

事件观察器是允许拦截由其他对象触发的事件，事件观察器可以"监视"事件。

事件观察器可以在事件将发生或刚发生时进行拦截。

对于每一个被拦截的事件，事件观察器将触发具有相同名称和参数的事件。

通过在事件观察器事件处理程序内部使用 STOP EVENT 语句，可以取消原来的事件。

举例说明：

```
PRIVATE $hButton as Button
PRIVATE $hObserver As Observer

PUBLIC SUB Form_Load()
   $hButton=NEW Button(ME)AS" Button"
   $hObserver=NEW Observer(hButton) As" Observer"
END

PUBLIC SUB Observer_Click()
   DEBUG " The button has been clicked. I cancel the event ! "
   STOP EVENT
END

PUBLIC SUB Button_Click()
   DEBUG " You should not see me. "
END
```

2.6.4 继承

在 Gambas 中，子类继承其父类的每一个方法、属性、事件和常数。

必须用 ME 关键字来访问来自类内部的继承元素。

如可以创建一个继承于 ListBox，但是允许给每个列表条目关联一个标记的自定义 MyListBox 类。

注意：不能在窗体类文件中使用 INHERITS，因为窗体已经继承于 Form 类。

Gambas 解释器规定，继承树的深度不能大于 16。

当调用或访问一个来自对象引用的方法或属性时，Gambas 使用虚拟调度，使用对象的类。

2.6.5 组件

Gambas 组件是用 C/C++ 或 Gambas 语言写成的外部共享库，这些组件向 Gambas 解释器中添加新的函数和类。类根据所在的组件分组。

(1) 内部组件

解释器包含一个名为 gb 的内部组件，该组件定义语言中的所有标准类。该组件总是被默认加载，并且作为 Gambas 语言的一部分。

(2) 私有标识符表

每个组件都有自己的私有标识符表，保证类名称不会冲突。

(3) 公有标识符表

一个公有标识符表存储组件输出的所有类和当前工程输出的所有类。

如果在该公有标识符表中有名称冲突，最后加载的类继承覆盖以前加载的同名类。

(4) 工程标识符表

类似于某个组件，工程有自己的私有标识符，并且可以用 EXPORT 关键字将其任意一些类输出到公有标识符表。

工程类的加载晚于所有组件，因此，工程的输出类可以覆盖在任何组件中声明的输出类。

第 3 章

窗体设计

国产操作系统是以 Linux 为基础二次开发的操作系统，主要包括：Deepin、UOS、中标麒麟、中科方德、银河麒麟、优麒麟、中兴新支点、openEuler、AliOS 等。其中，Deepin 系统是易用、免费的 Linux 发行版，对开源软件进行了集成和配置，开发了深度桌面环境、自主 UI 库 DTK、系统设置中心，以及音乐播放器、视频播放器、深度商店等一系列面向普通用户的应用程序。Deepin 操作系统的操作界面是由一个个窗体所组成的，用户对计算机的所有操作几乎都是通过各种窗体来完成的，因此，窗体既是用户完成各种计算机操作的载体，又是与计算机进行沟通的主要方式。

本章介绍 Gambas 的窗体（界面）设计方法，包括窗体的创建、窗体属性、窗体事件和窗体方法，以及用户登录窗体、图片浏览与音乐播放窗体和 MDI 窗体，使读者对窗体的设计有一个系统认识。

3.1 窗体

窗体（Form）是 Gambas 中的一种特殊文档，用来显示窗体信息和接收用户输入数据，是 HMI 人机接口的重要组成部分。

3.1.1 创建窗体

打开 Gambas 并新建一个工程后，会加载一个名称为 FMain 的默认窗体，如图 3-1 所示。可以把各种需要的控件添加到窗体上，并编写相关控件执行代码。

一些应用程序拥有多个窗体，如 MDI 多文档窗体，因此，仅了解默认的窗体是不够的。如果需要创建更多的窗体，可以在工程窗口的"源代码"中右击，在弹出菜单中选择"新建"→"窗口..."选项，如图 3-2 所示。

在弹出的"新建文件"对话框中填写窗体名称，这里采用默认名称"Form1"，然后点击"确定"按钮，如图 3-3 所示。

此时，新建窗体 Form1 已经添加到当前工程中，如图 3-4 所示。

实际上，窗体文件在 Gambas 中以文本描述的形式存在，存储在当前工程目录下的隐藏目录中，如该文件的存储目录为".src/Form1.form"，.src 目录下存储了相关窗体文件和类文件，而 Form1.form 文件以文本方式打开后的代码为：

```
#Gambas Form File 3.0
{Form Form
    MoveScaled(0,0,64,45)
    Text=("Form1")
}
```

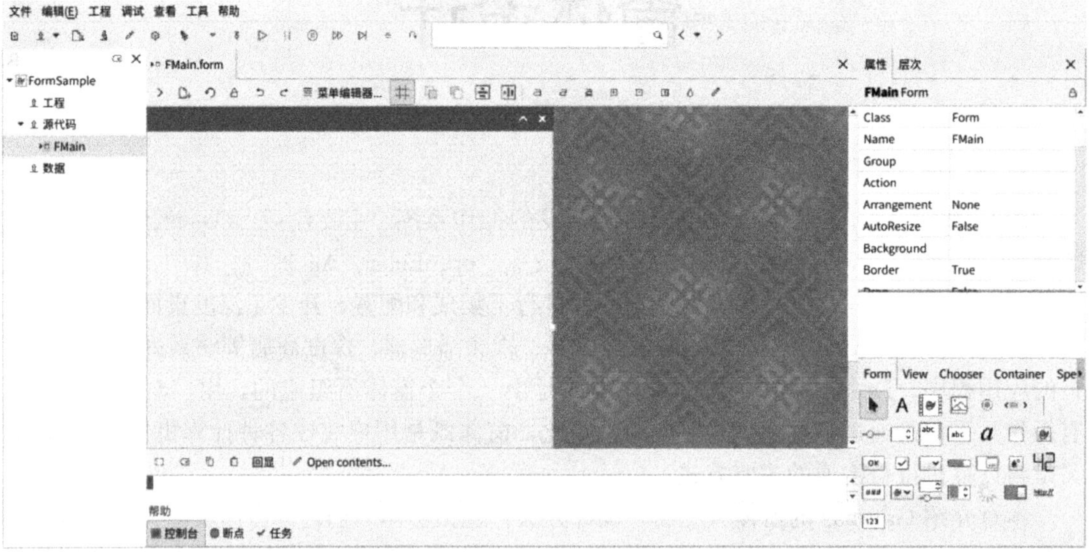

图 3-1　FMain 窗体

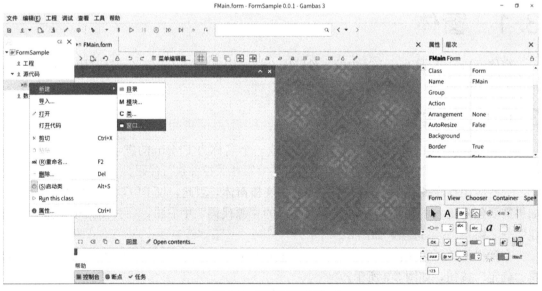

图 3-2　新建窗口菜单

由于隐藏目录中的内容是由 Gambas 自动维护的，因此，不需要用户去干预，窗体、控件、代码的修改一般在集成开发环境中完成，能最大限度地保持程序开发的高效性、稳定性和可维护性。

图 3-3 "新建文件"对话框

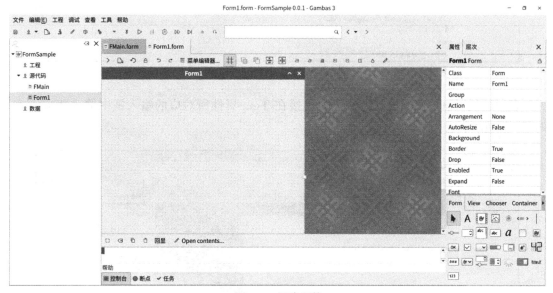

图 3-4 新建窗体

3.1.2 窗体属性

当创建一个窗体后,需要根据软件设计的需要对窗体的各种属性进行设置。窗体的属性可以直接在程序源代码中设置和修改,更常用的方法是通过"属性"窗口来设置。下面介绍一些常用的窗体属性和设置方法。

(1) Text 或 Caption 属性

Text 或 Caption 属性即标题属性,用来设置窗体标题所显示的文字。标题属性既可以通过代码来设置,也可以直接在"属性"窗口中设置。代码设置的方法有两种,分别为:

   Formn.Caption=ShowString

或:

   Formn.Text=ShowString

Formn 为窗体名称。

ShowString 为窗体标题所显示的文本。

标题属性的代码设置方法为：在窗体双击，在弹出的 Form_Open 中添加代码"FMain.Caption="我的标题""，如图 3-5 所示。

图 3-5　标题属性设置代码

在"属性"窗口中的设置方法是：直接在 Text 属性所对应的输入框中输入相应文本，如图 3-6 所示。

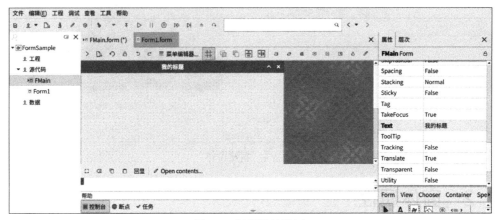

图 3-6　标题属性设置

图 3-7　程序运行效果

设置完成后，按"F5"键运行程序，效果如图 3-7 所示。

（2）Border 属性

Border 属性决定窗体是否具有标题栏以及控件是否具有边框，可以通过"属性"窗口中的 Border 属性来对其边框样式进行设定。窗体的 Border 属性设置为 False 之后，窗体的标题栏会自动隐藏，而 TextBox1 控件的 Border 属性设置为 False 之后，边框会自动消失，如图 3-8 所示。

（3）Resizable 属性

Resizable 属性用于设置窗体是否显示标题栏的"最

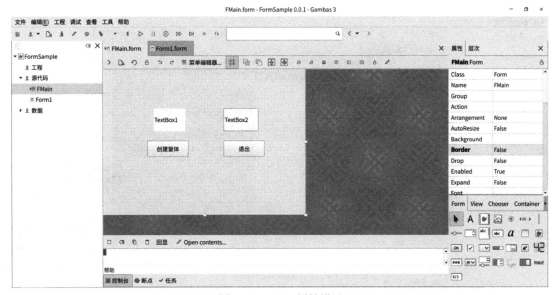

图 3-8　Border 属性设置

大化"按钮,以及窗体是否可以改变大小。默认为 True,即显示窗体标题栏的"最大化"按钮并可以通过拖拽改变窗体的大小,如果设置为 False,则不显示窗体标题栏的"最大化"按钮且不能通过拖拽改变窗体的大小,如图 3-9 所示。

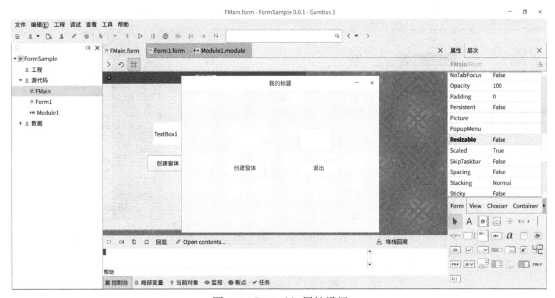

图 3-9　Resizable 属性设置

(4) Visible 属性

Visible 属性决定窗体或窗体上的控件在运行时是否可见。当 Visible 属性为 True 时,程序运行后将显示该窗体或控件;当 Visible 属性为 False 时,程序运行后将不会显示该窗体或控件。可以通过"属性"窗口来设置其可见属性,如图 3-10 所示。

(5) Icon 属性

通过设置 Icon 属性可以设置窗体在运行时系统状态栏显示的图标,该图标在窗体设计

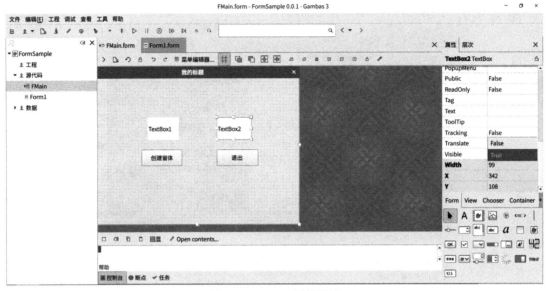

图 3-10 Visible 属性设置

状态时将显示在窗体标题栏的左侧。可以通过属性窗口中的 Icon 属性来设置和修改图标属性，如图 3-11 所示。

图 3-11 Icon 属性设置

3.1.3 窗体事件

事件驱动机制是 Gambas 的一大特点。窗体提供了丰富的事件来响应各种触发条件，在窗体中按下鼠标右键，在弹出菜单中选择"事件"，则显示窗体支持的事件。如果该事件已经编写相关代码，则会在右侧复选框中打"√"，如图 3-12 所示。

Gambas 窗体支持的事件包括 Activate、Close、DblClick、KeyPress 等，如表 3-1 所示。

第3章
窗体设计

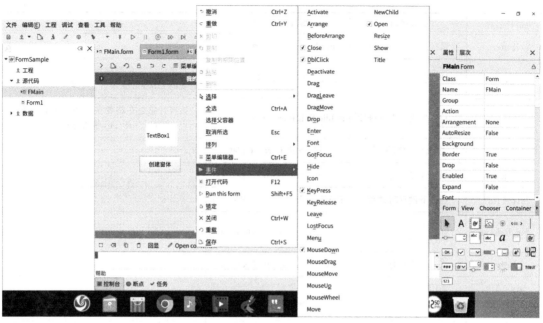

图 3-12　窗体事件

表 3-1　窗体事件

事件名称	触发条件	事件处理函数	备注
Activate	当窗体被激活时触发	Public Sub Form_Activate()	
Close	当窗体关闭时触发	Public Sub Form_Close()	用 STOP EVENT 可以取消关闭操作
DblClick	当双击时触发	Public Sub Form_DblClick()	该事件在窗体和控件的各处发生，包括控件内部滚动条、按钮等，该事件属于底层事件，类似于 MouseDown 和 MouseUp，作为替代，可以用更高级的事件，如 Activate 事件
Deactivate	当窗口失去活性时触发	Public Sub Form_Deactivate()	
Drag	在拖放过程中，鼠标进入控件时触发	Public Sub Form_Drag()	实现拖放操作必须： ①设置控件的 Drop 属性，使其能接收放置 ②用 Drag 类启动拖放操作，通常在源控件的 MouseDrag 事件中来完成 ③实现控件的 Drag、DragMove 或 Drop 事件之一的处理程序来接收放置 接收放置的控件的行为如下： ①如果不实现 Drag 事件处理程序，或不实现 DragMove 事件处理程序，则：如果 Drop 事件处理程序被实现，那么放置被接收；否则，被拒绝 ②如果实现 Drag 事件处理程序，并且事件被停止，那么放置被拒绝并且 DragMove 事件不会发生 ③如果实现 DragMove 事件处理程序，并且事件被停止，那么放置被拒绝
DragLeave	当鼠标拖拽控件离开时触发	Public Sub Form_DragLeave()	
DragMove	在拖放过程中，鼠标在控件上移动时触发	Public Sub Form_DragMove()	
Drop	当一个拖动被放置于控件上时触发	Public Sub Form_Drop()	

83

续表

事件名称	触发条件	事件处理函数	备注
Enter	鼠标进入控件时触发	Public Sub Form_Enter( )	
GotFocus	控件获得焦点时触发	Public Sub Form_GotFocus( )	该事件总是在拥有焦点的控件失去焦点触发的 LostFocus 事件之后发生
LostFocus	控件失去焦点时触发	Public Sub Form_LostFocus( )	该事件总是在将要获得焦点的控件获得焦点引发的 GotFocus 事件之前发生
Hide	当窗体被隐藏时触发	Public Sub Form_Hide( )	
Show	当窗体显示时触发	Public Sub Form_Show( )	
KeyPress	当按下键盘时触发	Public Sub Form_KeyPress( )	
KeyRelease	窗体具有焦点,且有一个按键被释放时触发	Public Sub Form_KeyRelease( )	
Leave	当鼠标离开时触发	Public Sub Form_Leave( )	
Menu	当用户在控件上点击鼠标右键或按下键盘 MENU 键时触发	Public Sub Form_Menu( )	
MouseDown	当鼠标按键按下时触发	Public Sub Form_MouseDown( )	
MouseDrag	当一个拖动操作即将开始时触发	Public Sub Form_MouseDrag( )	当鼠标按键被按下,且鼠标从按键按下的位置移动了几个像素之后发生该事件
MouseMove	当鼠标光标在控件上移动,且有鼠标按键按下时触发	Public Sub Form_MouseMove( )	如果没有鼠标按键被按下,该事件不会发生,除非是指定的组合控件,例如 ListView 或 IconView,以及设置了 Tracking 属性的 DrawingArea 控件
MouseUp	当鼠标光标位于控件上,鼠标按键释放时触发	Public Sub Form_MouseUp( )	
MouseWheel	当鼠标光标在控件上,且鼠标滚轮滚动或按下时触发	Public Sub Form_MouseWheel( )	
Move	当窗口被移动时触发	Public Sub Form_Move( )	
Open	当窗口第一次打开时触发	Public Sub Form_Open( )	
Resize	当窗口改变大小时触发	Public Sub Form_Resize( )	

3.1.4 窗体方法

窗体方法是指对窗体的各种操作,如显示窗体、隐藏窗体、删除窗体、关闭窗体、显示模态窗体等。

(1) Show 方法

Show 方法用来显示窗体。函数声明为:

Window. Show

(2) Hide 方法

Hide 方法用来隐藏窗体，但并不关闭窗体。函数声明为：

Window. Hide

(3) Delete 方法

Delete 方法用来从内存中删除窗体，释放资源。函数声明为：

Window. Delete

(4) Close 方法

Close 方法用来关闭一个窗体，并返回一个被 ShowModal 方法使用的可选整数值。函数声明为：

Window. Close([Return As Integer])As Boolean

Return 为窗体关闭时的返回值。

(5) ShowModal 方法

模态窗体又称模式窗体，是指在用户要对该窗体以外的应用程序进行操作时，必须首先对该窗体进行响应，如点击"确定"或"取消"按钮等将该窗体关闭。一般来说，Linux 应用程序中，对话框分为模态窗体（对话框）和非模态窗体（对话框）两种。二者的区别在于当窗体打开后，是否允许用户进行其他对象的操作。显示模态窗体方法用来以模态模式显示窗口，该方法仅当窗体被关闭时才结束，并返回传递给 Close 方法的值。函数声明为：

Window. ShowModal( ) As Integer

Form 类继承于 Window，该类是可创建的。通过创建一个隐含的实例，可以像对象一样使用。

举例说明：

```
Public Sub Button1_Click()
    Dim newform As Form

    '显示 From1
    Form1. Show
    '设置 Form1 屏幕显示的 X 轴和 Y 轴坐标
    Form1. X=150
    Form1. Y=150
    '延时 1.5s
    Wait 1.5
    Form1. x=200
    Form1. y=200
    Wait 1.5
    '删除 form1 窗体
    Form1. Delete
```

```
'用代码创建一个新窗体
newform=New Form
newform.x=300
newform.y=300
newform.Height=800
newform.Width=800
newform.Text="另一个被创建的窗体"
newform.Show
End
```

3.1.5 窗体的启动与结束

Gambas 的 GUI 应用程序是由一个个窗体组成的。一般来说，在这些窗体中会有一个窗体控制着整个应用程序的启动和结束，这个窗体称为启动窗体或主窗体。

（1）启动窗体

当创建一个应用程序时，应用程序中的第一个窗体默认为启动窗体。应用程序开始运行时，这个窗体就会显示出来。可以通过改变启动窗体来使其他窗体在启动时显示，操作方法为：在"工程"窗口中选择要启动的窗体并右击，在弹出菜单中选择"(S)启动类"即可，如图 3-13 所示。

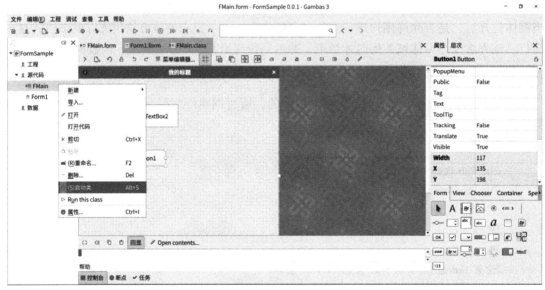

图 3-13　启动窗体设置

（2）无窗体启动

不是所有的应用程序在启动时都需要显示窗体，如一些应用程序只是为了执行某段代码完成某个功能而不需要界面。要实现无窗体启动，可再新建一个模块，并在模块中创建一个名为 Main 的过程，其声明格式为：

```
Public Sub main()


End
```

无窗体启动的操作步骤为：

① 在"工程"窗口中选择"源代码"，鼠标右击，在弹出菜单中选择"新建"→"模块..."，如图 3-14 所示。

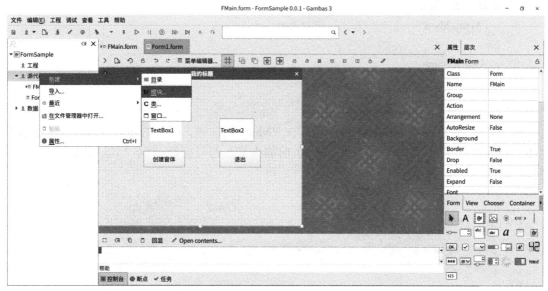

图 3-14　新建模块菜单

② 在弹出的"新建文件"对话框中，输入模块文件名，这里采用默认值"Module1"，并点击"确定"按钮，如图 3-15 所示。

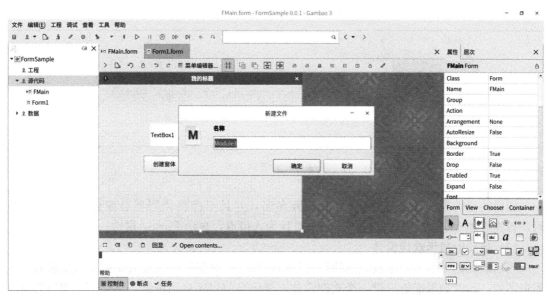

图 3-15　"新建文件"对话框

③ 在 Module1 模块中编写启动窗体代码：

Public Sub main()
　　Dim sel As Boolean

```
'设置启动窗体
sel=False
'选择启动窗体
If sel=True Then
    FMain.Show
Else
    Form1.Show
Endif
End
```

④ 在"工程"窗口中找到"源代码"→"Module1"项,鼠标右击,在弹出菜单中选择"(S)启动类",设置启动类,"FMain"项前的小箭头符号将转移到"Module1"项处,表明该项为启动项,如图3-16所示。

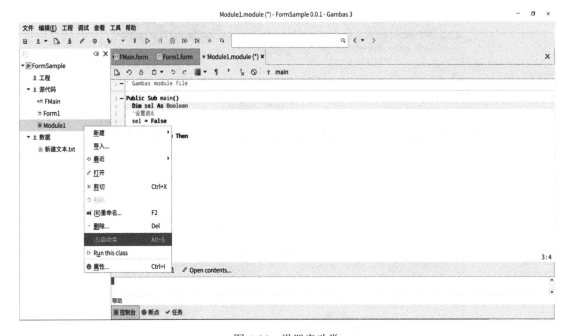

图3-16 设置启动类

值得注意的是,这个过程必须以 main 命名,并且不能将代码写在窗体内。程序运行时,首先启动 Module1 模块,并以 main 过程为入口点,显示 Form1 窗体。

(3) 启动时显示欢迎窗体

当启动窗体需要有一个较长的执行过程时,如要从数据库中装载大量数据或要装载一些图形图像,此时如果能够提供一个欢迎窗体,显示当前程序启动进程,将会消除用户等待时的焦急感并能指导用户了解一些软件相关信息。欢迎窗体是一种快速显示窗体,它通常显示的是应用程序名、版权信息或一个由位图、动画组成的欢迎界面,如"WPS文字"启动时所显示的欢迎窗体,如图3-17所示。

修改之前 Module1 模块中的启动窗体代码,设计一个启动时显示欢迎画面的窗体,代码修改为:

图 3-17　WPS 欢迎窗体

```
Public Sub main()
    '添加启动过程信息
    Form1.Show
    '延时 1.5s
    Wait 1.5
    '显示主窗体
    FMain.Show
    '删除欢迎窗体
    Form1.Delete
End
```

（4）结束窗体

在一些场合下，由于突发问题或其他错误等，可以不考虑当前窗体或对象的状态强制结束应用程序，可以使用 Quit 语句。Quit 语句会使应用程序立即结束，之后的代码不会执行，对象引用被释放。可在窗体的 Close 事件中添加 Quit 命令：

```
Public Sub Form_Close()
    Quit
End
```

3.2　用户登录窗体程序设计

窗体提供应用程序的界面窗口或对话框。窗体一般包括标题栏、边框、用户区等部分。标题栏用于显示该窗体的标题，标题内容由 Text 或 Caption 属性决定。标题栏包括最小化、最大化、关闭按钮。窗体的宽度与高度确定窗体的大小。用户区是窗体的内部区域，用于放置应用程序使用的控件。窗体本身就是一个容器，允许放置各类控件与容器，可以实现对所有控件与容器的枚举。

3.2.1 实例效果预览

下面通过一个实例来学习用户登录窗体程序的设计方法。设计一个应用程序，当程序运行时，首先显示用户登录界面，指示用户可以输入用户名和密码，并设置"确定"和"取消"按钮。在输入正确的用户名和密码并按下"确定"按钮后，即可显示"按键识别"主窗体，否则，会弹出用户名或密码输入错误的提示对话框，关闭对话框后程序会自动清空之前的输入，提示重新输入。"取消"按钮用于关闭用户登录窗体。"按键识别"主窗体能识别用户的按键操作，并在窗体显示中按下的字符键和功能键，如按下字母"a"键后，会显示已经按下的键名，并在文本框中输入该字符，如图 3-18 所示。

图 3-18　用户登录窗体

3.2.2 实现步骤

① 启动 Gambas 集成开发环境，可以在菜单栏选择"文件"→"新建工程…"，或在启动窗体中直接选择"新建工程…"项，如图 3-19 所示。

图 3-19　新建工程

② 在"新建工程"对话框中选择"1. 工程类型"中的"Graphical application"项，点击"下一个（N）"按钮，如图 3-20 所示。

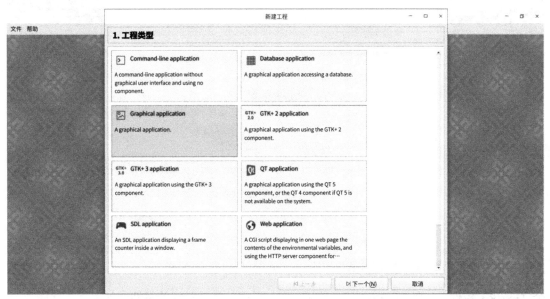

图 3-20　"新建工程"中的"1. 工程类型"对话框

③ 在"新建工程"对话框中选择"2. Parent directory"（父目录）中要新建工程的目录，点击"下一个（N）"按钮，如图 3-21 所示。

图 3-21　"新建工程"中的"2. Parent directory"（父目录）对话框

④ 在"新建工程"对话框中"3. Project details"（工程细节）中输入工程名和工程标题，工程名为存储的目录的名称，工程标题为应用程序的实际名称，在这里设置相同的工程名和工程标题。完成之后，点击"确定"按钮，如图 3-22 所示。

⑤ 系统默认生成的启动窗体名称为 FMain。在 FMain 窗体中添加 2 个 Label 控件、2

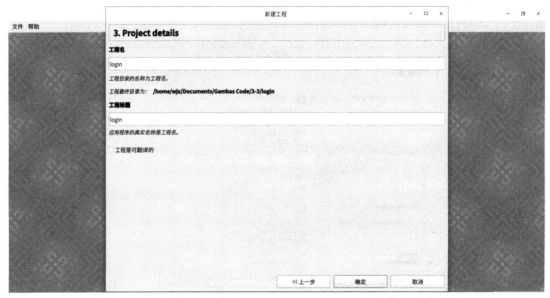

图 3-22 "新建工程"中的"3. Project details"(工程细节)对话框

个 TextBox 控件、2 个 Button 控件,如图 3-23 所示,并设置相关属性,如表 3-2 所示。

图 3-23 窗体设计

表 3-2 窗体和控件属性设置

名称	属性	说明
FMain	Text:用户登录	标题栏显示的名称
Label1	Text:用户名:	显示"用户名:"
Label2	Text:密码:	显示"密码:"
TextBox1		输入用户名

续表

名称	属性	说明
TextBox2	Password:True	输入密码后显示为"●",且不允许剪切和复制
Button1	Text:确定	命令按钮,响应相关点击事件
Button2	Text:取消	命令按钮,响应相关点击事件

⑥ 设置 Tab 键响应顺序。在 FMain 窗体的"属性"窗口点击"层次",出现控件切换排序,即按下键盘上的"Tab"键时,控件获得焦点的顺序。Label 类控件通常不会响应鼠标和键盘输入事件,因此,也不会获得焦点,在此可以忽略排序。控件的"Tab"键顺序可以通过"层次"窗口下的工具栏按钮进行设置,外形均为箭头状,从左到右依次为:"升到顶层""上移""下移""降到底层"。当选中的一个控件后,通过点击相关按钮,可以方便调整控件的"Tab"键顺序,如图 3-24 所示。

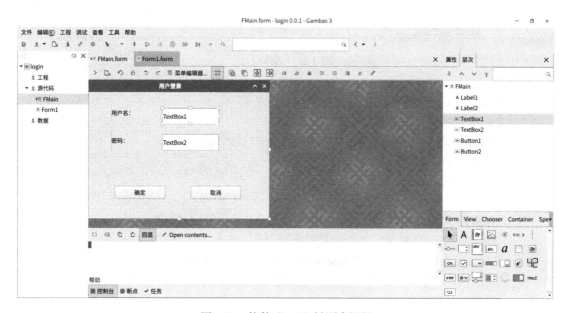

图 3-24 控件"Tab"键顺序调整

⑦ 在工程窗口的"源代码"中右击,在弹出菜单中选择"新建"→"窗口...",新建 Form1 窗体。在 Form1 窗体中添加 1 个 Label 控件、1 个 TextArea 控件,如图 3-25 所示,并设置相关属性,如表 3-3 所示。

表 3-3 窗体和控件属性设置

名称	属性	说明
Form1	Text:按键识别	标题栏显示的名称
Label1		显示按键名称,包括 Ctrl、Alt、Shift 等
TextArea1		显示键盘输入的 ASCII 码字符

⑧ 在 FMain 窗体中双击"确定"按钮,或在"确定"按钮上右击,在弹出菜单中选择"事件"→"Click",添加代码。

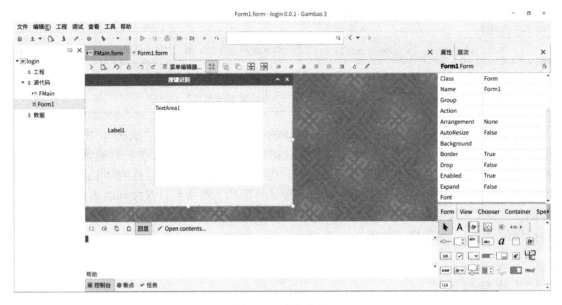

图 3-25 窗体设计

```
Public Sub Button1_Click()
    '设定用户名为 admin,密码为 123
    If TextBox1.Text=" admin" And TextBox2.Text=" 123" Then
        '显示模态窗体
        Form1.ShowModal
    Else
        '弹出提示对话框
        Message.Title=" 提示"
        Message.Info(" 用户名或密码输入错误,请重试!"," 确定")
        '清空用户名和密码框
        TextBox1.Text=" "
        TextBox2.Text=" "
        '获得焦点
        TextBox1.SetFocus
    Endif
End
```

程序中,当输入用户名为"admin",密码为"123"时成功登录,并且以模态窗体的方式显示 Form1,否则,弹出错误提示对话框。

⑨ 在 FMain 窗体中双击"取消"按钮,添加代码。

```
Public Sub Button2_Click()
    '关闭窗体
    FMain.Close
End
```

⑩ 在 FMain 窗体中的 TextBox2 上右击，在弹出菜单中选择"事件"→"KeyPress"，添加代码。

```
Public Sub TextBox2_KeyPress()
  '当密码框输入完成,按下回车键时触发
  If Key.Text="\r" Then
    Button1_Click
  Endif
End
```

程序中，当按下回车键时，调用 Button1_Click 事件。

⑪ 在 Form1 窗体中右击，在弹出菜单中选择"事件"→"KeyPress"，添加代码。

```
Public Sub Form_KeyPress()
  '窗体的文本框接收按键事件,并用标签显示
  Label1.Text=Key.Text
  Select Key.Code
    Case Key.ControlKey
      Label1.Text="Ctrl"
    Case Key.AltKey
      Label1.Text="Alt"
    Case Key.ShiftKey
      Label1.Text="Shift"
    Case Key.BackSpace
      Label1.Text="Backspace"
    Case Key.Delete
      Label1.Text="Delete"
    Case Key.Home
      Label1.Text="Home"
    Case Key.End
      Label1.Text="End"
    Case Key.PageUp
      Label1.Text="PageUp"
    Case Key.PageDown
      Label1.Text="PageDown"
    Case Key.Up
      Label1.Text="Up"
    Case Key.Down
      Label1.Text="Down"
    Case Key.Left
      Label1.Text="Left"
    Case Key.Right
      Label1.Text="Right"
  End Select
```

```
        If Key. Text=" \ r" Then
            Label1. Text=" Enter"
        Endif
    End
```

程序中，"\r"为回车符，与 Key. Return 和 Key. Enter 功能类似。Key. Return 和 Key. Enter 分别对应于键盘主区域的回车键和数字小键盘的回车键，其键值不同，但二者使用相同的回车符。

3.3 图片浏览与音乐播放程序设计

多媒体程序可以处理多种信息，包括文本、图像、音频等，可以使应用程序声形并茂，更易于被用户接受。Gambas 提供了多种多媒体控制解决方案，如 Music 类，使用户无须了解实际的设备就可以通过操控 API 来完成操作系统的底层调用。

3.3.1 效果预览

下面通过一个实例来学习图片浏览与音乐播放程序的设计方法。设计一个应用程序，当程序运行时，点击"秋日""波浪""蜂鸟"按钮时，会显示相关的图片，点击"循环播放"后，三幅图片会依次显示，并播放背景音乐，可用于应用程序的动画屏保或工作之余的休闲娱乐。如对程序进行扩展，可显示指定图片和播放指定音乐，增强通用性，如图 3-26 所示。

图 3-26　图片浏览与音乐播放

3.3.2 实现步骤

① 启动 Gambas 集成开发环境，可以在菜单栏选择"文件"→"新建工程..."，或在启动窗体中直接选择"新建工程..."项。

② 在"新建工程"对话框中选择"1. 工程类型"中的"Graphical application"项，点击"下一个（N）"按钮。

③ 在"新建工程"对话框中选择"2. Parent directory"中要新建工程的目录,点击"下一个(N)"按钮。

④ 在"新建工程"对话框中"3. Project details"中输入工程名和工程标题,工程名为存储的目录的名称,工程标题为应用程序的实际名称,在这里设置相同的工程名和工程标题。完成之后,点击"确定"按钮。

⑤ 系统默认生成的启动窗体名称为FMain。在FMain窗体中添加1个PictureBox控件、4个Button控件,如图3-27所示,并设置相关属性,如表3-4所示。

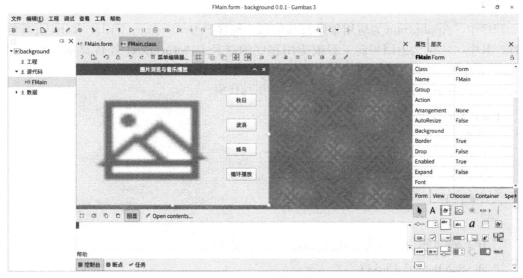

图3-27 窗体设计

表3-4 窗体和控件属性设置

名称	属性	说明
FMain	Text:图片浏览与音乐播放	标题栏显示的名称
PictureBox1	Stretch:True	允许拉伸,使图片适应控件大小
Button1	Text:秋日	命令按钮,响应相关点击事件
Button2	Text:波浪	命令按钮,响应相关点击事件
Button3	Text:蜂鸟	命令按钮,响应相关点击事件
Button4	Text:循环播放	命令按钮,响应相关点击事件

⑥ 设置Tab键响应顺序。在FMain窗体的"属性"窗口点击"层次",按实际需要依次设置控件切换排序,即按下键盘上的Tab键时,控件获得焦点的顺序。

⑦ 在FMain窗体中双击"秋日"按钮,或在"秋日"按钮上右击,在弹出菜单中选择"事件"→"Click",添加代码。

```
Public Sub Button1_Click()

    Dim s As String

    '获得当前工程存储路径
```

```
s=Application.Path &" /"
'装载并显示图片
PictureBox1.Picture=Picture.Load(s &" 1.jpg")
'窗体本身也可以用来显示图片
'FMain.Picture=Picture.Load(s &" 2.jpg")
'点击命令按钮
flagTrue
End
```

程序中，Application 为应用程序公共信息，包含 Path、Name、Title、Version 等静态属性。其中，Path 为返回当前工程或应用程序的路径。PictureBox1 控件显示的图片通过 Picture 类装载。窗体也是一个容器控件，能够通过 Picture 属性装载图片。

⑧ 在 FMain 窗体中双击"波浪"按钮，添加代码。

```
Public Sub Button2_Click()
    '装载并显示图片
    PictureBox1.Picture=Picture.Load(" 2.jpg")
    '点击命令按钮
    flag=True
End
```

⑨ 在 FMain 窗体中双击"蜂鸟"按钮，添加代码。

```
Public Sub Button3_Click()
    '装载并显示图片
    PictureBox1.Picture=Picture.Load(" 3.jpg")
    '点击命令按钮
    flag=True
End
```

⑩ 在 FMain 窗体中双击"循环播放"按钮，添加代码。

```
Public Sub Button4_Click()

    Dim i As Integer
    Dim s As String

    '清除标识
    flag=False
    '循环显示图片并播放音乐
    For i=1 To 3 Step 1
        s=Application.Path &" /" & Str(i)&" .jpg"
        If flag=False Then
            PictureBox1.Picture=Picture.Load(s)
            '装载音乐文件
```

```
        Music.Load("4.wav")
        '播放音乐
        Music.Play(-1,0)
    Else
        '停止播放
        Music.Stop
        '退出循环并返回
        Return
    Endif
    '等待 2s
    Wait 2
    '如果显示到最后一张图片,将循环次数归零
    If i=3 Then
        i=0
    Endif
Next
End
```

程序中,由于涉及音乐播放功能,需要添加相应的组件才能正常使用 Music 类。在菜单中选择"工程"→"属性..."选项,如图 3-28 所示。

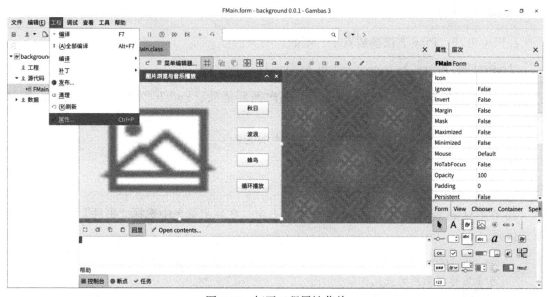

图 3-28 打开工程属性菜单

在"工程属性"对话框中,勾选"gb.sdl2.audio"项,将组件装载到当前工程中,如图 3-29 所示。

Music 类包含 Load、Pause、Play、Stop 等静态方法。

a. Load 方法　Load 方法装载 WAV、OGG、MP3 类型音乐文件。函数声明为:

Music.Load(File As String)

图 3-29　添加组件设置

File 为音乐文件存储路径。

b. Pause 方法

Pause 方法暂停播放。函数声明为：

　Music. Pause()

c. Play 方法　Play 方法播放音乐。函数声明为：

　Music. Play([Loops As Integer, FadeIn As Float])

Loops 为音乐循环播放次数，-1 为无限次循环播放；FadeIn 为淡入持续时间，默认为 0。

d. Stop 方法　Stop 方法停止播放。函数声明为：

　Music. Stop([FadeOut As Float])

FadeOut 为淡出持续时间，默认为 0。

⑪ 在 FMain 窗体中无其他控件的位置上右击，在弹出菜单中选择"事件"→"Close"，添加代码。

```
Public Sub Form_Close()
    '点击窗体标题栏的关闭按钮
    flag= True
    '关闭窗体
    FMain. Close
End
```

⑫ 在代码窗口的最前面的"Gambas class file"之后声明一个全局（公有，只在该窗体起作用）布尔变量 flag，当未点击窗体标题栏的关闭按钮或点击"循环播放"按钮时设置为 False，点击其他按钮时设置为 True。由于循环播放代码采用了 For 循环方式无限循环，在

关闭程序时，PictureBox1 控件仍然在装载图片并显示，将导致程序内存无法释放而出错。为了避免上述错误产生，当用户点击了窗体标题栏的关闭按钮后 flag 设置为 1，当循环播放代码得到通知后，能够自动退出循环并返回。

```
' Gambas class file
'设置全局变量标识,判断是否点击窗体标题栏的关闭按钮或其他命令按钮
Public flag As Boolean=False
```

3.4 MDI 窗体程序设计

多文档界面（Multiple Document Interface，MDI）和单文档界面（Single Document Interface，SDI）是窗体应用程序中最常见的两种形式。MDI 窗体是在一个应用程序中能够同时处理两个或两个以上子窗体的形式，可通过标签页在各个子窗体间自由切换。所有子窗体只能在主窗体的内部显示，不能将子窗体移动到主窗体之外。MDI 窗体和 SDI 窗体的不同之处在于：SDI 窗体中的各个窗体是相互独立的，而 MDI 窗体中的各个窗体则具有主从关系，如金山软件的 WPS Office，在一个主窗体中可以同时打开文字处理、电子表格、幻灯片和 PDF 文档，通过标签页进行各类文档切换。

3.4.1 效果预览

下面通过一个实例来学习 MDI 窗体程序的设计方法。MDI 窗体能够实现窗体内容的高度集成和密集展示，减少从状态栏切换窗口的转换时间，可以更加快速准确定位目标窗口。该功能采用 Workspace 控件实现，其功能类似于 Tabstrip 控件。如在程序中点击"添加 MDI"按钮 4 次，则生成 4 个标签页，即 4 个子窗体 Form0、Form1、Form2 和 Form3，每个子窗体内包含一个 TextArea 控件，可实现文本内容编辑。当鼠标移动到标签页上时，会出现一个"×"关闭按钮，点击可以关闭相关标签页，并且可以按下鼠标左键拖拽某一标签页到其他位置，以调整标签页顺序。当关闭主窗体时，所有子窗体将全部被关闭，如图 3-30 所示。

图 3-30 添加 MDI 窗体

此外，如点击"添加 SDI"按钮 2 次，生成 2 个独立的窗体 Form0 和 Form1，可在相关 TextArea 内编辑文档。当关闭主窗体时，不会对 Form0 和 Form1 窗体产生影响，如图 3-31 所示。

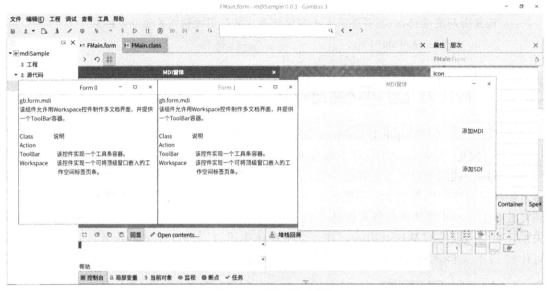

图 3-31　添加 SDI 窗体

3.4.2　实现步骤

① 启动 Gambas 集成开发环境，可以在菜单栏选择"文件"→"新建工程..."，或在启动窗体中直接选择"新建工程..."项。

② 在"新建工程"对话框中选择"1. 工程类型"中的"Graphical application"项，点击"下一个（N）"按钮。

③ 在"新建工程"对话框中选择"2. Parent directory"中要新建工程的目录，点击"下一个（N）"按钮。

④ 在"新建工程"对话框中"3. Project details"中输入工程名和工程标题，工程名为存储的目录的名称，工程标题为应用程序的实际名称，在这里设置相同的工程名和工程标题。完成之后，点击"确定"按钮。

⑤ 系统默认生成的启动窗体名称为 FMain。在 FMain 窗体中添加 2 个 Button 控件，如图 3-32 所示，并设置相关属性，如表 3-5 所示。

表 3-5　窗体和控件属性设置

名称	属性	说明
FMain	Text：MDI 窗体 Resizable：False	标题栏显示的名称 固定窗体大小，取消最大化按钮
Button1	Text：添加 MDI	命令按钮，响应相关点击事件
Button2	Text：添加 SDI	命令按钮，响应相关点击事件

⑥ 在菜单中选择"工程"→"属性..."项，在弹出的"工程属性"对话框中，勾选

"gb.form.mdi"项,将组件装载到当前工程中,如图 3-33 所示。程序中,使用 Workspace 控件实现 MDI 窗体。

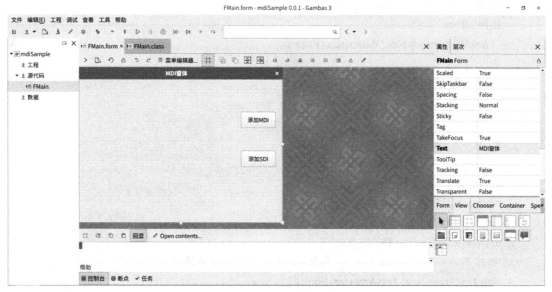

图 3-32　窗体设计

图 3-33　添加组件设置

⑦ 在 FMain 窗体中双击"添加 MDI"按钮,添加代码。

Public Sub Button1_Click()

　'声明窗体数组
　Dim newForm As New Form[5]
　'声明 TextArea

```
Dim NewTextArea As TextArea

'创建多文档界面 Workspace 控件
If i=0 Then
    newWorkspace=New Workspace(FMain)
Endif
'创建 5 个窗体后,计数器归零
If i>=5 Then
    i=0
Endif
'创建窗体,设置标题栏名称、宽度、高度
newForm[i]=New Form
newForm[i].Text=" Form" & Str(i)
newForm[i].Width=500
newForm[i].Height=450
'创建 TextArea 控件,设置宽度、高度,并按控件宽度自动换行
NewTextArea=New TextArea(newForm[i])
NewTextArea.Width=500
NewTextArea.Height=450
NewTextArea.Wrap=True
'向 Workspace 控件增加新窗体,设置标签页显示位置(底部或顶部)、控件大小和坐标
NewWorkspace.Add(newForm[i],False)
newWorkspace.Orientation=Align.Bottom
newWorkspace.Resize(500,450)
newWorkspace.X=0
newWorkspace.Y=0
'计数器累加
i+=1
End
```

该代码可生成 MDI 窗口。程序中,Workspace(工作空间)为容器类控件,内部放置 Form 类控件,由于采用代码生成方式,Workspace 控件在设计时不可见,而在程序运行时可见,该控件可将顶级窗口嵌入 Workspace 标签页中。

向 Workspace 控件中添加一个新窗口,首先将其实例化,然后用 Add 方法将其插入,程序运行时,用户可以通过标签页在子窗口之间自由切换。

a. Orientation 属性　Orientation 属性设置或返回一个标签页显示位置。函数声明为:

　　Workspace.Orientation As Integer

Align.Top 参数为默认值,将标签页显示在顶部;Align.Bottom 参数将标签页显示在底部。

b. X 属性　X 属性返回或设置控件左边界相对于其父容器的位置,与 Left 属性相同。函数声明为:

```
Workspace. X As Integer
Workspace. Left As Integer
```

c. Y 属性　Y 属性返回或设置控件顶边界相对于其父容器的位置，与 Top 属性相同。函数声明为：

```
Workspace. Y As Integer
Workspace. Top As Integer
```

d. Add 方法　Add 方法将一个顶级窗口插入 Workspace。函数声明为：

```
Workspace. Add(hWindow As Window[,Resizable As Boolean])
```

hWindow 为父窗口。

Resizable 为布尔型数据，其参数被忽略。

e. Resize 方法　Resize 方法改变控件大小。函数声明为：

```
Workspace. Resize(Width As Integer,Height As Integer)
```

Width 为控件宽度。

Height 为控件高度。

程序中，newForm[i]＝New Form 语句创建一个窗体数组，以便通过 Add 方法加入 Workspace 控件中，成为一个子窗体。

NewTextArea＝New TextArea（newForm[i]）语句创建一个名为 NewTextArea 的 TextArea 控件，并加到 newForm[i] 窗体中。通过循环赋值方式，使每一个窗体中包含有一个 TextArea 控件。

⑧ 在 FMain 窗体中双击"添加 SDI"按钮，添加代码。

```
Public Sub Button2_Click()

    '声明窗体数组
    Dim newForm As Form
    '声明 TextArea
    Dim NewTextArea As TextArea

    '创建 5 个窗体后,计数器归零
    If i>=5 Then
        i=0
    Endif
    '创建窗体,设置标题栏名称、宽度、高度
    newForm=New Form
    newForm. Text=" Form" & Str(i)
    newForm. Width=500
    newForm. Height=450
    newForm. Show
    '创建 TextArea 控件,设置宽度、高度,并按控件宽度自动换行
```

```
        NewTextArea=New TextArea(newForm)
        NewTextArea.Width=500
        NewTextArea.Height=450
        NewTextArea.Wrap=True
        '计数器累加
        i+=1
    End
```

该代码可生成多个 SDI 单文档界面。点击一次该按钮，则产生一个窗体，独立于 FMain 主窗体之外。

⑨ 在代码窗口的最前面声明一个全局整型变量 i 作为添加窗体的计数器，并声明一个 newWorkspace。程序中，计数器 i 的值在 0～4 之间循环出现，而 Workspace 控件被限制在 FMain 窗体内，且只创建一次。

```
' Gambas class file
    '声明窗体计数器
    Public i As Integer=0
    '声明 Workspace
    Public newWorkspace As Workspace
```

第 4 章

基本控件应用

控件是组成 Gambas 应用程序的主要对象,用来获取用户的输入信息、显示输出信息或访问其他应用程序并进行数据处理。控件的外观和窗体的轮廓一起构成了应用的界面,程序的代码主要是控件的事件过程。Gambas 集成开发环境启动时会自动装载标准控件库,包括标签、文本框、命令按钮、单选按钮、复选框控件等,这些控件来源于并且兼容 Qt4、Qt5、GTK＋2、GTK＋3,其外形相同,可方便地发布和移植到各种 Linux 操作系统中。

本章介绍 Gambas 的基本控件使用方法,包括控件命名约定、标签类控件、文本框类控件、按钮类控件、滚动条类控件、图片类控件等基本控件的属性、方法、事件,以及相关程序设计方法。

4.1 命名约定

Gambas 给出了一种参考变量命名约定方式,如私有变量用"$"前缀开头,首字母小写,并且依赖于变量的类型,如表 4-1 所示。

表 4-1　变量命名约定

前缀	类型	备注
a	Array	数组
b	Boolean	布尔型
c	Collection	集合型
f	Float	浮点型
h	Object	对象型
i	Integer、Long、Short、Byte	整型、长整型、短整型、字节型
n		一个存储对象数量的整数
s	String	字符串型

举例说明:

Private $iLast As Integer
Private $sLast As String

```
Private $hEditor As Object
Private $sOldVal As String
Private $bFreeze As Boolean

Public Sub Form_Resize()
    Dim iWidth As Integer
    …
```

对于窗体中的控件而言,前缀表示控件的类型,后缀表示控件要实现的功能,如单词过长,可以使用缩写形式。实际上,编译器不需要命名约定,使用这种命名约定的优点就在于代码的可读性强,降低熟悉代码的时间成本。

当在窗体放置新的控件时,Gambas 采用形如 Label1、Label2、Label3…的命名方式。在编写控件代码之前,也可将其重命名为 btnStart、lstAddressSelect 等形式。实际上,Gambas 的 IDE 工程就采用了这种风格,控件命名约定如表 4-2 所示。

表 4-2　控件命名约定

前缀	类型	备注
btn	Button	命令按钮,如 btnOK、btnCancel
chk	CheckBox	复选框
cvw	ColumnView	
cmb	ComboBox	下拉列表框或组合列表框
dwg	DrawingArea	绘图区域
dlg	FontChooser	字体选择器
frm	Frame	框架
grd	GridView	
spl	HSplit	
iv	IconView	
lbl	Label	标签
lst	ListBox	列表框
lvw	ListView	
pan	Panel	面板
img	PictureBox	图片框
opt	RadioButton	单选按钮
svw	ScrollView	
spb	SpinBox	微调框
tab	TabStrip	标签页
tim	Timer	定时器
txa	TextArea	

续表

前缀	类型	备注
txt	TextBox	文本框
txv	TextView	
tbt	ToolButton	工具按钮
trv	TreeView	树状列表
spl	VSplit	

4.2 标签类控件

标签类控件主要用于显示文字和符号，在程序运行时不能进行修改。当新建标签控件后，系统会为标签控件设置 Name（名称）属性，如 Label1，在进行程序设计时，可以将其修改为更具实际意义的名称，如：lblColor、lblFont 等。标签类控件主要包括 Label、TextLabel、LCDLabel、URLLabel 四种类型。

4.2.1 Label 控件

(1) Label 控件的主要属性

① Text 属性 Text 属性返回或设置控件显示的文本信息。函数声明为：

```
Label. Text As String
```

可以在"属性"窗口直接进行该属性设置，也可以通过程序进行设置。如果要将控件放置到窗体中，首先要找到"属性"窗口中的控件工具箱，包含"Form""View""Chooser""Container""Special"等标签页，内含各类控件；在"Form"标签页中包含了 Gambas 中大部分常用控件，从左到右，从上到下依次为 Label、MovieBox、PictureBox、RadioButton、ScrollBar、Separator、Slider、SpinBox、TextArea、TextBox、TextLabel、ToggleButton、ToolButton、Button、CheckBox、ComboBox、ProgressBar、ButtonBox、ColorButton、LCDLabel、MaskBox、MenuButton、SliderBox、SpinBar、Spinner、SwitchButton、URLLabel 和 ValueBox，如图 4-1 所示。

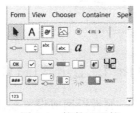

图 4-1 控件工具箱

点击控件工具箱中的 A 控件图标后释放鼠标左键，在设计窗口中再次按下鼠标左键拖拽控件至合适大小，或在控件工具箱中选择该控件后按下鼠标左键不释放并拖拽至窗体，如图 4-2 所示。

在"属性"窗口显示的 Label1 控件继承自 Label 类，Name 属性为 Label1。将"属性"

窗口中的 Text 属性修改为"标签控件",窗体中的 Label 控件所显示的文本也随之改变,如图 4-3 所示。

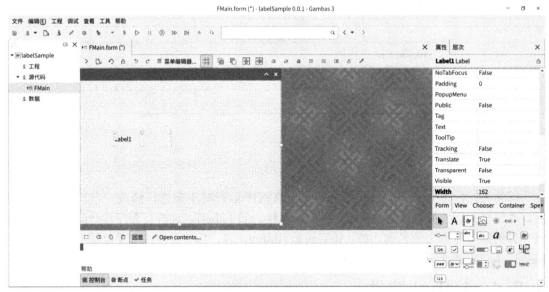

图 4-2 添加 Label 控件

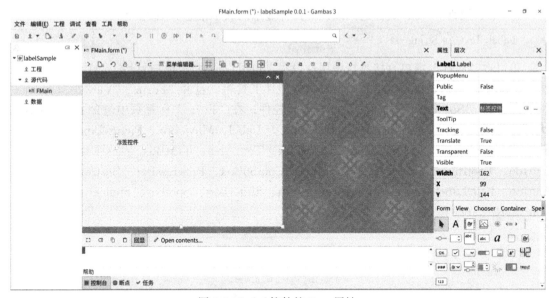

图 4-3 Label 控件的 Text 属性

② AutoResize 属性 AutoResize 属性返回或设置控件是否自动改变其大小以适应所显示的内容。函数声明为:

　　Label. AutoResize As Boolean

可在 Label 控件"属性"窗口中 AutoResize 属性对应的下拉列表框中选择相关选项,如图 4-4 所示。

③ Border 属性 Border 属性返回或设置控件的边框类型。函数声明为:

Label. Border As Integer

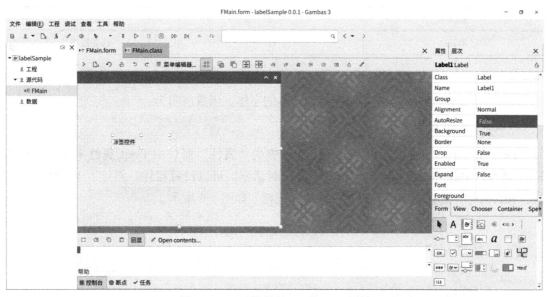

图 4-4　Label 控件的 AutoResize 属性

可在 Label 控件"属性"窗口中 Border 属性对应的下拉列表框中选择相关选项，如图 4-5 所示，其选项说明如表 4-3 所示。

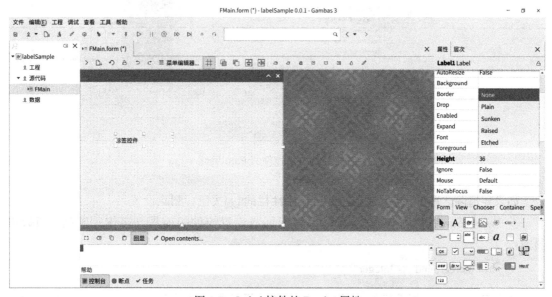

图 4-5　Label 控件的 Border 属性

表 4-3　Border 属性常量

常量名	常量值	备注
None	0	无边界
Plain	1	单线边界

续表

常量名	常量值	备注
Sunken	2	凹陷边界
Raised	3	凸起边界
Etched	4	蚀刻边界

④ Font 属性　Font 属性返回或设置文本的字体。函数声明为：

Control. Font As Font

Font 属性的修改可以通过 Label 控件对应的"属性"窗口中 Font 属性来完成。点击 Font 属性栏中的 ⋯ 按钮，弹出"选择字体"对话框，可以设置粗体、斜体、下划线、删除线、相对尺寸。选择完成后，点击"确定"按钮，如图 4-6 所示。

图 4-6　Label 控件的 Font 属性

如果要清除之前的设置，则点击 Font 属性栏的 ⊠ 按钮，删除设置。

⑤ Foreground 属性　Foreground 属性返回或设置控件的前景（字体）颜色。函数声明为：

Control. Foreground As Integer

点击 Foreground 属性栏的 ⋯ 按钮，弹出"选择颜色"对话框。选择完成后，点击"确定"按钮，如图 4-7 所示。

⑥ Alignment 属性　Alignment 属性返回或设置文本的对齐方式。函数声明为：

Label. Alignment As Integer

可在 Label 控件"属性"窗口中 Alignment 属性对应的下拉列表框中选择相关选项，如图 4-8 所示，其选项说明如表 4-4 所示。

图 4-7　Label 控件的 Foreground 属性

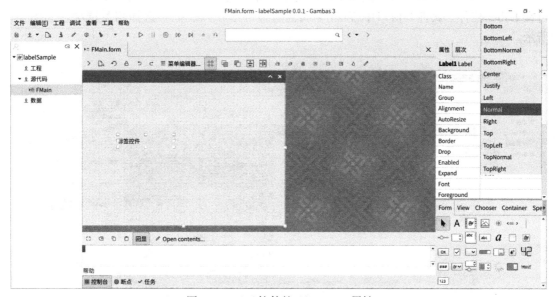

图 4-8　Label 控件的 Alignment 属性

表 4-4　Alignment 属性常量

常量名	常量值	备注
Normal	0	水平按书写方向,垂直居中
Left	1	水平居左,垂直居中
Right	2	水平居右,垂直居中
Center	3	水平居中,垂直居中
Justify	4	水平两端对齐,垂直居中

续表

常量名	常量值	备注
TopNormal	16	水平按书写方向,垂直居顶
TopLeft	17	水平居左,垂直居顶
TopRight	18	水平居右,垂直居顶
Top	19	水平居中,垂直居顶
BottomNormal	32	水平按书写方向,垂直居底
BottomLeft	33	水平居左,垂直居底
BottomRight	34	水平居右,垂直居底
Bottom	35	水平居中,垂直居底

⑦ Visible 属性　Visible 属性返回或设置控件是否可见,该属性有两个值,即 True 和 False,当值为 True 时控件可见,为 False 时控件不可见。函数声明为:

Control. Visible As Boolean

程序运行时,某些控件可能需要在满足某些条件时才可见,其他时段处于不可见状态。可在 Label 控件"属性"窗口中 Visible 属性对应的下拉列表框中选择相关选项,如图 4-9 所示。

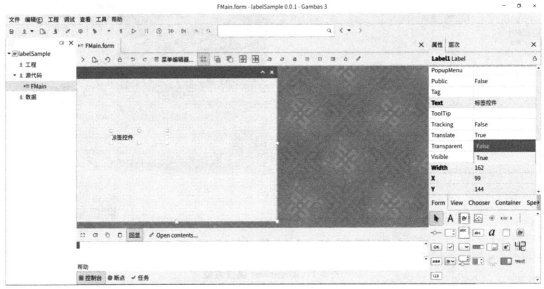

图 4-9　Label 控件的 Visible 属性

⑧ Transparent 属性　Transparent 属性返回或设置控件背景是否透明,该属性有两个值,即 True 和 False,当值为 True 时除显示的字符串外其他背景空间是透明的,为 False 时控件背景不透明。函数声明为:

Label. Transparent As Boolean

可在 Label 控件"属性"窗口中 Transparent 属性对应的下拉列表框中选择相关选项,

如图 4-10 所示。

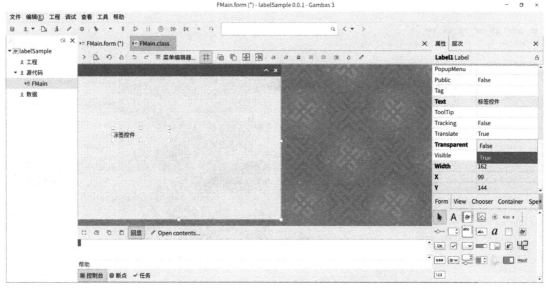

图 4-10　Label 控件的 Transparent 属性

（2）Label 控件的主要事件

Gambas 采用事件驱动机制，对内部或外部的事件触发及时作出响应，形成消息循环。

① MouseDown 事件　MouseDown 事件当鼠标左键按下时触发。函数声明为：

　　Event Control.MouseDown()

② MouseUp 事件　MouseUp 事件当鼠标左键按下后再次弹起时触发。函数声明为：

　　Event Control.MouseUp()

对于应用程序设计，一般会使用 Click 事件，将鼠标左键完成一次按下和弹起的过程作为一个事件。当鼠标左键在相关控件按下后，如果需要撤消，可以持续按住左键到其他位置再释放。

③ DblClick 事件　DblClick 事件当快速按下鼠标左键两次时触发。函数声明为：

　　Event Control.DblClick()

④ MouseWheel 事件　MouseWheel 事件当鼠标滚轮滚动或按下时触发。函数声明为：

　　Event Control.MouseWheel()

4.2.2　TextLabel 控件

与 Label 控件只能显示单行文本不同，TextLabel 控件能显示多行文本以及简单 HTML 文本。工具箱中对应的图标为 ，TextLabel 控件与 Label 控件的主要属性基本相同，但其包含特有的 Wrap 属性，如图 4-11 所示。

Wrap 属性用来设置是否自动换行，默认值为 True，即：如果字符串的长度超过控件的宽度，可以自动进行换行处理。函数声明为：

TextLabel. Wrap As Boolean

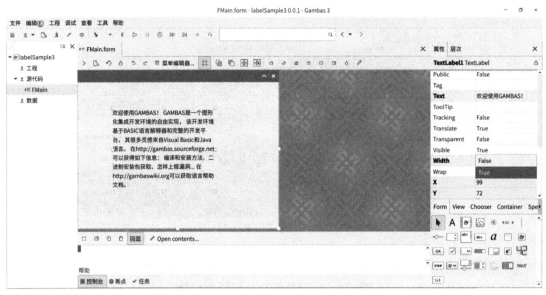

图 4-11　TextLabel 控件的 Wrap 属性

4.2.3　LCDLabel 控件

LCDLabel 控件能够显示 LCD 屏幕字体，类似于日常佩戴的电子表以及电子电路中使用的万用表显示屏。每个字符被分解为 16 段字形的显示矩阵，小写字母被自动转换为大写字母，仅能显示部分字母、数字和标点符号，如图 4-12 所示。

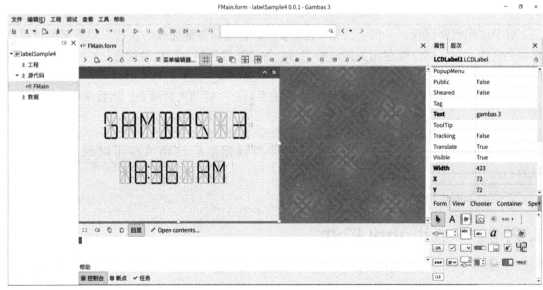

图 4-12　LCDLabel 控件

(1) HighlightColor 属性

HighlightColor 属性返回或设置 HighlightColor 高亮颜色，默认值为 False，不设置高

亮颜色。函数声明为：

LCDLabel. HighlightColor As Integer

（2）Sheared 属性

Sheared 属性返回或设置 Sheared 向右倾斜，默认值为 False，不设置向右倾斜。函数声明为：

LCDLabel. Sheared As Boolean

（3）Value 属性

Value 属性返回或设置数值。函数声明为：

LCDLabel. Value As Float

4.2.4　URLLabel 控件

URLLabel 控件显示一个超链接网址，当鼠标光标落在其上时，会变成手指形状，可与相关组件或应用程序配合打开网页，如图 4-13 所示。

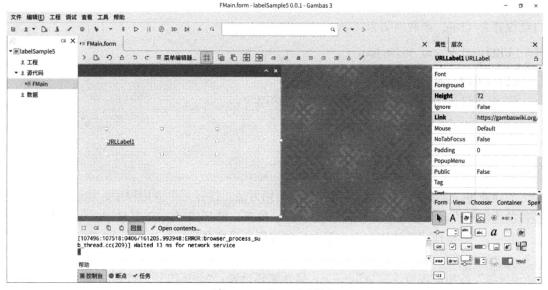

图 4-13　URLLabel 控件

URLLabel 控件可与 gb.desktop 组件配合使用，需要将 gb.desktop 组件添加到当前工程中。在菜单中选择"工程"→"属性..."，在弹出的"工程属性"对话框中，勾选"gb.desktop"项，其"gb.desktop.x11"会被自动选中，如图 4-14 所示。

如果只打开一个网址，仅需设置 Link 属性或 Text 属性，不需要编写代码。

（1）URLLabel 控件的主要属性

① Link 属性　Link 属性返回或设置 URL 网址，如果 Link 属性为 NULL（空），则用 Text 中的网址代替。函数声明为：

URLLabel. Link As String

② Visited 属性　Visited 属性返回或设置网址是否被浏览，如果用户点击链接，系统会

图 4-14 添加组件设置

自动设置为 True。函数声明为：

　　URLLabel. Visited As Boolean

(2) URLLabel 控件的主要事件

Click 事件当用户点击链接时触发。函数声明为：

　　Event URLLabel. Click()

4.2.5 标签程序设计

下面通过一个实例来学习标签类控件的使用方法。设计一个应用程序，能够设置标签类控件的边框样式、文字颜色、控件可见、显示位置、循环滚动、高亮显示、一键上网等功能。其中，"边框样式"按钮多次按下之后能够循环设置各种边框样式；"文字颜色"按钮多次按下之后能够每次随机设置标签类控件颜色；"控件可见"按钮实现控件的显示与隐藏；"显示位置"按钮实现控件的 Alignment 属性循环设置；"循环滚动"按钮实现 LCDLabel 控件中显示文本的自右向左移动；"高亮显示"按钮实现 LCDLabel 控件中文本颜色的随机设置并高亮显示；"一键上网"按钮实现点击该标签文字时用系统默认浏览器打开指定网址功能。标签程序窗体如图 4-15 所示。

(1) 实例效果预览

(2) 实现步骤

① 启动 Gambas 集成开发环境，可以在菜单栏选择"文件"→"新建工程..."，或在启动窗体中直接选择"新建工程..."项。

② 在"新建工程"对话框中选择"1. 工程类型"中的"Graphical application"项，点击"下一个（N）"按钮。

③ 在"新建工程"对话框中选择"2. Parent directory"中要新建工程的目录，点击"下一个（N）"按钮。

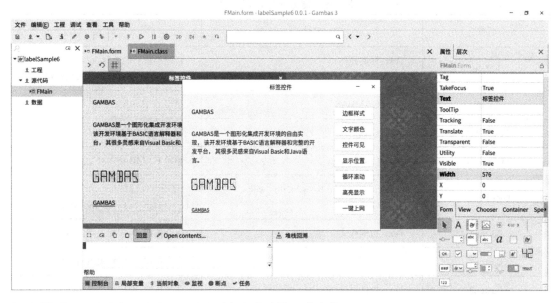

图 4-15　标签程序窗体

④ 在"新建工程"对话框中"3. Project details"中输入工程名和工程标题，工程名为存储的目录的名称，工程标题为应用程序的实际名称，在这里设置相同的工程名和工程标题。完成之后，点击"确定"按钮。

⑤ 在菜单中选择"工程"→"属性…"项，在弹出的"工程属性"对话框中，勾选"gb.desktop"项。

⑥ 系统默认生成的启动窗体名称为 FMain。在 FMain 窗体中添加 1 个 Label 控件、1 个 TextLabel 控件、1 个 LCDLabel 控件、1 个 URLLabel 控件、7 个 Button 控件，如图 4-16 所示，并设置相关属性，如表 4-5 所示。

图 4-16　窗体设计

表 4-5　窗体和控件属性设置

名称	属性	说明
FMain	Text:标签控件 Resizable:False	标题栏显示的名称 固定窗体大小,取消最大化按钮
Label1	Text:GAMBAS	显示 GAMBAS
TextLabel1	Text:GAMBAS 是一个……	显示一段 GAMBAS 介绍文字
LCDLabel1	Text:GAMBAS	显示 GAMBAS
URLLabel1	Link:https://gambaswiki.org/wiki Text:GAMBAS	显示 GAMBAS,点击时链接到 https://gambaswiki.org/wiki
Button1	Text:边框样式	命令按钮,响应相关点击事件
Button2	Text:文字颜色	命令按钮,响应相关点击事件
Button3	Text:控件可见	命令按钮,响应相关点击事件
Button4	Text:显示位置	命令按钮,响应相关点击事件
Button5	Text:循环滚动	命令按钮,响应相关点击事件
Button6	Text:高亮显示	命令按钮,响应相关点击事件
Button7	Text:一键上网	命令按钮,响应相关点击事件

⑦ 设置 Tab 键响应顺序。在 FMain 窗体的"属性"窗口点击"层次",出现控件切换排序,即按下键盘的 Tab 键时,控件获得焦点的顺序。

⑧ 在 FMain 窗体中添加代码。

```
' Gambas class file
'设置标签控件可见开关
Public flag As Boolean=True
'设置标签控件显示风格
Public kind As Integer=0
Public Sub Button1_Click()
'单独设置 Border 属性,如不能生效,可添加一条其他语句,使其生效
Label1.Border=kind
TextLabel1.Border=kind
'添加以下语句,使 Border 设置语句生效
Label1.Foreground=Color.Black
TextLabel1.Foreground=Color.Black
kind=kind+1
If kind>=5 Then
   kind=0
```

```
        Endif
    End


    Public Sub Button2_Click()
        '为各标签控件设置随机颜色,对 URLLable 控件无效
        Label1. Foreground=Rand(0,&HFFFFFF)
        TextLabel1. Foreground=Rand(0,&HFFFFFF)
        LCDLabel1. Foreground=Rand(0,&HFFFFFF)
    End


    Public Sub Button3_Click()
        '控件可见和不可见状态切换
        flag=Not flag
        Label1. Visible=flag
        TextLabel1. Visible=flag
        LCDLabel1. Visible=flag
        URLLabel1. Visible=flag
        '标签控件不可见时,命令按钮添加删除线
        Button3. Font. Strikeout=Not flag
    End


    Public Sub Button4_Click()
        '设置控件 Alignment 属性,对 URLLable 控件无效
        '0-Normal 1-Left 2-Right  3-Center 4-Justify
        kind=kind+1
        Label1. Alignment=kind
        TextLabel1. Alignment=kind
        LCDLabel1. Alignment=kind
        '超出范围,自动归零
        If kind>=5 Then
            kind=0
        Endif
    End


    Public Sub Button5_Click()

        Dim s As String=" GAMBAS"

        kind=0
```

```
        While True
            '文字从右向左滚动显示
            LCDLabel1.Text=Right(s,Len(s)-kind)
            Wait 1
            kind=kind+1
            If kind>Len(s)Then
                kind=0
            Endif
        Wend
        '错误处理,如果出错则返回
    Catch
        Return
End

Public Sub Button6_Click()
    '文字高亮颜色显示
    LCDLabel1.HighlightColor=Rand(0,&HFFFFFF)
    '设置文本显示颜色
    LCDLabel1.Foreground=Color.Blue
End

Public Sub Button7_Click()
    '打开超链接网址,也可以直接点击 URLLabel 控件,启动浏览器
    Desktop.Open(URLLabel1.Link)
End
```

程序中,Label1.Border=kind 和 TextLabel1.Border=kind 语句设置 Label1 和 TextLabel1 的边框样式,采用 kind 变量依次代替 Border 属性中的 Border.None、Border.Plain、Border.Sunken、Border.Raised、Border.Etched。加入 Label1.Foreground=Color.Black 和 TextLabel1.Foreground=Color.Black 是由于在程序中仅设置 Border 属性,编译器有可能会忽略该代码,需要再次加入其他语句,以触发其工作。

Label1.Foreground=Rand(0,&HFFFFFF)语句设置标签控件的文本颜色,采用 Rand 函数随机设置颜色的方式,颜色值为 0～&HFFFFFF,由 RGB 三基色决定,用十六进制形式表示为 &HRRGGBB。Gambas 也提供了标准颜色,使用 Color 类进行设置,如:Color.Default、Color.Red、Color.Green、Color.Blue。如果需要使用自定义颜色,也可以在"属性"窗口中选择 Foreground 进行设置,在弹出的"选择颜色"对话框中,打开"剩余"标签页设置相关颜色值,如图 4-17 所示。值得注意的是,颜色值是一个 32 位数值,通常情况下,高 8 位为 Alpha 透明,通常不使用,仅使用低 24 位(后 3 个字节)。

flag=Not flag 语句先对 flag 值取反,并再次赋给 flag,实现在 True 和 False 之间进行逻辑切换,类似于一个开关,如果本次为打开状态,按下之后为关闭状态;如果本次为关闭状态,按下之后则为打开状态。

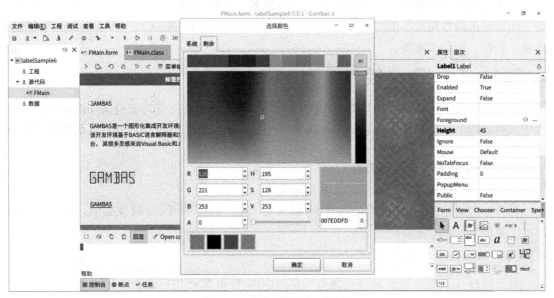

图 4-17 "选择颜色"对话框

```
While True
    '文字从右向左滚动显示
    LCDLabel1.Text=Right(s,Len(s)-kind)
    Wait 1
    kind=kind+1
    If kind>Len(s)Then
        kind=0
    Endif
Wend
'错误处理,如果出错则返回
Catch
    Return
```

该代码使用 LCDLabel1 控件实现字符的从右向左滚动显示,滚动到最右端的字符消失,当全部字符消失后,再重新开始下一次滚动显示。代码中使用了 While...Wend 无限循环语句,当关闭程序时,语句仍然在执行,此时,会出现错误提示,使用 Catch 语句捕捉错误,并使用 Return 语句返回,从而避免由于错误而导致的程序或系统崩溃。

Desktop.Open(URLLabel1.Link)语句启动系统默认浏览器并打开超链接,网址通过 URLLabel1 控件的 Link 属性设置。由于 URLLabel1 控件已经设置了 Link 属性,可以直接点击 URLLabel1 控件启动浏览器。

4.3　文本框类控件

文本框类控件除了具有 Label 控件所具备的显示文本信息的功能外,还可以输入文本,实现人机交互。文本框类控件主要包括 TextBox、TextArea、MaskBox、ValueBox 四种类型。文本框类控件实质上是一个多功能文本编辑器,可以方便地输入文本,进行文本编辑,如:使用键盘操作在文本框中选中文本,利用 Ctrl+C、Ctrl+X、Ctrl+V、Delete 来复制、剪切、粘贴、删除文本等。

4.3.1 TextBox 控件

TextBox 控件能够接收用户输入的字符并显示。文本框类控件均支持文本拖拽操作,当选中文本后按下鼠标左键不放,将其拖拽到其他位置或其他文本框再释放,可起到移动文本的作用。

(1) TextBox 控件的主要属性

TextBox 控件实现单行文本的显示与编辑。

① Text 属性　TextBox 控件的 Text 属性与 Label 控件的 Text 属性类似,返回或设置控件中显示的文本。函数声明为:

　　TextBox.Text As String

可以通过 TextBox 控件对应"属性"窗口中的 Text 属性进行设置,如图 4-18 所示。

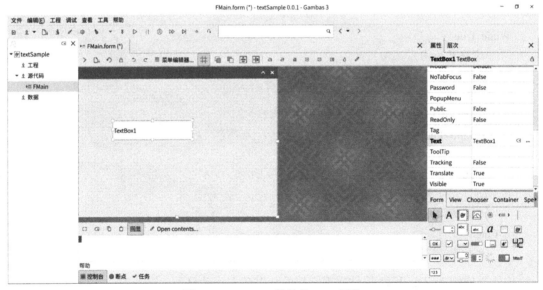

图 4-18　TextBox 控件的 Text 属性

② Selection 类　Selection 类用于管理选中的文本,包括 Length、Start、Pos、Text 等属性以及 Hide 方法。

Length 属性返回当前被选中文本的长度,如果没有文本被选中返回 0。函数声明为:

　　TextBox.Selection.Length As Integer

Start 属性返回被选中文本的起始位置,如果没有文本被选中返回 -1。函数声明为:

　　TextBox.Selection.Start As Integer

Pos 属性与 Start 属性相同,返回被选中文本的起始位置,如果没有文本被选中返回 -1。函数声明为:

　　TextBox.Selection.Pos As Integer

Text 属性返回选中的文本，如果没有选中的文本返回 NULL。函数声明为：

TextBox. Selection. Text As String

Hide 方法隐藏选中的文本。函数声明为：

TextBox. Selection. Hide()

③ MaxLength 属性 MaxLength 属性是 TextBox 控件所能输入的最大字符个数。默认值为 0，表示不限制 TextBox 控件所能输入的最大长度，如图 4-19 所示。函数声明为：

TextBox. MaxLength As Integer

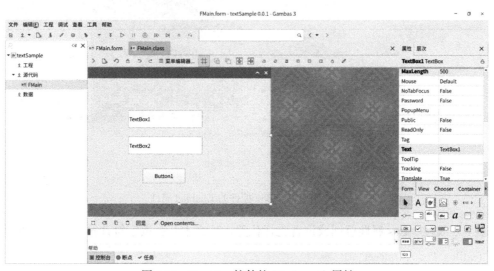

图 4-19　TextBox 控件的 MaxLength 属性

④ Password 属性 Password 属性为是否用 "●" 掩码来代替真实的字符串，默认值为 False，表示不使用掩码，True 为使用掩码，如图 4-20 所示。函数声明为：

TextBox. Password As Boolean

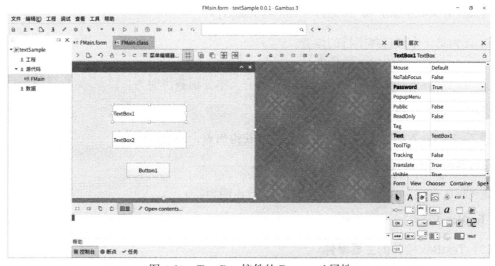

图 4-20　TextBox 控件的 Password 属性

⑤ Enabled 属性　Enabled 属性为控件是否可编辑。默认值为 True，表示可以编辑；当值为 False 时，控件处于锁定状态，不可编辑，如图 4-21 所示。函数声明为：

Control. Enabled As Boolean

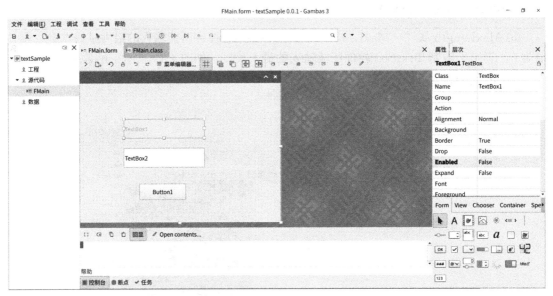

图 4-21　TextBox 控件的 Enabled 属性

⑥ Pos 属性　Pos 属性返回或设置光标位置，从文本开头按字符计算。函数声明为：

TextBox. Pos As Integer

⑦ Selected 属性　Selected 属性返回是否有文本被选中。函数声明为：

TextBox. Selected As Boolean

(2) TextBox 控件的主要方法

① Select 方法　Select 方法选择文本。函数声明为：

TextBox. Select([Start As Integer，Length As Integer])

Start 为第 1 个被选择字符的位置。

Length 为被选择字符串的长度。

② SelectAll 方法　SelectAll 方法选择所有文本。函数声明为：

TextBox. SelectAl()

③ SetFocus 方法　SetFocus 方法使控件获得焦点。函数声明为：

TextBox. SetFocus()

④ Clear 方法　Clear 方法清空文本。函数声明为：

TextBox. Clear()

(3) TextBox 控件的主要事件

TextBox 控的主要事件包括 Activate、Change、GotFocus、LostFocus 等。

① Activate 事件　Activate 事件当用户按下回车键时触发。函数声明为：

Event TextBox. Activate()

② Change 事件　Change 事件当控件中文本内容改变时触发。函数声明为：

Event TextBox. Change()

举例说明：

Public Sub TextBox1_Change()
　If TextBox1. Text=" grey" Then
　PictureBox1. BackColor=&H707070&
End

③ GotFocus 事件　GotFocus 事件当控件获得焦点时触发，该事件总是在拥有焦点的控件失去焦点引发的 LostFocus 事件之后发生。所谓获得焦点是指控件处于激活状态，可用 Tab 键在各控件间切换焦点。函数声明为：

Event Control. GotFocus()

④ LostFocus 事件　LostFocus 事件当控件失去焦点时触发，该事件总是在将要获得焦点的控件获得焦点引发的 GotFocus 事件之前发生。函数声明为：

Event Control. LostFocus()

4.3.2　TextArea 控件

与 TextBox 控件只能实现单行文本的编辑不同，TextArea 控件能够实现多行文本的编辑，如图 4-22 所示，左侧控件从上到下依次为 TextBox、TextArea、MaskBox、ValueBox。常用的控件属性包括 ScrollBar、Wrap 等。

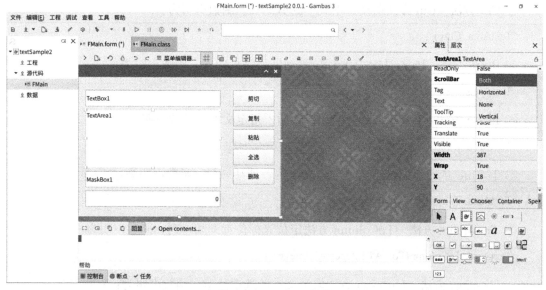

图 4-22　TextBox 控件

(1) TextBox 控件的主要属性

① ScrollBar 属性　ScrollBar 属性返回或设置滚动条显示样式。函数声明为：

TextArea.ScrollBar As Integer

ScrollBar 滚动条显示样式如表 4-6 所示。

表 4-6　滚动条显示样式

名称	常数值	备注
None	0	不显示任何滚动条
Horizontal	1	显示水平滚动条
Vertical	2	显示垂直滚动条
Both	3	显示水平和垂直滚动条

② Wrap 属性　Wrap 属性返回或设置文本按控件宽度自动换行，默认值为 False，表示不能按控件宽度自动换行。函数声明为：

TextArea.Wrap As Boolean

(2) TextBox 控件的主要方法

① Redo 方法　Redo 方法恢复上一次操作。函数声明为：

TextArea.Redo()

② Undo 方法　Undo 方法撤消上一次的操作。函数声明为：

TextArea.Undo()

③ Copy 方法　Copy 方法复制选中文本到剪贴板。函数声明为：

TextArea.Copy()

④ Cut 方法　Cut 方法剪切选中文本到剪贴板。函数声明为：

TextArea.Cut()

⑤ Paste 方法　Paste 方法在光标位置粘贴剪贴板内容。函数声明为：

TextArea.Paste()

⑥ Insert 方法　Insert 方法在光标位置插入指定文本。函数声明为：

TextArea.Insert(Text As String)

⑦ ToLine 方法　ToLine 方法定位光标位置到某一行。函数声明为：

TextArea.ToLine(Pos As Integer)As Integer

⑧ ToColumn 方法　ToColumn 方法定位光标位置到某一列。函数声明为：

TextArea.ToColumn(Pos As Integer)As Integer

⑨ Unselect 方法　Unselect 方法取消文本的选中状态。函数声明为：

TextArea.Unselect()

4.3.3 MaskBox 控件

MaskBox 控件是一个具有掩码特性的 TextBox 控件，通过设置输入规则能够格式化用户输入，如图 4-23 所示。

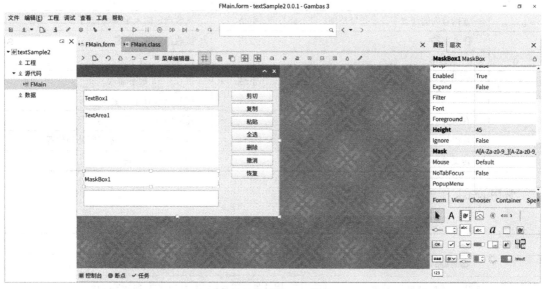

图 4-23　MaskBox 控件

（1）Filter 属性

Filter 属性返回或设置一个正则表达式，该表达式定义允许在掩码框中插入指定字符。函数声明为：

> MaskBox.Filter As String

Filter 通配符含义如表 4-7 所示。

表 4-7　Filter 通配符含义

通配符	备注
*	任意长度字符串
?	一个字符
[abc]	方括号内的任意字符
[x-y]	区间内任意字符
[^x-y]	不在区间内的任意字符
space(空格)	任意数量的空格或 ASCII 码小于 32 的字符
{aaa,bbb,...}	括号内用逗号隔开的任意一个字符串
\x	x，用于匹配普通字符

（2）Mask 属性

Mask 属性返回或设置掩码字符串。掩码用来验证用户输入字符的合法性，如果属性为空，则 MaskBox 控件转换为 TextBox 控件。函数声明为：

MaskBox.Mask As String

Mask 掩码字符串含义如表 4-8 所示。

表 4-8 Mask 掩码字符串含义

通配符	说明	默认显示	备注
[...]	方括号内的任意字符或指定范围	空格	接收指定输入字符,类似于 Filter 属性
?	任意字符	空格	接收指定输入字符
0	0~9 数字	0	接收 0~9 数字输入
#、9	0~9 数字	空格	接收 0~9 数字输入
A	字符	空格	接收 ASCII 字符输入
<	右对齐		输入字符右对齐,并用分隔符分开
!	获得焦点		控件获得焦点时,光标所处的位置
\	转义符号		用于指定分隔符

常用 Mask 掩码字符串设置如表 4-9 所示。

表 4-9 常用 Mask 掩码字符串设置

通配符	备注
$# ,### ,##0< !.##	货币型输入,以 $ 开头,光标在小数点前
##0< .##0< .##0< .##0<	IPv4 地址输入,分隔符(小数点)前后显示 0
99/99/9999	日期输入,以"/"分隔
A[A-Za-z0-9_][A-Za-z0-9_][A-Za-z0-9_]	4 个字符输入,第 1 个为 ASCII 字符,第 2~4 个为大小写字母、0~9 数字或"_"

4.3.4 ValueBox 控件

ValueBox 控件允许用户输入格式化值,在不进行相关属性设置时,转换为 TextBox 控件,如图 4-24 所示。

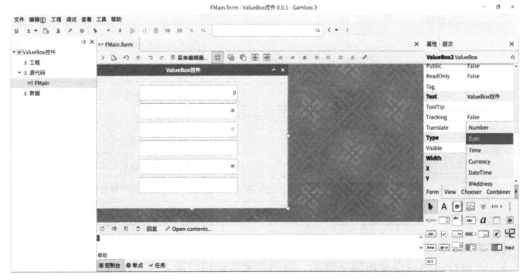

图 4-24 ValueBox 控件

ValueBox 控件类型由 Type 属性指定。函数声明为：

ValueBox.Type As Integer

ValueBox 控件的 Type 属性如表 4-10 所示。

表 4-10 ValueBox 控件的 Type 属性

类型	备注
Number	数字型输入
Date	日期型输入
Time	时间型输入
Currency	货币型输入
DateTime	日期时间型输入
IPAddress	IPv4 地址型输入

举例说明：

下面通过一个实例来学习 ValueBox 控件的使用方法。设计一个应用程序，添加 6 个 ValueBox 控件，设置其 Type 属性，分别用来显示数字型、日期型、时间型、货币型、日期时间型、IPv4 地址型数据，运行结果如图 4-25 所示。

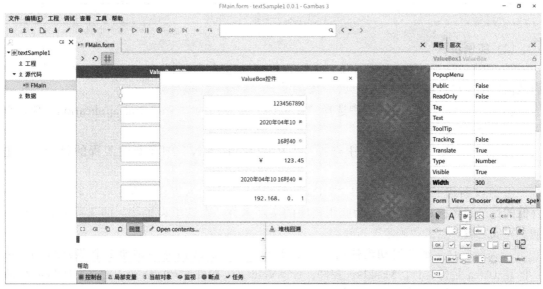

图 4-25 ValueBox 设置窗体

4.3.5 文本编辑程序设计

下面通过一个实例来学习文本框类控件的使用方法。设计一个应用程序，能够对文本框类控件进行操作。其中，"剪切"按钮实现对 TextBox 和 TextArea 控件文本的剪切操作；"复制"按钮实现对 TextBox 和 TextArea 控件文本的复制操作；"粘贴"按钮实现对 TextBox 和 TextArea 控件文本的粘贴操作；"全选"按钮实现对 TextBox 和 TextArea 控件文本的全选操作；"删除"按钮实现对 TextBox 和 TextArea 控件选中文本的删除操作；"撤消"

按钮实现对 TextArea 控件文本操作动作的撤消；"恢复"按钮实现对 TextArea 控件已撤消动作的恢复，如图 4-26 所示。

(1) 实例效果预览

如图 4-26 所示。

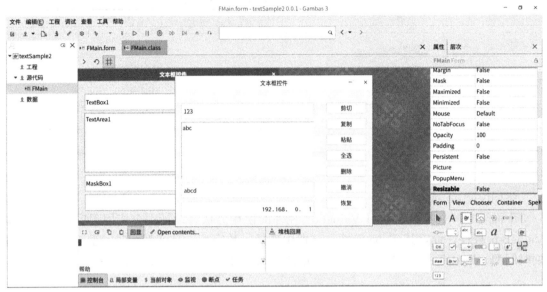

图 4-26　文本编辑程序窗体

(2) 实例步骤

① 启动 Gambas 集成开发环境，可以在菜单栏选择"文件"→"新建工程…"，或在启动窗体中直接选择"新建工程…"项。

② 在"新建工程"对话框中选择"1. 工程类型"中的"Graphical application"项，点击"下一个（N）"按钮。

③ 在"新建工程"对话框中选择"2. Parent directory"中要新建工程的目录，点击"下一个（N）"按钮。

④ 在"新建工程"对话框中"3. Project details"中输入工程名和工程标题，工程名为存储的目录的名称，工程标题为应用程序的实际名称，在这里设置相同的工程名和工程标题。完成之后，点击"确定"按钮。

⑤ 系统默认生成的启动窗体名称为 FMain。在 FMain 窗体中添加 1 个 TextBox 控件、1 个 TextArea 控件、1 个 MaskBox 控件、1 个 ValueBox 控件、7 个 Button 控件，如图 4-27 所示，并设置相关属性，如表 4-11 所示。

表 4-11　窗体和控件属性设置

名称	属性	说明
FMain	Text:文本框控件 Resizable:False	标题栏显示的名称 固定窗体大小，取消最大化按钮
TextBox1		字符串输入
TextArea1	Wrap:True	字符串超出控件宽度自动换行
MaskBox1	Mask:A[A-Za-z0-9_][A-Za-z0-9_][A-Za-z0-9_]	限制输入 4 个字符

续表

名称	属性	说明
ValueBox1	Type:IPAdress	IPv4 地址输入格式
Button1	Text:剪切	命令按钮,对 TextBox1、TextArea1 有效
Button2	Text:复制	命令按钮,对 TextBox1、TextArea1 有效
Button3	Text:粘贴	命令按钮,对 TextBox1、TextArea1 有效
Button4	Text:全选	命令按钮,对 TextBox1、TextArea1 有效
Button5	Text:删除	命令按钮,对 TextBox1、TextArea1 有效
Button6	Text:撤消	命令按钮,对 TextArea1 有效
Button7	Text:恢复	命令按钮,对 TextArea1 有效

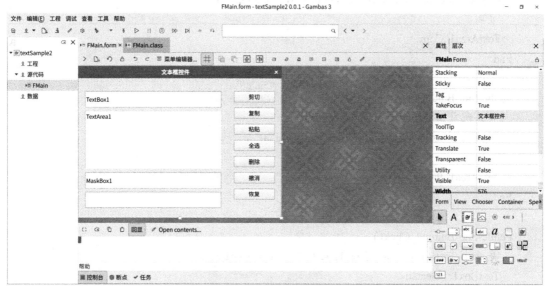

图 4-27　窗体设计

⑥ 设置 Tab 键响应顺序。在 FMain 窗体的"属性"窗口点击"层次",出现控件切换排序,即按下键盘上的 Tab 键时,控件获得焦点的顺序。

⑦ 在 FMain 窗体中添加代码。

```
' Gambas class file

'注意:程序仅针对 ASCII 码操作
Public Sub Button1_Click()

    Dim tempStr1 As String
    Dim tempStr2 As String

    '将 TextBox1 中选中的文本复制到系统剪贴板
    Clipboard.Copy(TextBox1.Selection.Text," text/html")
```

133

'将被选中文本之前和之后的字符串分别提取出来,重新拼接成新文本
        tempStr1=Left(TextBox1.Text,TextBox1.Selection.Start)
        tempStr2=Right(TextBox1.Text,TextBox1.Length-TextBox1.Selection.Start-TextBox1.Selection.Length)
        TextBox1.Text=tempStr1 & tempStr2
        '剪切
        TextArea1.Cut
End

Public Sub Button2_Click()
        '将 TextBox1 中选中的文本复制到系统剪贴板
        Clipboard.Copy(TextBox1.Selection.Text,"text/html")
        '复制
        TextArea1.Copy
End

Public Sub Button3_Click()
        '将系统剪贴板中的内容插入 TextBox1 中
        TextBox1.Insert(Clipboard.Paste("text/html"))
        '粘贴
        TextArea1.Paste
End

Public Sub Button4_Click()
        '先选中 TextBox1 文本,等待 1s 后再选中 TextArea1 文本
        TextBox1.SelectAll
        Wait 1
        TextArea1.SelectAll
End

Public Sub Button5_Click()

        Dim tempStr1 As String
        Dim tempStr2 As String

        '将被选中文本之前和之后的字符串分别提取出来,重新拼接成新文本
        tempStr1=Left(TextBox1.Text,TextBox1.Selection.Start)
        tempStr2=Right(TextBox1.Text,TextBox1.Length-TextBox1.Selection.Start-TextBox1.Selection.Length)
        TextBox1.Text=tempStr1 & tempStr2
        '用剪切代替删除

```
    TextArea1.Cut
End

Public Sub Button6_Click()
    '撤消
    TextArea1.Undo
End

Public Sub Button7_Click()
    '恢复
    TextArea1.Redo
End
```

值得注意的是，字符串处理函数 Left 和 Right 仅针对 ASCII 码，广义字符串（UTF-8 编码）处理可以使用 String 类函数。

Clipboard 类提供系统剪贴板操作。

复制数据到剪贴板。函数声明为：

> Clipboard.Copy(Data As Variant[,Format As String])

Data 为字符串或图像。

Format 为数据类型，如 Data 为字符串，则 Format 为"text/html"。

返回剪贴板内容。函数声明为：

> Clipboard.Paste([Format As String]) As Variant

如果剪贴板为空，或内容不能被解析，返回 NULL。可以用 Format 参数指定数据格式。

4.4 按钮类控件

按钮类控件包含一组常用的命令按钮，用来接收用户的操作指令，用以触发某些事件，完成某些操作。命令按钮可以单独或同时显示文本、图片，如 Button 控件。在应用程序的界面设计中，命令按钮直观形象，操作方便，事件过程代码编写简单，是控制操作中最重要的控件之一。

4.4.1 Button 控件

（1）Button 控件的主要属性

① Cancel 属性　　Cancel 属性为 Esc 键被按下时，按钮是否被激活。函数声明为：

> Button.Cancel As Boolean

一些应用程序的窗体会设计取消按钮，按下取消按钮可以取消当前的操作。可以通过 Button 控件"属性"窗口中的 Cancel 属性进行设置，默认值为 False。当设置为 True 时，按下 Esc 键可以自动激活该按钮，如图 4-28 所示。

② Default 属性　　Default 属性当回车键被按下时，按钮是否被激活。函数声明为：

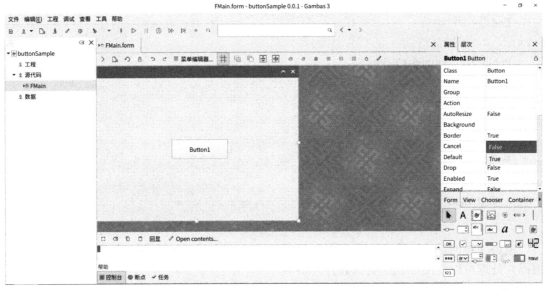

图 4-28　Button 控件的 Cancel 属性

Button. Default As Boolean

在窗体中没有点击任何按钮的情况下，直接按下回车键时触发该事件。可以通过 Button 控件"属性"窗口中的 Default 属性进行设置，默认值为 False。当设置为 True 时，按下回车键可以自动激活该按钮，如图 4-29 所示。

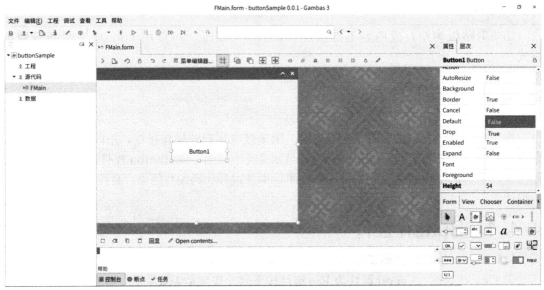

图 4-29　Button 控件的 Default 属性

③ Enabled 属性　Enabled 属性返回或设置控件是否可用。函数声明为：

Control. Enabled As Boolean

可以通过 Button 控件"属性"窗口中的 Enabled 属性进行设置，默认值为 True。

④ Border 属性　Border 属性返回或设置控件是否具有边框。函数声明为：

Button. Border As Boolean

可以通过 Button 控件"属性"窗口中的 Border 属性进行设置，默认值为 True。
⑤ Picture 属性　Picture 属性返回或设置控件中显示的图片。函数声明为：

Button. Picture As Picture

可以通过 Button 控件"属性"窗口中的 Picture 属性进行设置，点击 — 按钮，弹出"选择一个图片"对话框，可以在"库存"标签页选择系统自带图标，如可将大小设为"32"，选择相关图标，如图 4-30 所示。

图 4-30　Button 控件的 Picture 属性

⑥ Text 属性　Text 属性返回或设置控件显示的文本。函数声明为：

Button. Text As String

⑦ Value 属性　Value 属性为 True 时激活按钮，读该属性总是返回 False。当该属性设置为 False 时，按钮为未激活状态。函数声明为：

Button. Value As Boolean

（2）Button 控件的主要事件

Click 事件当按下鼠标左键时触发。函数声明为：

Event Button. Click()

4.4.2　ToolButton 控件

工具栏是 Linux 界面应用程序的一个显著特点，可以快速访问并执行常用命令，而不用点击进入相关菜单栏进行查找。ToolButton 控件主要作为工具栏按钮使用，一般情况下，当鼠标进入控件时才显示其边框。该控件在不同操作系统下外观会有所不同，如图 4-31 所示。

图 4-31　ToolButton 控件外观

ToolButton 控件的主要属性如下。

(1) AutoResize 属性

AutoResize 属性返回或设置按钮是否根据显示内容自动调整大小，默认值为 False，如图 4-32 所示。函数声明为：

　　ToolButton. AutoResize As Boolean

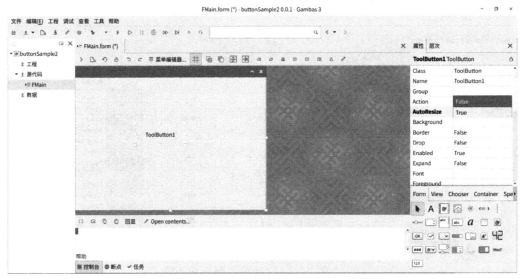

图 4-32　ToolButton 控件的 AutoResize 属性

(2) Radio 属性

Radio 属性返回或设置按钮的行为是否类似 RadioButton，如图 4-33 所示。函数声明为：

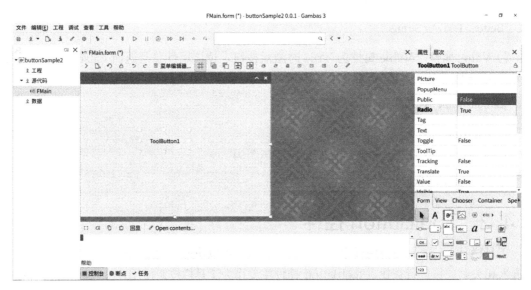

图 4-33　ToolButton 控件的 Radio 属性

ToolButton. Radio As Boolean

(3) Toggle 属性

Toggle 属性设置按钮是否为一个可切换按钮，如图 4-34 所示。函数声明为：

ToolButton. Toggle As Boolean

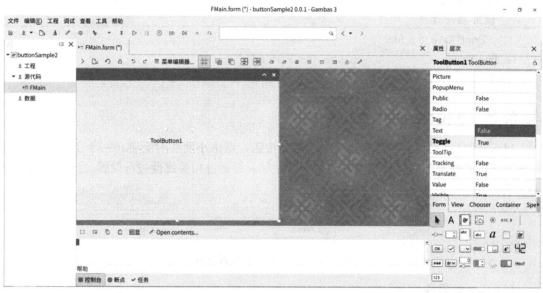

图 4-34　ToolButton 控件的 Toggle 属性

(4) Action 属性

Action 属性将具有相同目标的控件连接在一起，响应相同的事件。如：一个"保存"菜单项和一个工具栏中带"保存"图标的按钮，可以使用 Action 属性将二者连接在一起，能够实现将两个事件调度集中在一个事件处理中，如自动同步关联 ToggleButton 按钮和菜单，全局可用或禁用按钮和菜单。函数声明为：

Control. Action As String

可以通过 Action 属性连接到一起的控件包括：

① Button
② CheckBox
③ Menu
④ SidePanel
⑤ ToggleButton
⑥ ToolBar
⑦ ToolButton
⑧ Window

对其他控件设置 Action 属性无效。

除了通过设置 Action 属性将两个控件连接在一起，也可以通过代码实现。例如：

```
' Gambas class file
Public save As Action

Public Sub Form_Open()
    Menu1. Action=" save"
```

```
        button.Action=" save"
    End

Public Sub Action_Activate(key As String)As Boolean
    Select Case key
    Case " save"
    '调用 save 过程
        Print" save to a file. "
    End Select
End
```

4.4.3 MenuButton 控件

MenuButton 控件是一个右边带小箭头的按钮，点击小箭头时会弹出一个关联菜单。通常情况下，关联菜单通过菜单编辑器预先设计好，再通过相关属性进行设置。该控件在不同操作系统下外观会有所不同，如图 4-35 所示。

图 4-35　MenuButton 控件外观

(1) Arrow 属性

Arrow 属性返回或设置小箭头是否可见，默认值为 True。函数声明为：

MenuButton.Arrow As Boolean

当小箭头可见时，点击小箭头会弹出菜单，点击按钮会触发鼠标单击事件；当小箭头不可见时，点击按钮则会弹出菜单，如图 4-36 所示。

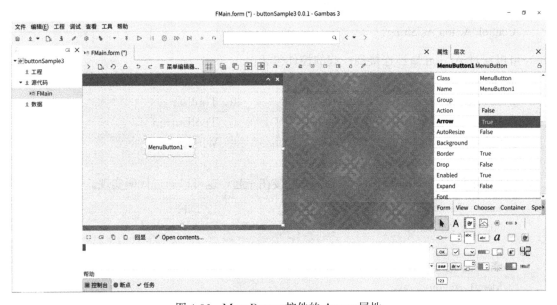

图 4-36　MenuButton 控件的 Arrow 属性

(2) Menu 属性

Menu 属性返回或设置弹出菜单名称，如图 4-37 所示。函数声明为：

MenuButton. Menu As String

如果要使用该属性，需要先通过"菜单编辑器"设计一个菜单，此时会在 Menu 属性栏出现相关菜单选项。

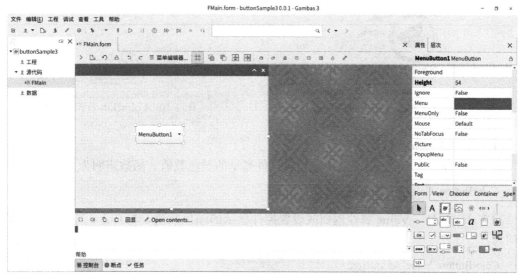

图 4-37　MenuButton 控件的 Menu 属性

(3) MenuOnly 属性

MenuOnly 属性返回或设置 MenuButton 控件是否仅作为一个弹出菜单，不响应按钮点击事件，默认值为 False，如图 4-38 所示。函数声明为：

MenuButton. MenuOnly As Boolean

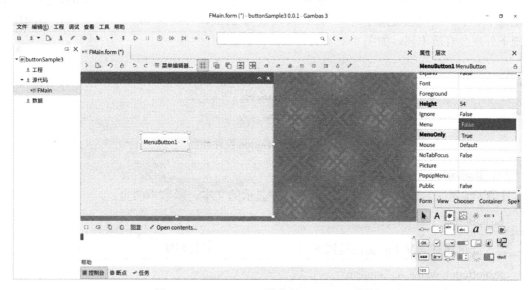

图 4-38　MenuButton 控件的 MenuOnly 属性

4.4.4 ColorButton 控件

ColorButton 控件用于设置控件颜色。在程序运行时点击该按钮时，会弹出"Select Color"对话框，通过拖动圆环指针、指定颜色数值等方式设置相关颜色，如图 4-39 所示。该控件在不同操作系统下外观会有所不同，如图 4-40 所示。

图 4-39　"Select Color"对话框　　　　图 4-40　ColorButton 控件外观

(1) ColorButton 控件的主要属性

① Color 属性　Color 属性返回或设置控件显示的颜色数值。函数声明为：

ColorButton.Color As Integer

② Value 属性　Value 属性返回或设置控件显示的颜色数值，与 Color 属性相同。函数声明为：

ColorButton.Value As Integer

(2) ColorButton 控件的主要事件

Change 事件当控件选择的颜色发生改变时触发。函数声明为：

Event ColorButton.Change()

4.4.5 RadioButton 控件

RadioButton 即单选按钮控件，在同一容器中的 RadioButton 控件是互斥的，同一时刻只能选中一个。当按钮被选中时，Value 属性值为 True，否则为 False。该控件在不同操作系统下外观会有所不同，如图 4-41 所示。

图 4-41　RadioButton 控件外观

(1) RadioButton 控件的主要属性

① Text 属性　Text 属性返回或设置控件显示的文本。函数声明为：

RadioButton.Text As String

② Value 属性　Value 属性返回或设置控件的值。函数声明为：

RadioButton.Value As Boolean

(2) RadioButton 控件的主要事件

Click 事件当用户点击按钮或其值被改变时触发。函数声明为：

Event RadioButton.Click()

4.4.6 SwitchButton 控件

SwitchButton 即开关按钮控件，类似于一个物理拨动开头，只有打开（ON）和关闭（OFF）两种状态。该控件在不同操作系统和不同语言下外观和显示的文本会有所不同，如图 4-42 所示。

图 4-42 SwitchButton 控件外观

(1) Animated 属性

Animated 属性返回或设置控件在状态改变时是否显示过渡动画，默认值为 False。函数声明为：

SwitchButton.Animated As Boolean

(2) Background 属性

Background 属性返回或设置控件使用的背景颜色。函数声明为：

SwitchButton.Background As Integer

(3) Value 属性

Value 属性返回或设置控件的值，打开为 True，关闭为 False。函数声明为：

SwitchButton.Value As Boolean

4.4.7 ToggleButton 控件

ToggleButton 即切换按钮控件，通过按下和弹起两种状态进行功能切换。该控件在不同操作系统下外观会有所不同，如图 4-43 所示。

图 4-43 ToggleButton 控件外观

(1) Radio 属性

Radio 属性返回或设置按钮的行为是否像单选按钮 RadioButton。函数声明为：

ToggleButton.Radio As Boolean

(2) Value 属性

Value 属性返回或设置控件的值。函数声明为：

ToggleButton. Value As Boolean

4.4.8 ButtonBox 控件

ButtonBox 控件是 TextBox 控件、ClearButton 控件和 Button 控件的复合体，其中，TextBox 可以输入文本，ClearButton 用来清除输入。该控件在不同操作系统下外观会有所不同，如图 4-44 所示。

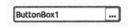

图 4-44　ButtonBox 控件外观

（1）ButtonBox 控件的主要属性

① Alignment 属性　Alignment 属性返回或设置控件中文本的显示位置。函数声明为：

ButtonBox. Alignment As Integer

② Button 属性　Button 属性返回或设置 Button 按钮是否可见。函数声明为：

ButtonBox. Button As Boolean

③ ClearButton 属性　ClearButton 属性返回或设置 ClearButton 按钮是否可见。函数声明为：

ButtonBox. ClearButton As Boolean

④ Editor 属性　Editor 属性将 TextBox 转换为 MaskBox，具有与 MaskBox 相同的属性。函数声明为：

ButtonBox. Editor As MaskBox

⑤ Filter 属性　Filter 属性返回或设置 ButtonBox 是否具有数据过滤属性，默认值为 False。函数声明为：

ButtonBox. Filter As Boolean

⑥ FilterMenu 属性　FilterMenu 属性返回或设置弹出菜单名称，当 Filter 属性设置为 True 时生效。函数声明为：

ButtonBox. FilterMenu As String

⑦ Length 属性　Length 属性返回文本长度。函数声明为：

ButtonBox. Length As Integer

⑧ Pos 属性　Pos 属性返回或设置光标当前位置，从文本开头计数。函数声明为：

ButtonBox. Pos As Integer

⑨ ReadOnly 属性　ReadOnly 属性设置文本是否可以被修改。函数声明为：

ButtonBox. ReadOnly As Boolean

（2）ButtonBox 控件的主要方法

① Clear 方法　Clear 方法清除文本。函数声明为：

ButtonBox. Clear( )

② FilterNow 方法 FilterNow 方法触发数据过滤事件。函数声明为：

ButtonBox. FilterNow( )

4.4.9 CheckBox 控件

CheckBox 即复选框控件，与 RadioButton 控件不同，在相同容器中的控件不存在互斥行为。如果设置 Tristate 属性，那么复选除了 True、False 值之外，还有第三个值 None，表示未知或无变化。该控件在不同操作系统下外观会有所不同，如图 4-45 所示。

图 4-45 CheckBox 控件外观

（1）AutoResize 属性
AutoResize 属性返回或设置是否允许控件自动调整大小以适合其内容。函数声明为：

CheckBox. AutoResize As Boolean

（2）Caption 属性
Caption 属性返回或设置控件显示的文本，与 Text 属性相同。函数声明为：

CheckBox. Caption As String

（3）Text 属性
Text 属性返回或设置控件显示的文本。函数声明为：

CheckBox. Text As String

（4）Tristate 属性
Tristate 属性返回或设置复选框控件是否包含 None 三态值。函数声明为：

CheckBox. Tristate As Boolean

CheckBox 控件的 Tristate 属性如表 4-12 所示。

表 4-12 CheckBox 控件的 Tristate 属性

常量名	常量值	状态
CheckBox. False	0	False
CheckBox. None	1	None
CheckBox. True	−1	True

（5）Value 属性
Value 属性返回或设置控件的值。函数声明为：

CheckBox. Value As Integer

4.4.10 ComboBox 控件

ComboBox 控件实现组合列表框，与 MenuButton 控件在运行时外观相似，是一个文本框与一个下拉列表框的组合形式。文本框可以输入数据，列表框为只读属性，选中的条目（表项）可以显示在文本框中。ComboBox 控件占用空间小，程序运行时只显示单行文本框，并在文本框的右端显示一个向下箭头，点击箭头时弹出下拉列表，用户可以从下拉列表中选择一个条目，也可以输入列表中不存在的条目，通常一次只能输入或选择一项。该控件在不同操作系统下外观会有所不同，如图 4-46 所示。

图 4-46　ComboBox 控件外观

(1) ComboBox 控件的主要属性

① Border 属性　Border 属性返回或设置控件是否具有边框。函数声明为：

ComboBox.Border As Boolean

② Count 属性　Count 属性返回下拉列表中条目的数量。函数声明为：

ComboBox.Count As Integer

③ Current 属性　Current 属性返回下拉列表的当前选中条目。函数声明为：

ComboBox.Current As . ComboBox.Item

④ Index 属性　Index 属性返回下拉列表中当前选中条目的索引。函数声明为：

ComboBox.Index As Integer

⑤ Length 属性　Length 属性返回文本框中文本的长度。函数声明为：

ComboBox.Length As Integer

⑥ List 属性　List 属性返回或设置下拉列表的字符串数组内容。函数声明为：

ComboBox.List As String[]

⑦ MaxLength 属性　MaxLength 属性返回或设置文本框中的文本的最大允许长度。函数声明为：

ComboBox.MaxLength As Integer

⑧ Password 属性　Password 属性设置文本框中输入的字符是否以掩码显示。函数声明为：

ComboBox.Password As Boolean

⑨ Pos 属性　Pos 属性返回或设置文本框中光标的位置。函数声明为：

ComboBox. Pos As Integer

⑩ ReadOnly 属性 ReadOnly 属性返回或设置控件是否只读，即文本框是否可编辑。函数声明为：

ComboBox. ReadOnly As Boolean

⑪ Selected 属性 Selected 属性返回控件中是否有被选中的文本。函数声明为：

ComboBox. Selected As Boolean

⑫ Selection 属性 Selection 属性返回选中文本对象。函数声明为：

ComboBox. Selection As . TextBox. Selection

⑬ Sorted 属性 Sorted 属性设置下拉列表条目是否被排序。函数声明为：

ComboBox. Sorted As Boolean

⑭ Text 属性 Text 属性返回或设置文本框中的文本。函数声明为：

ComboBox. Text As String

（2）ComboBox 控件的主要方法

① Add 方法 Add 方法在下拉列表中插入条目。函数声明为：

ComboBox. Add(Item As String[,Index As Integer])

Item 为插入的条目。

Index 为插入条目的索引，第一个条目的索引为 0。如果指定条目的 Index，新条目被插入 Index 指定的位置，否则，新条目插入列表的最后。

② Clear 方法 Clear 方法清空控件内容。函数声明为：

ComboBox. Clear()

③ Find 方法 Find 方法在下拉列表框中查找一个条目并返回其索引，如果未找到则返回－1。函数声明为：

ComboBox. Find(Item As String)As Integer

Item 为查找的条目。

④ Insert 方法 Insert 方法在文本框中插入一个字符串。函数声明为：

ComboBox. Insert(Text As String)

Text 为插入的条目。

⑤ Popup 方法 Popup 方法打开控件的下拉列表菜单。函数声明为：

ComboBox. Popup()

⑥ Remove 方法 Remove 方法从下拉列表中删除一个条目。函数声明为：

ComboBox. Remove(Index As Integer)

Index 为删除条目索引。

⑦ Select 方法 Select 方法设置选中的文本。函数声明为：

ComboBox. Select([Start As Integer,Length As Integer])

Start 为文本中第一个选中字符的位置。

Length 为选中文本的长度。

如果不指定参数，则选中整个文本。

⑧ SelectAll 方法　SelectAll 方法选中所有文本。函数声明为：

ComboBox. SelectAll()

⑨ Unselect 方法　Unselect 方法取消选中的文本。函数声明为：

ComboBox. Unselect()

(3) ComboBox 控件的主要事件

① Activate 事件　Activate 事件当文本框中输入回车时触发。函数声明为：

Event ComboBox. Activate()

② Change 事件　Change 事件当文本被修改时触发。函数声明为：

Event ComboBox. Change()

③ Click 事件　Click 事件当在下拉列表中选中一个条目时触发。函数声明为：

Event ComboBox. Click()

4.4.11　按钮程序设计

下面通过一个实例来学习按钮类控件的使用方法。设计一个应用程序，顶端设计一个工具栏，一个是 ToolBar 控件，内部包含两个快捷按钮，一个是 ToolButton 控件，实现与窗体中的其他控件的联动，另一个是 MenuButton 控件，点击右侧小箭头，弹出下拉菜单，实现对 ButtonBox 内部按钮 ClearButton 和 Button 可见属性的控制；设计一个快捷菜单，为隐藏状态，当点击窗体中的两个 MenuButton 控件右侧的小箭头时弹出；ColorButton 控件用于设置 ButtonBox 显示字体的颜色；两个 RadioButton 按钮实现互斥操作，一般情况下，相同容器内的该类控件在某一时刻只有一个处于选中状态；SwitchButton 控件用于显示打开和关闭两种状态，通过其 Value 属性的 True 与 False 进行切换；ToggleButton 控件包含按下和弹起两种状态，不同状态下显示不同的文字与图片；Default 和 Cancel 按钮响应键盘的回车键和 Esc 键，如图 4-47 所示。

(1) 实例效果预览

如图 4-47 所示。

(2) 实例步骤

① 启动 Gambas 集成开发环境，可以在菜单栏选择"文件"→"新建工程..."，或在启动窗体中直接选择"新建工程..."项。

② 在"新建工程"对话框中选择"1. 工程类型"中的"Graphical application"项，点击"下一个（N）"按钮。

③ 在"新建工程"对话框中选择"2. Parent directory"中要新建工程的目录，点击"下一个（N）"按钮。

④ 在"新建工程"对话框中"3. Project details"中输入工程名和工程标题，工程名为

存储的目录的名称,工程标题为应用程序的实际名称,在这里设置相同的工程名和工程标题。完成之后,点击"确定"按钮。

图 4-47　按钮程序窗体

⑤ 系统默认生成的启动窗体名称为 FMain。在 FMain 窗体中添加 2 个 Button 控件、1 个 ToolButton 控件、1 个 MenuButton 控件、1 个 ColorButton 控件、2 个 RadioButton 控件、1 个 SwitchButton 控件、1 个 ToggleButton 控件、1 个 ButtonBox 控件,如图 4-48 所示,并设置相关属性,如表 4-13 所示。

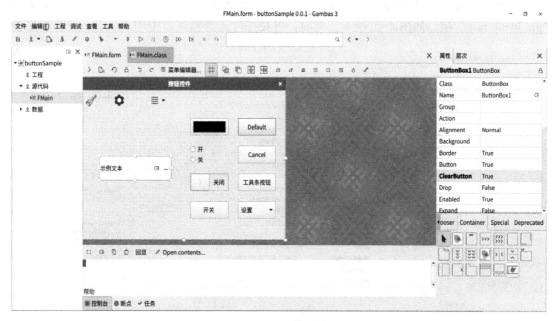

图 4-48　窗体设计

表 4-13 窗体和控件属性设置

Name	属性	说明
FMain	Text:按钮控件 Resizable:False	标题栏显示的名称 固定窗体大小,取消最大化按钮
Button1	Text:Default Default:True	命令按钮,响应相关点击事件 按回车键可自动激活该按钮
Button2	Text:Cancel Cancel:True	命令按钮,响应相关点击事件 按 Esc 键可自动激活该按钮
ToolButton1	Text:工具栏按钮 Action:act2 Border:True Toggle:True	命令按钮,响应相关点击事件 与 ToolButton3 联动,响应相同事件 显示边框 设置切换属性
MenuButton1	Text:设置 Menu:Menu1	命令按钮,响应相关点击事件 点击小箭头,显示弹出菜单
ColorButton1		通过"Select Color"对话框选择颜色
RadioButton1	Text:开 Group:onoff	同一容器内,只有一个单选按钮能被选中 创建控件组,事件共享
RadioButton2	Text:关 Group:onoff	同一容器内,只有一个单选按钮能被选中 创建控件组,事件共享
SwitchButton1		类似于拨动开关,包含打开和关闭两种状态
ToggleButton1	Text:开关 Action:act1	在按下和弹起之间切换状态 与 ToolButton2 联动,响应相同事件
ButtonBox1	Text:示例文本 ClearButton:True	显示示例文本样式、内部按钮是否可见、显示的图片等

⑥ 在菜单中选择"工程"→"属性..."项,在弹出的"工程属性"对话框中,勾选"gb.form.mdi"项,如图 4-49 所示。此时,可在控件工具箱窗口中的"Container"标签页

图 4-49 "工程属性"对话框

找到 ToolBar 控件，将其拖拽到窗体中，向其内部添加 2 个 ToolButton 控件、1 个 MenuButton 控件、2 个 Separator 控件，并设置相关属性，如表 4-14 所示。

表 4-14 控件属性设置

Name	属性	说明
ToolBar1		工具栏控件，作为容器控件，内部可放置其他控件
ToolButton2	Action：act1 Toggle：True Picture：icon：/32/watch	放置在 ToolBar1 容器内部 与 ToggleButton1 联动，响应相同事件
ToolButton3	Action：act2 Toggle：True Picture：icon：/32/tools	放置在 ToolBar1 容器内部 与 ToolButton1 联动，响应相同事件
MenuButton2	Border：False Menu：Menu1 Picture：icon：/32/menu	放置在 ToolBar1 容器内 点击右侧小箭头，弹出下拉菜单
Separator1		工具栏控件分隔符
Separator2		工具栏控件分隔符

⑦ 在菜单栏选择"编辑（E）"→"菜单编辑器..."项，或直接在窗体窗口的工具栏中点击"菜单编辑器..."按钮，如图 4-50 所示。

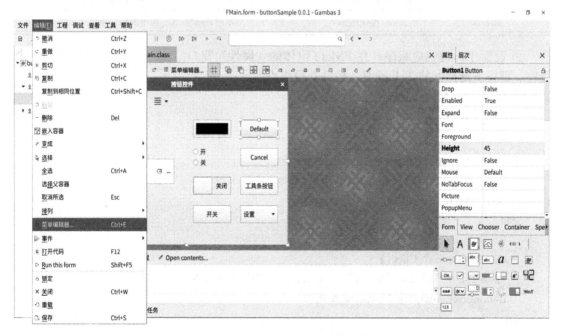

图 4-50 打开"菜单编辑器"

⑧ 在弹出的"FMain-菜单编辑器"对话框中添加 1 个菜单栏，内含 2 个菜单项，如图 4-51 所示，并设置相关属性，如表 4-15 所示。

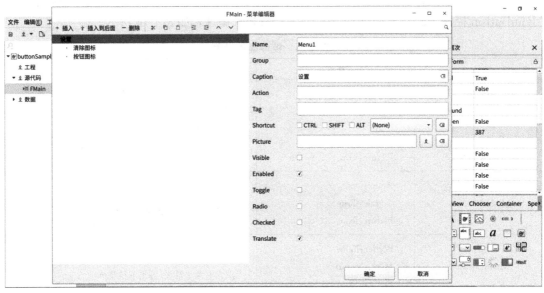

图 4-51 "菜单编辑器"对话框

表 4-15 菜单属性设置

名称	属性	说明
Menu1	Visible：False Caption：设置	菜单栏，在窗体中不可见 菜单条
Menu2	Caption：清除图标	菜单项，ButtonBox 清除图标是否可见
Menu3	Caption：按钮图标	菜单项，ButtonBox 按钮图标是否可见

⑨ 设置 Tab 键响应顺序。在 FMain 窗体的"属性"窗口点击"层次"，出现控件切换排序；即按下键盘上的 Tab 键时，控件获得焦点的顺序。

⑩ 在 FMain 窗体中添加代码。

```
' Gambas class file

Public Sub Button1_Click()
  '按下回车键或点击按钮时，设置 ButtonBox1 中显示的文本
  ButtonBox1.Text=" 按下回车键或点击"
End


Public Sub Button2_Click()
  '按下 Esc 键或点击按钮时，设置 ButtonBox1 中显示的文本
  ButtonBox1.Text=" 按下 Esc 键或点击"
End


Public Sub ToolButton1_Click()
  '与工具栏中 ToolButton3 均设置相同 Action 属性，Toggle 属性为 True，响应该事件，且动作一致
```

```
        ButtonBox1.Text="按下工具栏按钮"
    End


    Public Sub MenuButton1_Click()
        '当点击右侧小箭头弹出下拉菜单时,可与MenuButton2响应相同事件
        ButtonBox1.Text="按下设置按钮"
    End


    Public Sub Menu2_Click()
        ButtonBox1.Text="操作清除图标"
        '切换ButtonBox1中ClearButton是否可见
        ButtonBox1.ClearButton=Not ButtonBox1.ClearButton
    End


    Public Sub Menu3_Click()
        ButtonBox1.Text="操作按钮图标"
        '切换ButtonBox1中Button是否可见
        ButtonBox1.Button=Not ButtonBox1.Button
    End


    Public Sub ColorButton1_Change()
        ButtonBox1.Text="按下颜色按钮"
        '设置ButtonBox1中文本颜色
        ButtonBox1.Foreground=ColorButton1.Color
    End


    Public Sub onoff_Click()
        '设置Group属性为onoff,使两个RadioButton共享一个事件
        'Last返回对最近发生事件的对象的引用
        ButtonBox1.Text=Last.Name
    End


    Public Sub SwitchButton1_Click()
        '根据SwitchButton1当前状态值来设置ButtonBox1中显示的文本
        Select Case SwitchButton1.Value
            Case True
                ButtonBox1.Text="打开"
            Case False
                ButtonBox1.Text="关闭"
        End Select
    End
```

```
Public Sub ToggleButton1_Click()

    Dim flag As Boolean

    '与工具栏中的 ToolButton2 均设置相同 Action 属性,响应该事件,且动作一致
    '获得 ToggleButton1 当前状态值
    flag=ToggleButton1.Value
    '根据 ToggleButton1 当前状态值来设置要显示的文本和图片
    If flag Then
        ToggleButton1.Text=" 按下"
        ToggleButton1.Picture=Picture[" icon:/32/cancel" ]
        ButtonBox1.Picture=Picture[" icon:/32/cancel" ]
    Else
        ToggleButton1.Text=" 弹起"
        ToggleButton1.Picture=Picture[" icon:/32/ok" ]
        ButtonBox1.Picture=Picture[" icon:/32/ok" ]
    Endif
End

Public Sub ButtonBox1_Click()
    '设置 ButtonBox1 只能输入 1 个[a-z]小写字母
    ButtonBox1.Editor.Mask=" [a-z]"
End
```

一般情况下,工具栏作为一个快捷操作按钮容器,其中的按钮功能会在菜单项或窗体其他控件中实现,不需要再对其进行编程,只要设置 Action 属性,使其能够响应菜单项或窗体其他控件事件即可。在对菜单项进行程序设计时,可以使菜单栏可见并出现在窗体顶部,点击相关菜单项编写代码,代码完成后再设置菜单栏不可见。

ButtonBox1.ClearButton=Not ButtonBox1.ClearButton 是一条复合语句,首先获得 ButtonBox1.ClearButton 布尔值,并对其取反,之后再进行赋值,等价于:

```
If ButtonBox1.ClearButton=True Then
    ButtonBox1.ClearButton=False
Else
    ButtonBox1.ClearButton=True
Endif
```

或等价于:

```
If ButtonBox1.ClearButton Then
    ButtonBox1.ClearButton=False
Else
    ButtonBox1.ClearButton=True
Endif
```

或等价于：

```
Select Case ButtonBox1. ClearButton
    Case True
        ButtonBox1. ClearButton=False
    Case False
        ButtonBox1. ClearButton=True
End Select
```

ButtonBox1. Text Last. Name 语句中，Last 返回对最近发生事件的对象的引用，即返回最近（后）一次点击的 RadioButton 控件，并把控件 Name 属性显示到 ButtonBox1 中。通常情况下，配合控件组 Group 属性使用，能够极大减少和优化代码，等价于：

```
If RadioButton1. Value Then
    ButtonBox1. Text=RadioButton1. Name
Else
    ButtonBox1. Text=RadioButton2. Name
Endif
```

或等价于：

```
If RadioButton1. Value Then
    ButtonBox1. Text=RadioButton1. Name
Endif
If RadioButton2. Value Then
    ButtonBox1. Text=RadioButton2. Name
Endif
```

Group 属性和 Action 属性都能将多个控件事件连接起来，共享一个事件，实现联动效果，所不同的是，Group 属性设置一个以其属性名命名的事件，本例中 Group 属性为 onoff，触发的新事件为：

```
Public Sub onoff_Click()
```

而 Action 属性连接的多个控件，共享其中一个控件的事件，如 ToolButton1 和 ToolButton3 共享 ToolButton1 的事件：

```
Public Sub ToolButton1_Click()
```

ToggleButton1. Picture=Picture[" icon：/32/cancel"]中使用了系统内置图标，引用方式为 Picture[" icon：/32/cancel"]，32 为 32×32 类型，cancel 为图标名称。此外，内置图标包含 small、medium、large、huge、16、22、32、48、64、96、128 等多种类型。如果使用自定义图标，则可以使用 ToggleButton1. Picture=Picture. Load(" cancel. png")语句，如 cancel. png 文件存储于当前工程文件目录中，则可以使用相对路径，否则，需要使用绝对路径。

ButtonBox1. Editor. Mask="[a-z]" 语句设置 ButtonBox1 只能输入 1 个[a-z]的小写字母，ButtonBox1. Editor 属性使其具有了 MaskBox 控件相同功能。

4.5 滚动条类控件

滚动条类控件是一类常用的进度显示与过程控制控件,用来指示程序运行进度、设置程序运行时的值,其本质上是数值类控件。ProgressBar 控件和 Spinner 控件通常用于静态显示,Slider 控件、SpinBox 控件、SliderBox 控件、ScrollBar 控件、SpinBar 控件可用于与用户交互,响应 Chang 事件。

4.5.1 Slider 控件

Slider 控件可实现垂直或水平滑动条功能。如果滑动条的高度大于宽度,垂直显示,否则水平显示。用户操作时沿垂直或水平的沟槽移动滑块,即可将滑块的位置数据转换为整数值。该控件在不同操作系统下外观会有所不同,如图 4-52 所示。

图 4-52 Slider 控件外观

(1) Slider 控件的主要属性

① Mark 属性　Mark 属性返回或设置是否显示控件的刻度。函数声明为:

Slider.Mark As Boolean

② MaxValue 属性　MaxValue 属性返回或设置控件的最大值。函数声明为:

Slider.MaxValue As Integer

③ MinValue 属性　MinValue 属性返回或设置控件的最小值。函数声明为:

Slider.MinValue As Integer

④ PageStep 属性　PageStep 属性返回或设置翻页步长。函数声明为:

Slider.PageStep As Integer

⑤ Step 属性　Step 属性返回或设置单步增量。函数声明为:

Slider.Step As Integer

⑥ Tracking 属性　Tracking 属性返回或设置是否响应滑动条被鼠标拖动时连续发生 Change 事件,不管鼠标按键是否被释放。函数声明为:

Slider.Tracking As Boolean

⑦ Value 属性　Value 属性返回或设置控件的值。函数声明为:

Slider.Value As Integer

(2) Slider 控件的主要事件

Chang 事件当控件的值改变时触发。函数声明为:

Event Slider.Change()

4.5.2 ProgressBar 控件

ProgressBar 控件实现一个进度条,以显示事务处理的进程。程序在执行一些耗时较长的任务时,使用进度条控件可以让用户实时掌握当前任务的完成情况。该控件在不同操作系统下外观会有所不同,如图 4-53 所示。

图 4-53　ProgressBar 控件外观

(1) Border 属性

Border 属性返回或设置控件是否具有边框。函数声明为:

ProgressBar. Border As Boolean

(2) Label 属性

Label 属性返回或设置控件是否显示百分比。函数声明为:

ProgressBar. Label As Boolean

(3) Pulse 属性

Pulse 属性返回或设置控件是否显示脉冲动画代替进度指示。函数声明为:

ProgressBar. Pulse As Boolean

(4) Value 属性

Value 属性返回或设置控件的值,该值范围在 0~1 之间,0 表示 0%,1 表示 100%。函数声明为:

ProgressBar. Value As Float

4.5.3 Spinner 控件

Spinner 控件显示一个转动等待动画,默认不显示进度百分比,可用在等待时间不确定的环境下。该控件在不同操作系统下外观会有所不同,如图 4-54 所示。

图 4-54　Spinner 控件外观

(1) Spinner 控件的主要属性

① Border 属性　Border 属性返回或设置控件是否具有边框。函数声明为:

Spinner. Border As Boolean

② Enabled 属性　Enabled 属性返回或设置控件是否可用。函数声明为:

Spinner. Enabled As Boolean

③ Label 属性　Label 属性返回或设置控件是否显示百分比。函数声明为:

Spinner. Label As Boolean

④ Padding 属性 Padding 属性返回或设置控件的内部填充。函数声明为：

Spinner. Padding As Integer

⑤ Value 属性 Value 属性返回或设置控件的值，该值范围在 0~1 之间，0 表示 0%，1 表示 100%。函数声明为：

Spinner. Value As Float

(2) Spinner 控件的主要方法

① Start 方法 Start 方法设置控件动画开始。函数声明为：

Spinner. Start()

② Stop 方法 Stop 方法设置控件动画停止。函数声明为：

Spinner. Stop()

③ Wait 方法 Wait 方法调用事件循环来完成动画显示。函数声明为：

Spinner. Wait()

4.5.4 SpinBox 控件

SpinBox 控件实现一个微调框，它是一个带有微调按钮的文本框，允许用户通过点击上、下箭头按钮来增加、减少当前显示值，如果通过其他方式输入数值，则需要通过回车键来确认输入。该控件在不同操作系统下外观和功能会有所不同，如图 4-55 所示。

图 4-55 SpinBox 控件外观

(1) SpinBox 控件的主要属性

① Alignment 属性 Alignment 属性返回或设置控件中文本显示的位置。函数声明为：

SpinBox. Alignment As Integer

② MaxValue 属性 MaxValue 属性返回或设置控件的最大值。函数声明为：

SpinBox. MaxValue As Integer

③ MinValue 属性 MinValue 属性返回或设置控件的最小值。函数声明为：

SpinBox. MinValue As Integer

④ ReadOnly 属性 ReadOnly 属性返回或设置控件是否只读。函数声明为：

SpinBox. ReadOnly As Boolean

⑤ ShowZero 属性 ShowZero 属性返回或设置是否显示的值必须用零填充。函数声明为：

SpinBox. ShowZero As Boolean

⑥ Step 属性　Step 属性返回或设置单步增量。函数声明为：

SpinBox.Step As Integer

⑦ Text 属性　Text 属性返回或设置显示的文本。函数声明为：

SpinBox.Text As String

⑧ Value 属性　Value 属性返回或设置控件的值。函数声明为：

SpinBox.Value As Integer

(2) SpinBox 控件的主要方法

SelectAll 方法选中控件内所有文本。函数声明为：

SpinBox.SelectAll()

(3) SpinBox 控件的主要事件

① Change 事件　Change 事件当控件值改变时触发。函数声明为：

Event SpinBox.Change()

② Limit 事件　Limit 事件当设置的值超出范围时触发，即小于最小值或大于最大值时。函数声明为：

Event SpinBox.Limit()

4.5.5　SliderBox 控件

SliderBox 控件是 Slider 控件和 SpinBox 控件的复合体，实现滑动位置与数值的精确对应。该控件在不同操作系统下外观会有所不同，如图 4-56 所示。

图 4-56　SliderBox 控件外观

(1) SliderBox 控件的主要属性

① DefaultValue 属性　DefaultValue 属性返回或设置控件的默认值。函数声明为：

SliderBox.DefaultValue As Integer

② Font 属性　Font 属性返回或设置文本字体。函数声明为：

SliderBox.Font As Font

③ MaxValue 属性　MaxValue 属性返回或设置控件的最大值。函数声明为：

SliderBox.MaxValue As Integer

④ MinValue 属性　MinValue 属性返回或设置控件的最小值。函数声明为：

SliderBox.MinValue As Integer

⑤ Step 属性　Step 属性返回或设置控件单步增量。函数声明为：

SliderBox.Step As Integer

⑥ Value 属性　Value 属性返回或设置控件的值。函数声明为：

SliderBox. Value As Integer

（2）SliderBox 控件的主要事件
Change 事件　Change 事件当数值改变时触发。函数声明为：

Event SliderBox. Change()

4.5.6　ScrollBar 控件

ScrollBar 控件实现一个滚动条，当拖动滑块、点击按钮或使用按键移动滚动条时触发该事件。如果滚动条宽度大于高度，自动显示为水平滚动条，如果滚动条高度大于宽度，则自动显示为垂直滚动条。该控件在不同操作系统下外观会有所不同，如图 4-57 所示。

图 4-57　ScrollBar 控件外观

（1）ScrollBar 控件的主要属性
① DefaultSize 属性　DefaultSize 属性返回控件的默认大小。函数声明为：

ScrollBar. DefaultSize As Integer

② MaxValue 属性　MaxValue 属性返回或设置控件的最大值。函数声明为：

ScrollBar. MaxValue As Integer

③ MinValue 属性　MinValue 属性返回或设置控件的最小值。函数声明为：

ScrollBar. MinValue As Integer

④ PageStep 属性　PageStep 属性返回或设置翻页步长。函数声明为：

ScrollBar. PageStep As Integer

⑤ Step 属性　Step 属性返回或设置控件单步增量。函数声明为：

ScrollBar. Step As Integer

⑥ Tracking 属性　Tracking 属性返回或设置是否响应滚动条被鼠标拖动时连续发生 Change 事件，不管鼠标按键是否被释放。函数声明为：

ScrollBar. Tracking As Boolean

⑦ Value 属性　Value 属性返回或设置控件的值。函数声明为：

ScrollBar. Value As Integer

（2）ScrollBar 控件的主要方法
① Change 事件　Change 事件当滚动条的值改变时触发。函数声明为：

Event ScrollBar. Change()

4.5.7　SpinBar 控件

SpinBar 控件集合了 Slider 控件和 SpinBox 控件的特点，功能上类似于 SliderBox 控件。当鼠标光标在控件范围内变为可拖拽的箭头时,当按下鼠标左键向左或向右拖拽到不同位置时,其数值会随之改变。该控件在不同操作系统下外观会有所不同,如图4-58所示。

图4-58　SpinBar控件外观

(1) Background 属性

Background 属性返回或设置控件的背景颜色。函数声明为:

SpinBar.Background As Integer

(2) MaxValue 属性

MaxValue 属性返回或设置控件的最大值。函数声明为:

SpinBar.MaxValue As Integer

(3) MinValue 属性

MinValue 属性返回或设置控件的最小值。函数声明为:

SpinBar.MinValue As Integer

(4) Step 属性

Step 属性返回或设置控件单步增量。函数声明为:

SpinBar.Step As Integer

(5) Value 属性

Value 属性返回或设置控件的值。函数声明为:

SpinBar.Value As Integer

4.5.8　滚动条程序设计

下面通过一个实例来学习滚动条类控件的使用方法。当选中进度条对应的复选框时,其对应的 ProgressBar 和 Spinner 控件会自动从 0% 开始增加,当达到 100% 时再重新开始;使用 Slider 控件和 SpinBox 控件组成一个 SliderBox 控件,并与独立的 SliderBox 控件共同显示,当拖动相关滑块、点击按钮或按下键盘上的 Up、Down、Left、Right、PageUp、PageDown 键时,数值会发生变化;拖拽 ScrollBar 的滑块时数值也会发生相应变化;SpinBar 控件可以通过拖拽或按下右侧的上下小箭头来调整数值,如图4-59所示。

(1) 实例效果预览

如图4-59所示。

(2) 实例步骤

① 启动 Gambas 集成开发环境,可以在菜单栏选择"文件"→"新建工程...",或在启动窗体中直接选择"新建工程..."项。

② 在"新建工程"对话框中选择"1. 工程类型"中的"Graphical application"项,点击"下一个(N)"按钮。

③ 在"新建工程"对话框中选择"2. Parent directory"中要新建工程的目录,点击

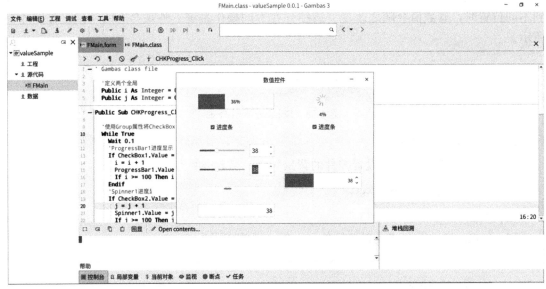

图 4-59　滚动条程序窗体

"下一个（N）"按钮。

④ 在"新建工程"对话框中"3. Project details"中输入工程名和工程标题，工程名为存储的目录的名称，工程标题为应用程序的实际名称，在这里设置相同的工程名和工程标题。完成之后，点击"确定"按钮。

⑤ 系统默认生成的启动窗体名称为 FMain。在 FMain 窗体中添加 1 个 ProgressBar 控件、1 个 Spinner 控件、2 个 CheckBox 控件、1 个 Slider 控件、1 个 SpinBox 控件、1 个 SliderBox 控件、1 个 ScrollBar 控件、1 个 SpinBar 控件、1 个 ValueBox 控件，如图 4-60 所示，并设置相关属性，如表 4-16 所示。

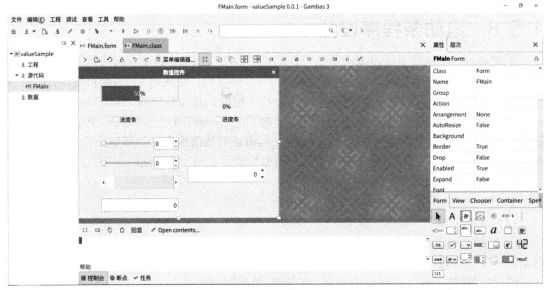

图 4-60　窗体设计

第4章
基本控件应用

表 4-16 窗体和控件属性设置

Name	属性	说明
FMain	Text:数值控件 Resizable:False	标题栏显示的名称 固定窗体大小,取消最大化按钮
ProgressBar1		进度条控件
Spinner1	Label:True	显示等待动画
CheckBox1	Text:进度条 Group:CHKProgress	复选框按钮 响应 CHKProgress_Click 事件
CheckBox2	Text:进度条 Group:CHKProgress	复选框按钮 响应 CHKProgress_Click 事件
Slider1		水平滑动条
SpinBox1		微调框
SliderBox1		Slider 和 SpinBox 控件复合体
ScrollBar1		滚动条
SpinBar1	MaxValue:100 Step:1	最大值为 100 单步增量为 1
ValueBox1	Type:Number	显示数值控件当前值

⑥ 设置 Tab 键响应顺序。在 FMain 窗体的"属性"窗口点击"层次",出现控件切换排序,即按下键盘上的 Tab 键时,控件获得焦点的顺序。

⑦ 在 FMain 窗体中添加代码。

```
' Gambas class file

'定义两个全局循环变量
Public i As Integer=0
Public j As Integer=0

Public Sub CHKProgress_Click()
  '使用 Group 属性将 CheckBox1、CheckBox2 控件事件连接在一起
  While True
    Wait 0.1
    'ProgressBar1 进度显示
    If CheckBox1.Value=True Then
      i=i+1
      ProgressBar1.Value=i/100
      If i>=100 Then i=0
    Endif
    'Spinner1 进度显示
    If CheckBox2.Value=True Then
      j=j+1
```

163

```
            Spinner1.Value=j/100
            If j>=100 Then j=0
        Endif
    Wend
    '出现错误返回
    Catch
        Return
End


Public Sub Slider1_Change()
    'Slider1中的数值改变时触发
    SpinBox1.Value=Slider1.Value
    ValueBox1.Value=Slider1.Value
End


Public Sub SpinBox1_Change()
    'SpinBox1中的数值改变时触发
    Slider1.Value=spinBox1.Value
End


Public Sub ScrollBar1_Change()
    'ScrollBar1中的数值改变时触发
    ValueBox1.Value=ScrollBar1.Value
End


Public Sub SliderBox1_Change()
    'SliderBox1中的数值改变时触发
    ValueBox1.Value=SliderBox1.Value
End


Public Sub SpinBar1_Change()
    'SpinBar1中的数值改变时触发
    ProgressBar1.Value=SpinBar1.Value/100
    Spinner1.Value=SpinBar1.Value/100
    Slider1.Value=SpinBar1.Value
    SliderBox1.Value=SpinBar1.Value
    ScrollBar1.Value=SpinBar1.Value
End
```

程序中，Slider1、SpinBox1、ScrollBar1、SliderBox1、SpinBar1 控件在均可响应鼠标拖拽、鼠标滚轮、点击事件，部分控件可响应按键操作，如 Up、Down、Left、Right 方向键、PageUp、PageDown 翻页键，响应事件为控件值改变时触发的 Change 事件。

4.6 图片类控件

Gambas 中的图片类控件包含 MovieBox、PictureBox 和 Image 类等，用于存储、输出、显示图形图像，也可以用来在窗体的特定位置显示图形以及代替命令类按钮等。

4.6.1 MovieBox 控件

MovieBox 控件用于显示 GIF 或 MNG 图片动画。GIF（Graphics Interchange Format）图形交换格式，是一种公用的图像文件格式标准，采用 Lempel-Zev-Welch（LZW）压缩算法，最高支持 256 种颜色。GIF 适用于色彩较少的图片，比如卡通造型、公司标志等。MNG（Multiple-image Network Graphics）为多帧 PNG 动画图形格式，功能类似 GIF，如图 4-61 所示。

图 4-61　MovieBox 控件

(1) MovieBox 控件的主要属性

① Alignment 属性　Alignment 属性返回或设置控件中显示的图片动画的对齐方式。函数声明为：

MovieBox.Alignment As Integer

② Border 属性　Border 属性返回或设置控件边框类型。函数声明为：

MovieBox.Border As Integer

③ Path 属性　Path 属性返回或设置在控件中显示的图片动画的路径。该路径可以是绝对路径，也可以是相对路径，如图片动画位于工程目录下时可以直接引用。函数声明为：

MovieBox.Path As String

④ Playing 属性　Playing 属性返回或设置是否播放动画。函数声明为：

MovieBox.Playing As Boolean

(2) MovieBox 控件的主要方法

① Rewind 方法　Rewind 方法设置动画回到起始位置。函数声明为：

MovieBox.Rewind()

② Refresh 方法　Refresh 方法重画控件，或重画一部分。重画方法在下一次调用事件循环时触发，如果需要立即刷新，使用该方法后调用 WAIT 函数。函数声明为：

MovieBox.Refresh()

4.6.2 PictureBox 控件

PictureBox 控件用于显示图片,并将图片内容存储于显示服务,支持的图片格式包括 JPEG、PNG、BMP、GIF、SVG、ICO 和 XPM 等,如图 4-62 所示。

图 4-62 PictureBox 控件

PictureBox 控件的主要属性如下。

(1) Alignment 属性

Alignment 属性返回或设置图片的对齐方式。函数声明为:

PictureBox.Alignment As Integer

(2) AutoResize 属性

AutoResize 属性返回或设置控件是否自动适应显示内容,按显示内容自动调整大小。函数声明为:

PictureBox.AutoResize As Boolean

(3) Border 属性

Border 属性返回或设置控件边框类型。函数声明为:

PictureBox.Border As Integer

(4) Mode 属性

Mode 属性返回设置图片显示模式。函数声明为:

PictureBox.Mode As Integer

PictureBox 控件 Mode 属性常量如表 4-17 所示。

表 4-17 Mode 属性常量

常量名	含义	备注
PictureBox.Normal	图片按原始大小显示	图片可能与控件大小不匹配
PictureBox.Fill	图片拉伸以适合控件的大小	图片被拉伸
PictureBox.Cover	图片比例保持不变	控件中非图片位置被填充
PictureBox.Contain	图片比例保持不变	图片被拉伸
PictureBox.Repeat	图片按原始大小显示	控件被填充

举例说明:

HBox1 As HBox
HBox2 As HBox
LabelMode As Label

```
    PictureBox1 As PictureBox
    SliderMode As Slider

Public Sub Form_Open()
    With Me
        .Height=600
        .Width=800
        .Arrangement=Arrange.Vertical
        .Padding=5
    End With
    With HBox1=New HBox(Me)
        .Height=21
    End With
    With New Label(HBox1)
        .Expand=True
        .Height=28
        .Text="Move slider to change PictureBox Mode"
        .Font.Bold=True
    End With
    With LabelMode=New Label(HBox1)
        .Expand=True
        .Font.Bold=True
        .Alignment=Align.Right
    End With
    With HBox2=New HBox(Me)
        .Height=28
    End With
    With SliderMode=New Slider(HBox2) As "SliderMode"
        .MaxValue=4
        .Mark=True
        .Width=180
    End With
    If Not Exist=("/tmp/test.png")Then
        Me.Show
        Me.Title="Please wait downloading image...."
        Wait 0.5
        If Not Component.IsLoaded("gb.net.curl")Then Component.Load("gb.net.curl")
        File.save("/tmp/test.png",Object.New("HttpClient").Download("https://gambas.one/files/test.png"))
    End If
    With PictureBox1=New PictureBox(Me)
```

```
    . Expand=True
    . Picture=Picture[" /tmp/test. png" ]
End With
SliderMode. Value=4
End

Public Sub SliderMode_Change()
Dim sText As String[]=[" Normal" ," Fill" ," Cover" ," Contain" ," Repeat" ]

PictureBox1. Mode=SliderMode. Value
LabelMode. Text=" PictureBox1. Mode=PictureBox. " & sText[SliderMode. Value]
Me. Title=sText[SliderMode. Value]
End
```

(5) Padding 属性

Padding 属性返回或设置图片周围像素的填充模式。函数声明为：

```
PictureBox. Padding As Integer
```

(6) Picture 属性

Picture 属性返回或设置在控件中显示的图片，支持的图片格式包括 JPEG、PNG、BMP、GIF、SVG、ICO 和 XPM 等。函数声明为：

```
PictureBox. Picture As Picture
```

(7) Stretch 属性

Stretch 属性用于设置图片是否被拉伸。函数声明为：

```
PictureBox. Stretch As Boolean
```

4.6.3　Image 类

Image 实现一个图像类，为不可视类，可以通过 PictureBox 控件显示。与 PictureBox 控件将数据存储于显示服务不同，Image 类将图像内容存储于进程内存。为了获取或设置单个像素值，采用二维数组模式，如：Image[x, y] 表示像素位于图像中的 (x, y) 位置。

(1) Image 类的主要属性

① Data 属性　Data 属性返回指向图像数据的指针。函数声明为：

```
Image. Data As Pointer
```

② Depth 属性　Depth 属性返回图像的颜色位数。函数声明为：

```
Image. Depth As Integer
```

③ Format 属性　Format 属性返回内部图片格式，以字符串形式显示，包括 RGBA、ARGB、BGRA 等。函数声明为：

```
Image. Format As String
```

④ Picture 属性　Picture 属性将 Image 转换为图片显示。函数声明为：

Image. Picture As Picture

⑤ Pixels 属性 Pixels 属性返回 32 位像素颜色数组。函数声明为：

Image. Pixels As Integer[ ]

⑥ Height 属性 Height 属性返回图像的高度。函数声明为：

Image. Height As Integer

⑦ Width 属性 Width 属性返回图像的宽度。函数声明为：

Image. Width As Integer

(2) Image 类的主要静态方法

① FromString 方法 FromString 方法用于返回创建的图像。函数声明为：

Static Image. FromString(Data As String) As Image

Data 为图像数据。

② Load 方法 Load 方法以文件的形式装载图像，支持的格式有 JPEG、PNG、BMP、GIF 和 XPM。函数声明为：

Static Image. Load(Path As String) As Image

Path 为文件存储路径。

(3) Image 类的主要方法

① BeginBalance 方法 BeginBalance 方法用于设置图像平衡开始。调用 Brightness、Contrast、Saturation、Lightness、Hue、Gamma 方法后，调用 EndBalance 生效，比单独调用每个方法的速度要快。函数声明为：

Image. BeginBalance( ) As Image

② EndBalance 方法 EndBalance 方法于设置图像平衡结束。函数声明为：

Image. EndBalance( ) As Image

③ Brightness 方法 Brightness 方法用于调整图像的亮度。函数声明为：

Image. Brightness(Brightness As Float) As Image

Brightness 取值范围为 −1.0～+1.0，0.0 为无变化。

④ Contrast 方法 Contrast 方法用于调整图像的对比度。函数声明为：

Image. Contrast(Contrast As Float) As Image

Contrast 取值范围为 −1.0～+1.0，0.0 为无变化。

⑤ Saturation 方法 Saturation 方法用于调整图像的饱和度。函数声明为：

Image. Saturation(Saturation As Float) As Image

Saturation 取值范围为 −1.0～+1.0，0.0 为无变化。

⑥ Lightness 方法 Lightness 方法用于调整图像的光照度。函数声明为：

Image. Lightness(Lightness As Float) As Image

Lightness 取值范围为-1.0～+1.0，0.0 为无变化。

⑦ Hue 方法　Hue 方法用于调整图像的色调。函数声明为：

 Image.Hue(Hue As Float)As Image

Hue 取值范围为-1.0～+1.0，0.0 为无变化。

⑧ Gamma 方法　Gamma 方法用于调整图像的 Gamma（伽马）值。函数声明为：

 Image.Gamma(Gamma As Float)As Image

Gamma 取值范围为-1.0～+1.0，0.0 为无变化。

⑨ Clear 方法　Clear 方法用于清空图像。函数声明为：

 Image.Clear()

⑩ Colorize 方法　Colorize 方法用指定颜色填充图像。函数声明为：

 Image.Colorize(Color As Integer) As Image

⑪ Copy 方法　Copy 方法返回图像或部分图像的拷贝。函数声明为：

 Image.Copy([X As Integer, Y As Integer, Width As Integer, Height As Integer]) As Image

X 为图像左侧横坐标。

Y 为图像左侧纵坐标。

Width 为图像宽度。

Height 为图像高度。

⑫ Desaturate 方法　Desaturate 方法用于衰减图像的饱和度。函数声明为：

 Image.Desaturate() As Image

⑬ DrawAlpha 方法　DrawAlpha 方法用于复制源图像的 Alpha 通道到目标图像。函数声明为：

 Image.DrawAlpha(Image As Image[, X As Integer, Y As Integer, SrcX As Integer, SrcY As Integer, SrcWidth As Integer, SrcHeight As Integer]) As Image

Image 为目标图像。

X 为目标图像横坐标。

Y 为目标图像纵坐标。

SrcX 为源图像横坐标。

SrcY 为源图像纵坐标。

SrcWidth 为源图像宽度。

SrcHeight 为源图像高度。

SrcX、SrcY、SrcWidth、SrcHeight 定义了源图像的大小。默认情况下，复制整个源图像的 Alpha 通道。

⑭ DrawImage 方法　DrawImage 方法用于复制源图像到目标图像。函数声明为：

 Image.DrawImage(Image As Image[, X As Integer, Y As Integer, Width As Integer, Height As Integer, SrcX As Integer, SrcY As Integer, SrcWidth As Integer, SrcHeight As Integer]) As Image

Image 为目标图像。

X 为目标图像横坐标。
Y 为目标图像纵坐标。
Width 为目标图像宽度。
Height 为目标图像高度。
SrcX 为源图像横坐标。
SrcY 为源图像纵坐标。
SrcWidth 为源图像宽度。
SrcHeight 为源图像高度。
SrcX、SrcY、SrcWidth、SrcHeight 定义了源图像的大小。默认情况下，复制整个源图像。

⑮ Erase 方法　Erase 方法删除图像中指定颜色，创建 Alpha 通道。其算法来源于 GIMP。函数声明为：

　　Image. Erase([Color As Integer]) As Image

Color 为指定颜色。

⑯ Fill 方法　Fill 方法用指定颜色填充图像。函数声明为：

　　Image. Fill(Color As Integer) As Image

Color 为指定颜色。

⑰ FillRect 方法　FillRect 方法用指定的颜色填充矩形区域。函数声明为：

　　Image. FillRect(X As Integer, Y As Integer, Width As Integer, Height As Integer, Color As Integer) As Image

X 为填充矩形的横坐标。
Y 为填充矩形的纵坐标。
Width 为填充矩形的宽度。
Height 为填充矩形的高度。
Color 为填充矩形的颜色，可以是透明色。

⑱ Fuzzy 方法　Fuzzy 方法用于产生图像模糊效果。函数声明为：

　　Image. Fuzzy([Radius As Integer]) As Image

Radius 为模糊半径，以像素计。取值范围为 0～256，默认值为 8。

⑲ Gray 方法　Gray 方法将图像转换为灰度图。函数声明为：

　　Image. Gray() As Image

⑳ Invert 方法　Invert 方法用于反转图像。函数声明为：

　　Image. Invert([KeepColor As Boolean]) As Image

KeepColor 为 True 时，颜色中色调部分会被保留；默认为 False，所有颜色被反转。

㉑ Mask 方法　Mask 方法将每个像素的颜色分量乘以一个指定的颜色分量。函数声明为：

　　Image. Mask(Color As Integer) As Image

Color 为指定的颜色分量。

例如，如果颜色的红色分量为 0，则清除所有像素的红色值；如果颜色的红色分量为 255，则所有像素的红色值不变；如果红色分量在 0～255 之间，则按比例减少所有像素的红色值。蓝色、绿色和 Alpha 分量计算方法相同。即：

$$像素分量＝像素分量×颜色分量/255$$

㉒ Mirror 方法　Mirror 方法设置图像的垂直和水平镜像。函数声明为：

　Image.Mirror(Horizontal As Boolean, Vertical As Boolean) As Image

Horizontal 为水平镜像。

Vertical 为垂直镜像。

㉓ Opacity 方法　Opacity 方法改变图像的透明度。函数声明为：

　Image.Opacity(Opacity As Float) As Image

Opacity 为透明度，取值范围在 0～1 之间。0 为完全透明，1 为不透明。

㉔ PaintImage 方法　PaintImage 方法用于两幅图像的混合。函数声明为：

　Image.PaintImage(Image As Image, X As Integer, Y As Integer[, Width As Integer, Height As Integer, SrcX As Integer, SrcY As Integer, SrcWidth As Integer, SrcHeight As Integer])

Image 为目标图像。

X 为目标图像横坐标。

Y 为目标图像纵坐标。

Width 为目标图像宽度。

Height 为目标图像高度。

SrcX 为源图像横坐标。

SrcY 为源图像纵坐标。

SrcWidth 为源图像宽度。

SrcHeight 为源图像高度。

与 DrawImage 方法不同，该方法为源图像与目标图像背景混合。

㉕ PaintRect 方法　PaintRect 方法用指定的颜色与指定的矩形区域混合。函数声明为：

　Image.PaintRect(X As Integer, Y As Integer, Width As Integer, Height As Integer, Color As Integer) As Image

X 为矩形区域的横坐标。

Y 为矩形区域的纵坐标。

Width 为矩形区域的宽度。

Height 为矩形区域的高度。

Color 为矩形区域的颜色。

与 FillRect 不同，如果指定颜色为透明，则矩形区域与图像背景混合。

㉖ Replace 方法　Replace 方法用一种颜色替换另一种颜色。函数声明为：

　Image.Replace(OldColor As Integer, NewColor As Integer[, NotEqual As Boolean]) As Image

OldColor 为旧颜色值。

NewColor 为新颜色值。

㉗ Resize 方法　Resize 方法用于改变图像大小。函数声明为：

Image. Resize(Width As Integer, Height As Integer) As Image

Width 为图像宽度。
Height 为图像高度。
㉘ Rotate 方法　Rotate 方法用于图像的旋转。函数声明为：

Image. Rotate(Angle As Float) As Image

Angle 为旋转弧度。
㉙ RotateLeft 方法　RotateLeft 方法将图像向左旋转 90°。函数声明为：

Image. RotateLeft() As Image

㉚ RotateRight 方法　RotateRight 方法将图像向右旋转 90°。函数声明为：

Image. RotateRight() As Image

㉛ Save 方法　Save 方法用指定的格式保存图像文件，支持的格式包括 JPEG、PNG、BMP、TIFF。函数声明为：

Image. Save(Path As String[, Quality As Integer])

Path 为保存路径，包含指定的文件扩展名，即文件保存格式。
Quality 为保存图像的质量。
㉜ Stretch 方法　Stretch 方法拉伸图像。函数声明为：

Image. Stretch(Width As Integer, Height As Integer) As Image

由于算法不同，使用 Draw. Image 方法的 Width 和 Height 参数比该方法速度会更快。
㉝ Transparent 方法　Transparent 方法用指定的颜色使图像透明。函数声明为：

Image. Transparent([Color As Integer]) As Image

Color 为指定颜色。像素的颜色越接近指定颜色，透明度越高，如果未指定颜色，默认为白色。

（4）Image 类的主要常数
① Premultiplied 常数　Premultiplied 常数表示图像的像素按自左乘的 ARGB 格式编码。常数声明为：

Image. Premultiplied As Integer=1

在内存中每个像素占用 4 个字节，按 ARGB 编码格式排列：第一个字节是 Alpha 分量，0 为完全透明，255 为完全不透明；第二个字节是红色分量，乘以 Alpha 分量再除以 255；第三个字节是绿色分量，乘以 Alpha 分量再除以 255；第四个字节是蓝色分量，乘以 Alpha 分量再除以 255。
② Standard 常数　Standard 常数表示图像的像素按 ARGB 格式编码。常数声明为：

Image. Standard As Integer=0

（5）Image 类的主要静态属性
Debug 属性返回或设置是否启用调试模式。如果启用调试模式，则每次内部图像转换都会在标准错误输出上显示一条信息。函数声明为：

Image. Debug As Boolean

4.6.4　图片动画与图像处理程序设计

下面通过一个实例来学习利用图片类控件显示图片和进行图形绘制的方法。设计一个应用程序，能够显示图片动画，重复点击动画按钮，依次切换四个动画，也可以通过 ComboBox 控件切换各个动画；点击图片按钮，显示一幅图片，可以对图片进行亮度、对比度、饱和度、光照度、伽马等调节，也可以对图片的 R、G、B 分量值进行调节；点击秒表按钮，可以生成一个计时秒表，表针能实时转动，并在表盘底部显示当前秒数，如图 4-63 和图 4-64 所示。

(1) 实例效果预览

如图 4-63、图 4-64 所示。

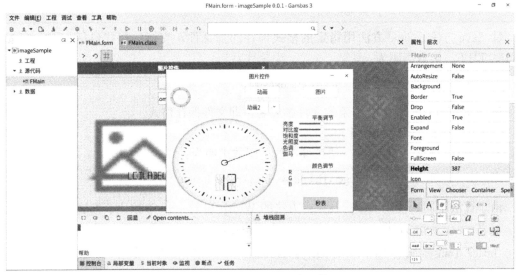

图 4-63　图片动画程序窗体

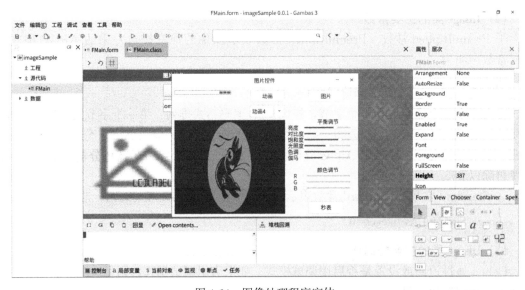

图 4-64　图像处理程序窗体

(2) 实例步骤

① 启动 Gambas 集成开发环境，可以在菜单栏选择"文件"→"新建工程…"，或在启动窗体中直接选择"新建工程…"项。

② 在"新建工程"对话框中选择"1.工程类型"中的"Graphical application"项，点击"下一个（N）"按钮。

③ 在"新建工程"对话框中选择"2. Parent directory"中要新建工程的目录，点击"下一个（N）"按钮。

④ 在"新建工程"对话框中"3. Project details"中输入工程名和工程标题，工程名为存储的目录的名称，工程标题为应用程序的实际名称，在这里设置相同的工程名和工程标题。完成之后，点击"确定"按钮。

⑤ 系统默认生成的启动窗体名称为 FMain。在 FMain 窗体中添加 3 个 Button 控件、1 个 ComboBox 控件、1 个 MovieBox 控件、1 个 PictureBox 控件、11 个 Label 控件、9 个 Slider 控件、1 个 LCDLabel 控件，如图 4-65 所示，并设置相关属性，如表 4-18 所示。

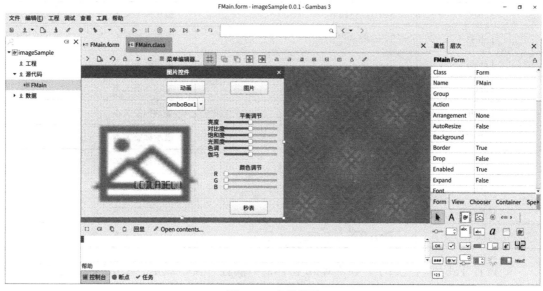

图 4-65　窗体设计

表 4-18　窗体和控件属性设置

名称	属性	说明
FMain	Text:图片控件 Resizable:False	标题栏显示的名称 固定窗体大小，取消最大化按钮
Button1	Text:动画	命令按钮，响应相关点击事件
Button2	Text:图片	命令按钮，响应相关点击事件
Button3	Text:秒表	命令按钮，响应相关点击事件
ComboBox1	List:动画1、动画2、动画3、动画4	组合列表框，用于切换图片动画
MovieBox1		显示图片动画
PictureBox1	Stretch:True	图片适合控件大小

续表

名称	属性	说明
Slider 控件组 Slider1 Slider2 Slider3 Slider4 Slider5 Slider6	Group：Balance MinValue：-100	平衡调节,分别对应： 亮度 对比度 饱和度 光照度 色调 伽马
Slider 控件组 Slider7 Slider8 Slider9	Group：Colorset MaxValue：255	颜色调节,分别对应： R G B
LCDLabel1		显示秒表计数
Label1	Text：平衡调节	显示标签文本
Label2	Text：颜色调节	显示标签文本
Label3	Text：R	显示标签文本
Label4	Text：B	显示标签文本
Label5	Text：G	显示标签文本
Label6	Text：亮度	显示标签文本
Label7	Text：饱和度	显示标签文本
Label8	Text：对比度	显示标签文本
Label9	Text：光照度	显示标签文本
Label10	Text：伽马	显示标签文本
Label11	Text：色调	显示标签文本

⑥ 设置 Tab 键响应顺序。在 FMain 窗体的"属性"窗口点击"层次",出现控件切换排序,即按下键盘上的 Tab 键时,控件获得焦点的顺序。

⑦ 在 FMain 窗体中添加代码。

```
' Gambas class file

Public i As Integer=1
Public angle As Float=0

Public Sub Button1_Click()
    '获取GIF图片动画存储路径,依次为 1.gif、2.gif、3.gif、4.gif
    MovieBox1.Path=Application.Path &"/" & Str(i)&".gif"
    '播放动画
    MovieBox1.Playing=True
    '动画循环播放控制,播放到第四个动画后返回第一个动画继续播放
```

```
      i=i+1
      If i>=5 Then
         i=1
      Endif
End

Public Sub ComboBox1_Click()
   '将控件选中的条目索引转换为 GIF 图片动画存储路径
   MovieBox1.Path=Application.Path &"/" & Str(ComboBox1.Index+1)&".gif"
   '播放动画
   MovieBox1.Playing=True
End

Public Sub ComboBox1_KeyRelease()

   Dim i As Integer

   '通过条目文本获得索引
   i=ComboBox1.Find(ComboBox1.Text)
   '将控件选中的条目索引转换为 GIF 图片动画存储路径
   MovieBox1.Path=Application.Path &"/" & Str(i+1)&".gif"
   MovieBox1.Playing=True
   '当手工输入非条目文本时返回
   Catch
      Return
End

Public Sub Button2_Click()
   '装载图片,采用相对路径方式,默认路径为当前工程路径
   PictureBox1.Picture=Picture.Load("gambas.png")
End

Public Sub Balance_Change()

   Dim img As Image

   img=Image.Load("gambas.png")
   '设置图片亮度
   PictureBox1.Picture=img.Brightness(Slider1.Value/100).Picture
   '设置图片对比度
   PictureBox1.Picture=img.Contrast(Slider2.Value/100).Picture
```

177

```
'设置图片饱和度
PictureBox1.Picture=img.Saturation(Slider3.Value/100).Picture
'设置图片光照度
PictureBox1.Picture=img.Lightness(Slider4.Value/100).Picture
'设置图片色调
PictureBox1.Picture=img.Hue(Slider5.Value/100).Picture
'设置图片伽马值
PictureBox1.Picture=img.Gamma(Slider6.Value/100).Picture
End

Public Sub Colorset_Change()

    Dim img As Image

    '每次操作均重新装载图片,采用相对路径方式,默认路径为当前工程路径
    img=Image.Load("gambas.png")
    '设置图片颜色
        PictureBox1.Picture=img.Colorize(Color.RGB(Slider7.Value,Slider8.Value,Slider9.Value)).Picture
    End

Public Sub Button3_Click()

    Dim img As Image
    Dim a As Integer=45
    Dim r As Integer
    Dim sum As Integer=0

    '装载秒表图片
    img=Image.Load=("timer.png")
    '删除图片中的白色像素,背景透明
    img=img.Erase(&HFFFFFF)
    While True
        '每秒触发一次
        Wait 1
        '每秒重绘一次图片
        img=Image.Load("timer.png")
        img=img.Erase(&HFF0000)
        '绘制长度为r的秒针
        For r=0 To 150 Step 1
            '设置秒表表针为红色,填充表针扫过的image[x,y]像素,顺时针旋转
```

```
            '同时绘制三条线,增加秒针粗度
            img[PictureBox1. Width/2+10+r*Cos(Pi/360*a*6*2),PictureBox1. Height/2+50+r*Sin(Pi/360*a*6*2)]=&HFF0000
            img[PictureBox1. Width/2+11+r*Cos(Pi/360*a*6*2),PictureBox1. Height/2+49+r*Sin(Pi/360*a*6*2)]=&HFF0000
            img[PictureBox1. Width/2+12+r*Cos(Pi/360*a*6*2),PictureBox1. Height/2+48+r*Sin(Pi/360*a*6*2)]=&HFF0000
        Next
        '将图像绘制结果装载到 PictureBox 控件并显示
        PictureBox1. Picture=img. Picture
        '按角度递增绘制
        a=a+1
        If a>=360 Then a=0
        '秒表计数
        sum=sum+1
        '秒表显示
        LCDLabel1. Text=Str(sum)
    Wend
    '产生错误时返回
    Catch
        Return
End
```

程序中，Button1_Click 过程为：当连续点击动画按钮时执行，实现多幅图片动画的循环播放。将 i 设置为 Public 类型，在代码窗口程序的最前面声明，使其能够保存以前的状态值，而当前的状态是在以前的状态累加的基础上获得的；Application.Path 为当前工程路径，& 为字符串连接符，能将两个字符串连接成一个字符串；Str(i) 将 Integer 类型数据转换成字符串类型。图片动画通过 MovieBox1.Path 装载到内存，利用 MovieBox1.Playing 显示。一般情况下，Gambas 可以使用绝对路径，也可以使用相对路径来存取文件，如果考虑代码的移植性，建议采用相对路径方式。

MovieBox1. Path=Application. Path &"/"& Str（ComboBox1.Index+1）&".gif" 语句中，控件条目索引 Index 从 0 开始，而图片动画文件名从 1 开始，需要将 ComboBox1.Index 加上一个偏移量 1。

Public Sub ComboBox1_KeyRelease 过程响应 ComboBox1 的 KeyRelease 事件，即按键弹起（释放）后触发事件，每一次按键就触发一次事件执行，可能会导致代码产生逻辑错误，因此，需要在后续的代码中增加 Catch 语句捕获错误并退出该程序段的执行。

Public Sub Balance_Change 过程使 Slider1～Slider6 均响应该事件，任何一个 Slider 控件状态发生改变，都会使程序重新计算图像的平衡调节。同理，Public Sub Colorset_Change 过程也类似，任何一个 Slider 控件状态发生改变，都会使程序重新计算图像的颜色调节。

PictureBox1. Picture=img. Colorize(Color.RGB(Slider7.Value,Slider8.Value,Slider9.

Value))。Picture 语句通过调节 RGB 各颜色分量来修改原始图像的显示效果。其中，Color.RGB 函数将 RGB 分量合成为一个整型量颜色值。

img［PictureBox1.Width/2+10+r * Cos(Pi/360 * a * 6 * 2)，PictureBox1.Height/2+50+r * Sin(Pi/360 * a * 6 * 2)]=&HFF0000 为秒针绘制语句，使用 Image[x，y]方法用指定的颜色（红色）填充相关像素。程序中，为了使线条更粗一些，采用并排绘制三条直线的方式，也可以通过设置绘制粗线实现。

计算机的图形坐标系与我们通常使用的坐标系表示方式有所不同，以屏幕左上角为原点，屏幕上任何一点可以表示为(x,y)，x 为像素点横坐标，y 为像素点纵坐标，如图 4-66 所示。

在秒表绘制程序中，以(x,y)为圆心，秒针围绕圆心做圆周运动，x_1 为秒针终点横坐标，y_1 为秒针终点纵坐标。a 为秒针扫过的角度，r 为半径，秒针终点（圆周上的点）按顺时针表示为(x_1,y_1)，即$(x+r\cos a，y+r\sin a)$，如图 4-67 所示。

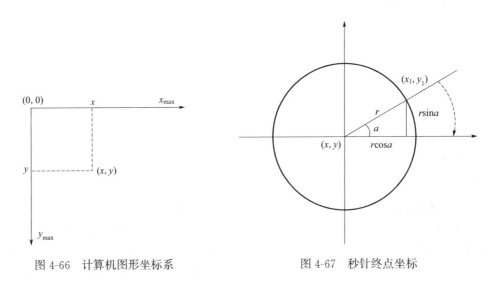

图 4-66　计算机图形坐标系　　　　图 4-67　秒针终点坐标

此外，如果需要将其修改为钟表，可增加分针和时针，方法相同，只是分针和时针每秒扫过的角度有所不同。

4.6.5　GIMP 图像处理

上节中，表盘的原始图像并不是规则图像，需要进行初步图像处理。在此，选择 GIMP 图像处理工具软件。

GIMP 是 GNU Image Manipulation Program（GNU 图像处理程序）的缩写，最初由 Peter Mattis 和 Spencer Kimhall 于 1996 年 2 月发布，是一款开源、免费的照片和图像处理工具。GIMP 支持多种图像处理工具、全通道、多级撤消操作恢复旧貌与映像修饰等功能，同时支持数目众多的图像处理插件（plug-ins），与 Windows 平台下的图像处理工具 Photoshop 类似。

① 打开 Deepin 下的"应用商店"，在搜索框输入"GIMP"，在页面中点击"安装"按钮，系统将自动完成软件的下载与安装，如图 4-68 所示。

② 安装完成后，页面上的按钮变成"打开"，点击即可启动 GIMP，也可以通过"启动

器"→"所有分类"→"图形图像"→"GNU 图像处理程序"打开该应用,如图 4-69 所示。

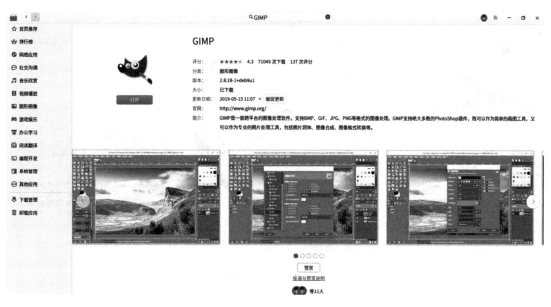

图 4-68 GIMP 下载与安装

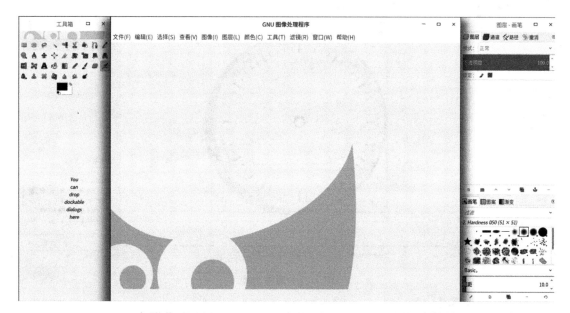

图 4-69 打开 GIMP

③ 选择菜单"文件(F)"→"打开(O)...",打开表盘原始图片,如图 4-70 所示。

④ 原始图片右侧存在一个阴影,且图像和阴影形状不规则,由于设计的秒表是正视图,因此,需要将其调整为椭圆形和正面受光,删除阴影,如图 4-71 所示。

⑤ 在 GIMP 左侧工具栏中选中"椭圆选择工具",反复调整四个边缘的位置,使内

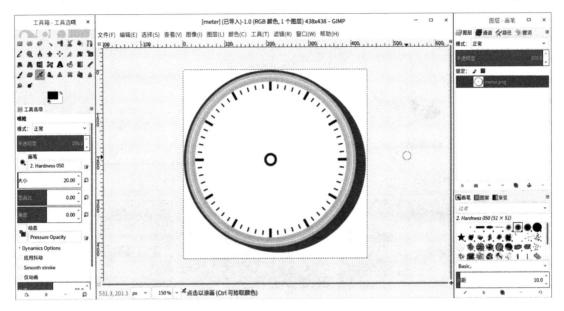

图 4-70　打开表盘原始图片

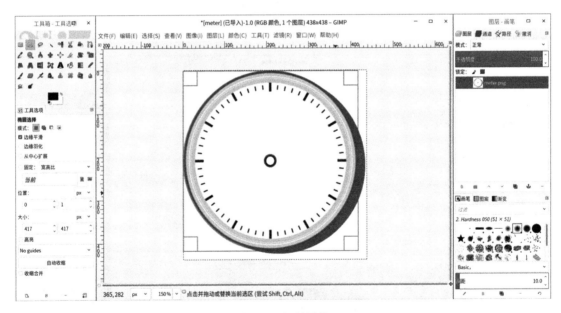

图 4-71　调整图像

部的椭圆形选择框恰好保留边缘并去除图像阴影。在图像选择框内部右击，在弹出菜单中选择"编辑（E）"→"复制（C）"，复制椭圆形选择框内部选中的图像，如图 4-72 所示。

⑥ 选择菜单"文件(F)"→"新建(N)..."，准备新建一幅图像，如图 4-73 所示。

⑦ 在弹出的"创建新的图像"对话框中已经给出图像的宽度和高度的默认值，可根据需要适当调整图像的宽度、高度、像素等信息，完成后点击"确定"按钮，如图 4-74 所示。

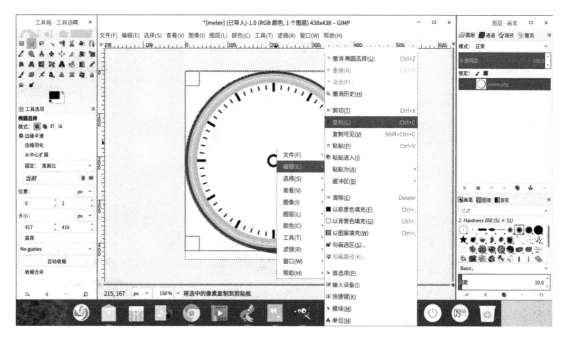

图 4-72 复制选定图像

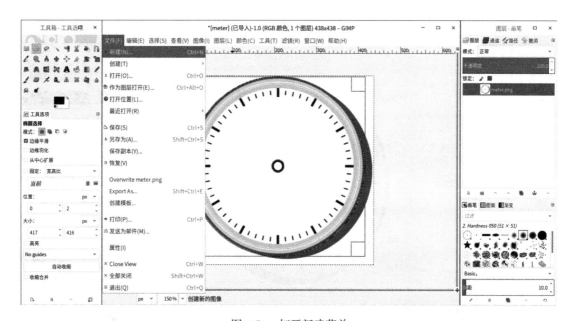

图 4-73 打开新建菜单

⑧ 操作完成后,弹出一个包含空白图像的新窗口,图像大小按之前的宽度和高度值设置,如图 4-75 所示。

⑨ 在空白图像窗口中右击,在弹出菜单中选择"编辑(E)"→"粘贴(P)",将之前复制的图像粘贴进该窗口,如图 4-76 所示。

⑩ 按照需要适当调整图像,以符合应用程序显示效果,如图 4-77 所示。

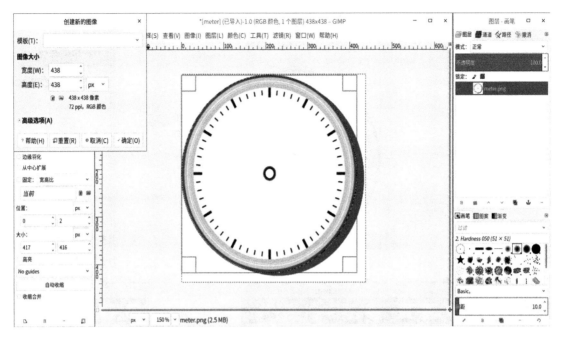

图 4-74 设置图像信息

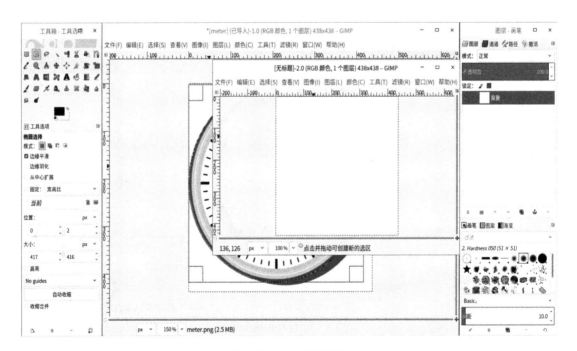

图 4-75 空白图像窗口

⑪ 选择菜单"文件(F)"→"Export AS..."，导出图像，如图 4-78 所示。

⑫ 在"导出图像"对话框中填入导出图像的名称，格式为 PNG，点击"导出"按钮，如图 4-79 所示。

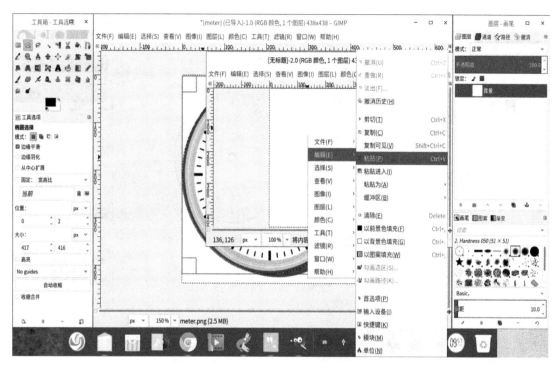

图 4-76 从系统剪贴板粘贴图像

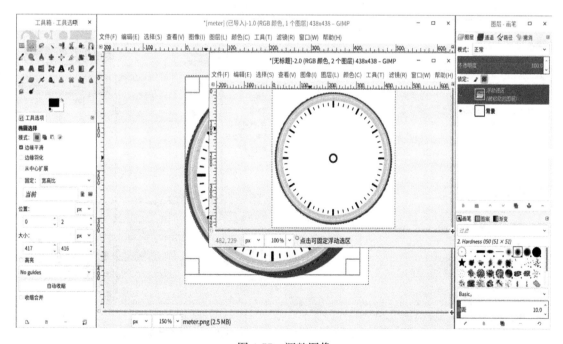

图 4-77 调整图像

⑬ 在弹出的"图像导出为 PNG"对话框中设置相关导出选项,如图 4-80 所示。

⑭ 在 Gambas 集成开发环境中,也同样集成了图像处理工具,其中的一些控件及算法

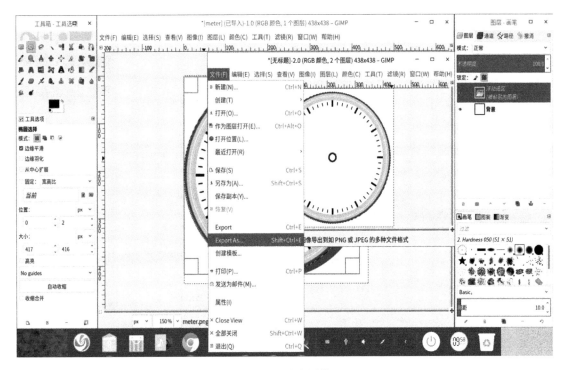

图 4-78　导出图像

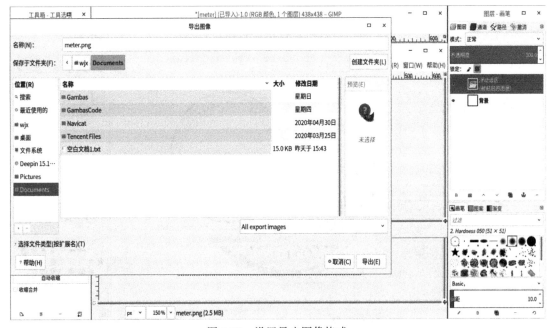

图 4-79　设置导出图像格式

移植自 GIMP。在左侧"工程"窗口中点击"数据"项，其中存储了当前工程目录下图片和其他各类资源，双击打开 timer.png，可对图像进行进一步编辑。在图像处理窗口有一个图像处理工具栏，其按钮依次为保存、重载、锁定/解锁文件、撤消、重做、放大、Zoom lev-

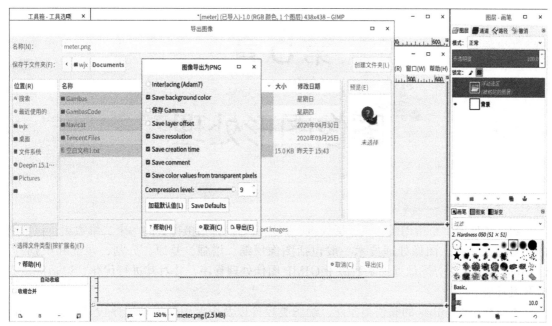

图 4-80 设置导出选项

el、缩小、正常缩放、自适应缩放、绘制栅格、复制、剪切、粘贴、移动、绘图、擦除行、矩形、椭圆形、文本、魔杖、隐藏选中、编辑选中、反转选中、复制选中、偏移选中、裁剪、水平翻转、垂直翻转、顺时针旋转、逆时针旋转；右侧的"颜色""梯度""剪贴板""形状"标签页可对选中区域的颜色、线性/径向梯度、剪贴板历史操作、各类形状箭头等进行设置，如图 4-81 所示。如果只是进行简单的图像编辑，完全可以使用该图像处理工具，如果处理的图像过于复杂，建议使用 GIMP 图像处理程序。

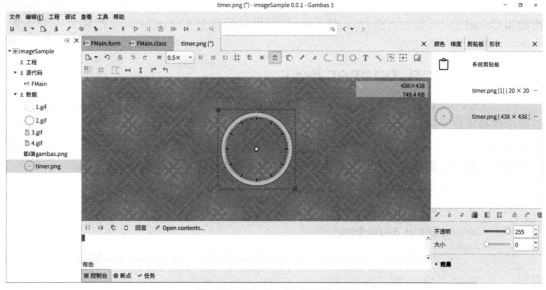

图 4-81 Gambas 图像处理工具

第 5 章

图像图形处理

数字图像通常是指用照相机、摄像机、扫描仪等设备拍摄得到的一个二维数组，该数组的元素称为像素。图像处理技术一般包括图像压缩、增强、复原、分割、匹配和识别等。Gambas 中的大部分图像处理函数源于 GIMP 图像处理程序，并对其进行优化，以适应该集成开发环境。

本章介绍 Gambas 的颜色类控件、绘图类控件以及图像图形处理程序设计方法。Gambas 中采用 HSL 方法描述 RGB 颜色，可以用来设置前景和背景颜色，包括文本、图形、图像等；图像处理包括亮度、对比度、饱和度、光照度、色调、伽马等，以及灰度图、镜像、旋转、合成图像、底片效果、熔铸效果、连环画效果、积木效果、老照片效果、浮雕效果、冰冻效果、油画效果等；利用 DrawingArea 控件绘制文本、矩形、直线、椭圆、多边形、图像以及实现图像平铺。

5.1 颜色类控件

颜色类控件来源于 GIMP 图像处理程序，外观为调色板形式，主要包括 ColorChooser 控件和 ColorPalette 控件，而 ColorPalette 控件可以看作是 ColorChooser 控件的一个子集，均能实现颜色选择器功能。

5.1.1 ColorChooser 控件

ColorChooser 控件允许用户选择一个用 RGB 值或 HSV 值表示颜色，或从预定义的颜色集中进行选择。该控件在不同操作系统下外观会有所不同，如图 5-1 所示。其中，HSV 表示 Hue、Saturation、Value，即色调（H）、饱和度（S）、明度（V），是 A. R. Smith 根据颜色的直观特性创建的一种颜色空间，也称六角锥体模型（Hexcone Model）。

(1) ColorChooser 控件的主要属性

① Border 属性 Border 属性返回或设置控件是否具有边框。函数声明为：

ColorChooser. Border As Boolean

② SelectedColor 属性 SelectedColor 属性返回在颜色选择器中选中的颜色。函数声明为：

ColorChooser. SelectedColor As Integer

③ ShowAlpha 属性 ShowAlpha 属性返回或设置是否可以选择颜色的 Alpha 分量。函

图 5-1　ColorChooser 控件外观

数声明为：

　　ColorChooser. ShowAlpha As Boolean

④ ShowColorMap 属性　ShowColorMap 属性返回或设置 ColorMap 是否可见。函数声明为：

　　ColorChooser. ShowColorMap As Boolean

⑤ ShowCustom 属性　ShowCustom 属性返回或设置自定义颜色面板是否可见。函数声明为：

　　ColorChooser. ShowCustom As Boolean

⑥ Value 属性　Value 属性返回在颜色选择器中选择的颜色，与 SelectedColor 属性相同。函数声明为：

　　ColorChooser. Value As Integer

(2) ColorChooser 控件的主要事件

① Activate 事件　Activate 事件当用户双击一个颜色时触发。函数声明为：

　　Event ColorChooser. Activate()

② Change 事件　Change 事件当选中的颜色发生改变时触发。函数声明为：

　　Event ColorChooser. Change()

5.1.2　ColorPalette 控件

ColorPalette 控件实现调色板功能，实际上是 ColorChooser 控件的一个子集。该控件在不同操作系统下外观会有所不同，如图 5-2 所示。

图 5-2　ColorPalette 控件外观

（1）ColorChooser 控件的主要属性

① Border 属性　Border 属性返回或设置控件是否具有边框。函数声明为：

ColorPalette. Border As Boolean

② Colors 属性　Colors 属性返回调色板颜色列表。函数声明为：

ColorPalette. Colors As Integer[ ]

③ Current 属性　Current 属性返回当前颜色，如果没有颜色被选中，则返回默认颜色。函数声明为：

ColorPalette. Current As Integer

④ Index 属性　Index 属性返回或设置当前颜色索引值，如果没有颜色被选中，则返回-1。函数声明为：

ColorPalette. Index As Integer

⑤ ReadOnly 属性　ReadOnly 属性返回或设置调色板是否能被修改。函数声明为：

ColorPalette. ReadOnly As Boolean

（2）ColorPalette 控件的主要方法

① Add 方法　Add 方法在调色板末尾插入一个颜色。函数声明为：

ColorPalette. Add(Color As Integer)

Color 为颜色值。如果该颜色已经存在，则将其移动到末尾；如果调色板中的颜色超过 32 种，则删除多余的颜色。

② AddFirst 方法　AddFirst 方法在调色板开始位置插入一个颜色。函数声明为：

ColorPalette. AddFirst(Color As Integer)

Color 为颜色值。如果该颜色已经存在，则将其移动到开始位置；如果调色板中的颜色超过 32 种，则删除多余的颜色。

③ Clear 方法　Clear 方法清除调色板颜色。函数声明为：

ColorPalette. Clear()

④ Exist 方法　Exist 方法返回调色板中是否存在指定颜色。函数声明为：

ColorPalette. Exist(Color As Integer)As Boolean

Color 为指定颜色值。

（3）ColorPalette 控件的主要事件

① Activate 事件　Activate 事件当用户双击一个颜色时触发。函数声明为：

Event ColorPalette. Activate()

② Click 事件　Click 事件当点击一个颜色时触发。函数声明为：

Event ColorPalette. Click()

5.1.3　实用图像处理程序设计

下面通过一个实例来学习颜色类控件的使用方法和基本图像处理方法。仿照 GIMP 图像处理工具，设计一个应用程序，包含两个窗体，一个为图片显示窗体，另一个为工具窗体，通过工具窗体进行操作，在图片显示窗体显示图像处理效果；在图片显示窗体中按下鼠标左键或右键，会在窗体的左上角显示 RGB 颜色值和各分量颜色值，当按键弹起时消失；工具窗体包含：亮度、对比度、饱和度、光照度、色调、伽马等，以及衰减饱和度、模糊、透明、着色、填充、填充矩形、灰度图、蒙板、镜像、透明度、颜色替换、旋转、颜色透明、合成图像、底片效果、熔铸效果、连环画效果、积木效果、老照片效果、浮雕效果、冰冻效果、油画效果、图像导出等。使用该图像处理工具可完成一些简易图像处理工作，功能上类似于 Gambas 内部集成的图像处理工具，如图 5-3 所示。

（1）实例效果预览

如图 5-3 所示。

图 5-3　实用图像处理程序窗体

（2）实例步骤

① 启动 Gambas 集成开发环境，可以在菜单栏选择"文件"→"新建工程…"，或在启动窗体中直接选择"新建工程…"项。

② 在"新建工程"对话框中选择"1.工程类型"中的"Graphical application"项，点击"下一个（N）"按钮。

③ 在"新建工程"对话框中选择"2.Parent directory"中要新建工程的目录，点击"下一个（N）"按钮。

④ 在"新建工程"对话框中"3.Project details"中输入工程名和工程标题，工程名为存储的目录的名称，工程标题为应用程序的实际名称，在这里设置相同的工程名和工程标题。完成之后，点击"确定"按钮。

⑤ 系统默认生成的启动窗体名称为 FMain。在 FMain 窗体中添加 1 个 PictureBox 控件、1 个 TextLabel 控件，如图 5-4 所示，并设置相关属性，如表 5-1 所示。

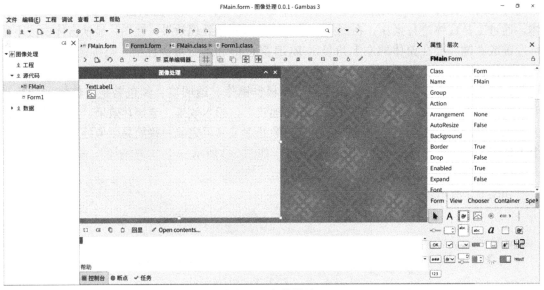

图 5-4 窗体设计

表 5-1 窗体和控件属性设置

名称	属性	说明
FMain	Text：图像处理 Picture：background.jpeg	标题栏显示的名称 设置背景图片
PictureBox1	AutoResize：True Public：True	控件自动调整适合图片大小 公有类型，可在其他窗体中引用
TextLabel1		按下鼠标左键，显示 RGB 颜色值和各分量颜色

⑥ 在工程窗口的"源代码"中右击，在弹出的快捷菜单中选择"新建"→"窗口..."，创建 Form1 窗体。在 Form1 窗体中添加 8 个 SpinBar 控件、1 个 Slider 控件、1 个 ColorChooser 控件、1 个 ColorPalette 控件、1 个 Label 控件、21 个 Button 控件，如图 5-5 所示，

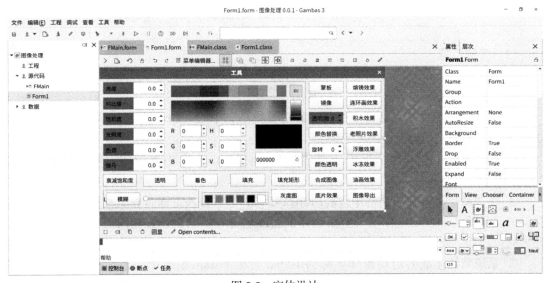

图 5-5 窗体设计

并设置相关属性，如表 5-2 所示。

表 5-2　窗体和控件属性设置

名称	属性	说明
Form1	Text：工具 Resizable：False	标题栏显示的名称 固定窗体大小，取消最大化按钮
SpinBar 控件组 SpinBar1 SpinBar2 SpinBar3 SpinBar4 SpinBar5 SpinBar6	Group：Balance MinValue：-1	平衡调节，分别对应： 亮度 对比度 饱和度 光照度 色调 伽马
SpinBar7	Text：透明度 Value：1	调节图片透明度
SpinBar8	Text：旋转 MaxValue：360 Step：1	旋转图片
Slider1	Max Value：256	滑动条
ColorChooser1		颜色选择器
ColorPalette1		调色板
Label1	Border：Plain	作为模糊按钮和 Slider1 的外边框
Button1	Text：衰减饱和度	命令按钮，响应相关点击事件
Button2	Text：透明	命令按钮，响应相关点击事件
Button3	Text：着色	命令按钮，响应相关点击事件
Button4	Text：填充	命令按钮，响应相关点击事件
Button5	Text：填充矩形	命令按钮，响应相关点击事件
Button6	Text：模糊	命令按钮，响应相关点击事件
Button7	Text：灰度图	命令按钮，响应相关点击事件
Button8	Text：蒙板	命令按钮，响应相关点击事件
Button9	Text：镜像	命令按钮，响应相关点击事件
Button10	Text：颜色替换	命令按钮，响应相关点击事件
Button11	Text：颜色透明	命令按钮，响应相关点击事件
Button12	Text：合成图像	命令按钮，响应相关点击事件
Button13	Text：底片效果	命令按钮，响应相关点击事件
Button14	Text：熔铸效果	命令按钮，响应相关点击事件
Button15	Text：连环画效果	命令按钮，响应相关点击事件
Button16	Text：积木效果	命令按钮，响应相关点击事件
Button17	Text：老照片效果	命令按钮，响应相关点击事件

续表

名称	属性	说明
Button18	Text:浮雕效果	命令按钮,响应相关点击事件
Button19	Text:冰冻效果	命令按钮,响应相关点击事件
Button20	Text:油画效果	命令按钮,响应相关点击事件
Button21	Text:图像导出	命令按钮,响应相关点击事件

⑦ 设置 Tab 键响应顺序。在 FMain 窗体和 Form1 窗体的"属性"窗口点击"层次",出现控件切换排序,即按下键盘的 Tab 键时,控件获得焦点的顺序。

⑧ 在 FMain 窗体中添加代码。

```
' Gambas class file

    Public t As Float=1

Public Sub Form_Open()
    '显示工具窗体
    Form1. Show
    '设置工具窗体的左侧与主窗体的右侧齐平
    Form1. Left=FMain. Left+FMain. Width
    '装载图片
    PictureBox1. Picture=Picture. Load(" gambas. png" )
    '使 PictureBox1 的大小与主窗体的大小一致
    PictureBox1. Left=0
    PictureBox1. Top=0
    FMain. Width=PictureBox1. Picture. Width
    FMain. Height=PictureBox1. Picture. Height
    '设置主窗体的左侧 Left 属性
    FMain. Left=(Desktop. Width-FMain. Width-Form1. Width)/2
    'FMain. Left=(Screen. Width-FMain. Width-Form1. Width)/2
End

Public Sub Form_Move()
    '当拖动主窗体时,工具窗体跟随主窗体一起移动,产生黏滞效果
    Form1. Left=FMain. Left+FMain. Width
    Form1. Top=FMain. Top
End

Public Sub Form_Close()
    '关闭主窗体的同时关闭工具窗体
    Form1. Close
End
```

```
Public Sub PictureBox1_MouseDown()

    Dim img As Image
    Dim r As Integer
    Dim g As Integer
    Dim b As Integer

    '装载图像
    img=PictureBox1. Picture. Image
    '一个像素点为32位整型数据,以ARGB方式存储,每种颜色占1个字节
    '将R分量数据右移16位,并取32位数据的低8位
    r=Lsr(img[Mouse. X,Mouse. Y],16)Mod 256
    '将G分量数据右移8位,并取32位数据的低8位
    g=Lsr(img[Mouse. X,Mouse. Y],8)Mod 256
    'B分量为低8位,取32位数据的低8位
    b=img[Mouse. X,Mouse. Y]Mod 256
    '按下鼠标左键或右键时,显示RGB分量数据
    TextLabel1. Text=" R:" & Str(r)&"    G:" & Str(g)&"    B:" & Str(b)&"    RGB:" & Hex(img[Mouse. X,Mouse. y],6)
End

Public Sub PictureBox1_MouseUp()
    '鼠标按键弹起时,标签清空,不显示任何数据
    TextLabel1. Text=" "
End

Public Sub PictureBox1_MouseWheel()

    Dim img As Image

    '设置控件可以拉伸
    PictureBox1. Stretch=True
    '装载图片
    img=PictureBox1. Picture. Image
    '伸缩比例
    t=t+Mouse. Delta*0. 05
    '滚动鼠标中间滚轮时图片伸缩
    PictureBox1. Resize(img. Width*t,img. Height*t)
    '主窗体适合控件大小
    FMain. Width=PictureBox1. Width
    FMain. Height=PictureBox1. Height
```

```
    '调用 Form_Move 函数
    Form_Move
End
```

程序中，FMain 窗体中的 PictureBox1 为 Public 类型，可以在其他窗体中引用，在本例中，可以在 Form1 窗体中引用，使用时需要首先引用窗体名，其次引用控件名，最后引用控件属性、方法和事件，例如：FMain.PictureBox1.Picture。

FMain.Left=(Desktop.Width-FMain.Width-Form1.Width)/2 语句为设置主窗体的左侧 Left 属性，使 FMain 与 Form1 窗体能够并排居中显示。Desktop 类用于获取桌面和屏幕的信息，此处可以用 Screen 类代替，即：FMain.Left＝(Screen.Width-FMain.Width-Form1.Width)/2。

PictureBox1_MouseDown 事件在鼠标左键或右键按下时触发，获取鼠标坐标所在位置的像素 RGB 数据，并显示出来，方便后续图像处理。其中，r＝Lsr(img[Mouse.X, Mouse.Y],16) Mod 256 语句获取鼠标按下时像素颜色数据，颜色数据存储格式为 ARGB，每个分量占一个字节，该句是将 R 分量右移至低 8 位并提取出来，Lsr 函数实现右移功能，Mod 操作提取低 8 位数据，即 R 分量所指向的字节。

PictureBox1_MouseWheel 事件在鼠标滚轮滚动时触发，向前滚动放大图像，向后滚动缩小图像。

⑨ 在 Form1 窗体中添加代码。

```
' Gambas class file

    Public flag As Integer=0

Public Sub Balance_Change()

    Dim img As Image

    img=Image.Load("gambas.png")
    '设置图片亮度、对比度、饱和度、光照度、色调、伽马值
    FMain.PictureBox1.Picture=img.Brightness(SpinBar1.Value).Picture
    FMain.PictureBox1.Picture=img.Contrast(SpinBar2.Value).Picture
    FMain.PictureBox1.Picture=img.Saturation(SpinBar3.Value).Picture
    FMain.PictureBox1.Picture=img.lightness(SpinBar4.Value).Picture
    FMain.PictureBox1.Picture=img.hue(SpinBar5.Value).Picture
    FMain.PictureBox1.Picture=img.gamma(SpinBar6.Value).Picture
End

Public Sub SpinBar7_Change()

    Dim img As Image
```

```
  img=Image. Load(" gambas. png" )
  '设置透明度
  FMain. PictureBox1. Picture=img. Opacity(SpinBar7. Value). Picture
End

Public Sub SpinBar8_Change()

  Dim img As Image

  img=Image. Load(" gambas. png" )
  '图像旋转
  FMain. PictureBox1. Picture=img. Rotate(Pi/180*SpinBar8. Value). Picture
End

Public Sub ColorPalette1_Click()

  Dim img As Image

  img=Image. Load(" gambas. png" )
  '删除图像中指定颜色
  FMain. PictureBox1. Picture=img. Erase(ColorPalette1. Current). Picture
End

Public Sub Button1_Click()

  Dim img As Image

  img=Image. Load(" gambas. png" )
  '衰减图像饱和度
  FMain. PictureBox1. Picture=img. Desaturate( ). Picture
End

Public Sub Button2_Click()

  Dim img As Image

  img=Image. Load=(" gambas. png" )
  '删除图像中指定颜色
  FMain. PictureBox1. Picture=img. Erase(&HFFFFFF). Picture
End

Public Sub Button3_Click()
```

```
    Dim img As Image

    img=Image. Load(" gambas. png")
    '使用指定的颜色渲染
    FMain. PictureBox1. Picture=img. Colorize(ColorChooser1. Value). Picture
End


Public Sub Button4_Click()

    Dim img As Image

    img=Image. Load(" gambas. png")
    '使用指定颜色填充图像
    FMain. PictureBox1. Picture=img. Fill(ColorChooser1. Value). Picture
End


Public Sub Button5_Click()

    Dim img As Image

    img=Image. Load(" gambas. png")
    '使用指定颜色填充矩形
    FMain. PictureBox1. Picture=img. FillRect(0,0,100,100,ColorChooser1. Value). Picture
End


Public Sub Button6_Click()

    Dim img As Image

    img=Image. Load(" gambas. png")
    '设置图像模糊
    FMain. PictureBox1. Picture=img. Fuzzy(Slider1. Value). Picture
End


Public Sub Button7_Click()

    Dim img As Image

    img=Image. Load(" gambas. png")
    '设置图像为灰度图
    FMain. PictureBox1. Picture=img. Gray(). Picture
End
```

```
Public Sub Button8_Click()

    Dim img As Image

    img=Image.Load(" gambas.png")
    '设置蒙板
    FMain.PictureBox1.Picture=img.Mask(ColorChooser1.Value).Picture
End

Public Sub Button9_Click()

    Dim img As Image

    img=Image.Load(" gambas.png")
    '设置垂直、水平镜像
    Select Case flag
      Case 0
        FMain.PictureBox1.Picture=img.Mirror(False,False).Picture
      Case 1
        FMain.PictureBox1.Picture=img.Mirror(False,True).Picture
      Case 2
        FMain.PictureBox1.Picture=img.Mirror(True,False).Picture
      Case 3
        FMain.PictureBox1.Picture=img.Mirror(True,True).Picture
    End Select
    flag=flag+1
    If flag>=4 Then flag=0
End

Public Sub Button10_Click()

    Dim img As Image

    img=Image.Load(" gambas.png")
    '颜色替换
    FMain.PictureBox1.Picture=img.Replace(&H359EC8,ColorChooser1.Value,False).Picture
End

Public Sub Button11_Click()

    Dim img As Image
```

```
        img=Image.Load("gambas.png")
        '设置透明
        FMain.PictureBox1.Picture=img.Transparent(ColorChooser1.Value).Picture
End

    Public Sub Button12_Click()

        Dim img As Image
        Dim img2 As Image

        img=Image.Load("gambas.png")
        img2=Image.Load("shrimp.png")
        '合成图像
        FMain.PictureBox1.Picture=img.DrawImage(img2).Picture
End

    Public Sub Button13_Click()

        Dim img As Image
        Dim i As Integer
        Dim j As Integer
        Dim k As Integer
        Dim p As Pointer

        '底片效果是对每个像素颜色分量取反
        img=Image.Load("gambas.png")
        For i=0 To img.Width-1
            For j=0 To img.Height-1
                For k=0 To 23
                    img[i,j]=BChg(img[i,j],k)
                Next
                ' img[i,j]=img[i,j]Xor &H00FFFFFF
            Next
        Next
        FMain.PictureBox1.Picture=img.Picture
End

    Public Sub Button14_Click()

        Dim img As Image
        Dim i As Integer
```

```
    Dim j As Integer
    Dim k As Integer
    Dim r As Integer
    Dim g As Integer
    Dim b As Integer

    '熔铸效果原理:r=r*127/(g+b+1),g=g*127/(r+b+1),b=b*127/(r+g+1)
    img=Image.Load("gambas.png")
    For i=0 To img.Width-1
      For j=0 To img.Height-1
        r=Shr(img[i,j],16)
        g=Shr(img[i,j],8)
        b=img[i,j]
        For k=8 To 23
          r=BClr(r,k)
          g=BClr(g,k)
          b=BClr(b,k)
        Next
        r=r*127/(g+b+1)
        g=g*127/(r+b+1)
        b=b*127/(r+g+1)
        If r<0 Then r=0
        If r>255 Then r=255
        If g<0 Then g=0
        If g>255 Then g=255
        If b<0 Then b=0
        If b>255 Then b=255
        img[i,j]=Shl(r,16)+Shl(g,8)+b
      Next
    Next
    FMain.PictureBox1.Picture=img.Picture
End

Public Sub Button15_Click()

    Dim img As Image
    Dim i As Integer
    Dim j As Integer
    Dim k As Integer
    Dim r As Integer
    Dim g As Integer
```

```
    Dim b As Integer

    '连环画效果原理:r=abs(g-b+g+r)*r/255,g=abs(b-g+b+r)*r/255,b=abs(b-g+b+r)*g/255
    img=Image.Load("gambas.png")
    For i=0 To img.Width-1
        For j=0 To img.Height-1
            r=Shr(img[i,j],16)
            g=Shr(img[i,j],8)
            b=img[i,j]
            For k=8 To 23
                r=BClr(r,k)
                g=BClr(g,k)
                b=BClr(b,k)
            Next
            r=Abs(g-b+g+r)*r/255
            g=Abs(b-g+b+r)*r/255
            b=Abs(b-g+b+r)*g/255
            If r>255 Then r=255
            If g>255 Then g=255
            If b>255 Then b=255
            img[i,j]=Shl(r,16)+Shl(g,8)+b
        Next
    Next
    FMain.PictureBox1.Picture=img.Picture
End


Public Sub Button16_Click()

    Dim img As Image
    Dim i As Integer
    Dim j As Integer
    Dim k As Integer
    Dim r As Integer
    Dim g As Integer
    Dim b As Integer

    '积木效果原理是对图像中的像素加大分量值:r=(r+g+b)/3 If(r>127)Then(r=255)Else(r=0)
    img=Image.Load("gambas.png")
    For i=0 To img.Width-1
        For j=0 To img.Height-1
            r=Shr(img[i,j],16)
```

```
            g=Shr=(img[i,j],8)
            b=img[i,j]
            For k=8 To 23
                r=BClr(r,k)
                g=BClr(g,k)
                b=BClr(b,k)
            Next
            r=(r+g+b)/3
            If r>127 Then r=255 Else r=0
            g=r
            b=r
            img[i,j]=Shl(r,16)+Shl(g,8)+b
        Next
    Next
    FMain.PictureBox1.Picture=img.Picture
End

Public Sub Button17_Click()

    Dim img As Image
    Dim i As Integer
    Dim j As Integer
    Dim k As Integer
    Dim r As Integer
    Dim g As Integer
    Dim b As Integer
    Dim rr As Integer
    Dim gg As Integer
    Dim bb As Integer

'老照片效果原理:r=0.393*r+0.769*g+0.189*b,g=0.349*r+0.686*g+0.168*b,b=0.272*r+0.534*g+0.131*b
    img=Image.Load("gambas.png")
    For i=0 To img.Width-1
        For j=0 To img.Height-1
            r=Shr(img[i,j],16)
            g=Shr(img[i,j],8)
            b=img[i,j]
            For k=8 To 23
                r=BClr(r,k)
                g=BClr(g,k)
```

```
            b=BClr(b,k)
         Next
         rr=0.393*r+0.769*g+0.189*b
         gg=0.349*r+0.686*g+0.168*b
         bb=0.272*r+0.534*g+0.131*b
         If rr>255 Then rr=255
         If gg>255 Then gg=255
         If bb>255 Then bb=255
         img[i,j]=Shl(rr,16)+Shl(gg,8)+bb
      Next
   Next
   FMain.PictureBox1.Picture=img.Picture
End


Public Sub Button18_Click()

   Dim img As Image
   Dim i As Integer
   Dim j As Integer
   Dim k As Integer
   Dim r As Integer
   Dim g As Integer
   Dim b As Integer
   Dim rr As Integer
   Dim gg As Integer
   Dim bb As Integer

   '浮雕效果原理:当前像素点与相邻像素点的值相减后加127
   img=Image.Load("gambas.png")
   For i=0 To img.Width-1
      For j=0 To img.Height-1
         r=Shr(img[i,j],16)
         g=Shr(img[i,j],8)
         b=img[i,j]
         rr=Shr(img[i+1,j+1],16)
         gg=Shr(img[i+1,j+1],8)
         bb=img[i+1,j+1]
         For k=8 To 23
            r=BClr(r,k)
            g=BClr(g,k)
            b=BClr(b,k)
```

```
            rr=BClr(rr,k)
            gg=BClr(gg,k)
            bb=BClr(bb,k)
        Next
        r=rr-r+127
        g=gg-g+127
        b=bb-b+127
        If r<0 Then r=0
        If r>255 Then r=255
        If g<0 Then g=0
        If g>255 Then g=255
        If b<0 Then b=0
        If b>255 Then b=255
        img[i,j]=Shl(r,16)+Shl(g,8)+b
      Next
    Next
    FMain.PictureBox1.Picture=img.Picture
End

Public Sub Button19_Click()

    Dim img As Image
    Dim i As Integer
    Dim j As Integer
    Dim k As Integer
    Dim r As Integer
    Dim g As Integer
    Dim b As Integer
    Dim rr As Integer
    Dim gg As Integer
    Dim bb As Integer

    '冰冻效果原理:r=(r-g-b)*3/2,g=(g-r-b)*3/2,b=(b-r-g)*3/2
    img=Image.Load("gambas.png")
    For i=0 To img.Width-1
      For j=0 To img.Height-1
        r=Shr(img[i,j],16)
        g=Shr(img[i,j],8)
        b=img[i,j]
        For k=8 To 23
          r=BClr(r,k)
```

```
            g=BClr(g,k)
            b=BClr(b,k)
        Next
        rr=(r-g-b)*3/2
        gg=(g-r-b)*3/2
        bb=(b-r-g)*3/2
        If rr<0 Then rr=-rr
        If rr>255 Then rr=255
        If gg<0 Then gg=-gg
        If gg>255 Then gg=255
        If bb<0 Then bb=-bb
        If bb>255 Then bb=255
        img[i,j]=Shl(rr,16)+Shl(gg,8)+bb
      Next
    Next
    FMain.PictureBox1.Picture=img.Picture
End


Public Sub Button20_Click()

    Dim img As Image
    Dim i As Integer
    Dim j As Integer
    Dim r As Integer

    '油画效果:取一个一定范围内的随机数,每个点的颜色是该点减去随机数坐标后所得坐标的颜色
    Randomize
    img=Image.Load("gambas.png")
    For i=0 To img.Width-11
      For j=0 To img.Height-11
        r=Rand(0,10)
        img[i,j]=img[i+r,j+r]

      Next
    Next
    FMain.PictureBox1.Picture=img.Picture
End


Public Sub Button21_Click()
```

```
Dim img As Image

'导出各种格式的图像,在弹出对话框中输入文件名和扩展名,图像以扩展名规定的格式存储
img=Image.Load("gambas.png")
Dialog.Title="图像另存为"
Dialog.Filter=["*.jpeg","JPEG 文件","*.png","PNG 文件","*.bmp","BMP 文件","*.tiff","TIFF 文件"]
Dialog.Path="."
If Dialog.SaveFile()Then Return
img.Save(Dialog.Path,100)
FMain.PictureBox1.Picture=img.Picture
End
```

本例中所使用的底片效果、熔铸效果、连环画效果、积木效果、老照片效果、浮雕效果、冰冻效果、油画效果等实现方式及算法均有所不同,采用的函数不同,其效率也会有所不同,在实际工程中,可根据需要修改或优化。

如:在 Button13_Click 过程中实现了底片效果,即对 RGB 颜色分量进行取反操作,BChg 函数实现了按位取反操作,也可以采用异或操作函数 Xor。

```
For k=0 To 23
    img[i,j]=BChg(img[i,j],k)
Next
```

代码可以修改为:

```
img[i,j]=img[i,j]Xor &H00FFFFFF
```

修改后的代码由于去掉了循环和按位操作,能够大大提升计算效率。

此外,在该程序中,很多代码均可进一步优化,读者可以试着进行修改和优化,从而提高整体图像处理效率。

5.2 绘图类控件

在 Gambas 中,可以通过 Draw 类在 DrawingArea 等绘图控件中绘制各种图形,包括 Arc、Circle、Ellipse、Line 等,并可对图形进行清除操作。

5.2.1 DrawingArea 控件

DrawingArea 控件用于用户绘图。该控件在不同操作系统下外观会有所不同,如图 5-6 所示。利用 Cached 属性可以设置 DrawingArea 控件的行为模式:标准模式和缓存模式。在标准模式下,DrawingArea 控件每次需要刷新时都会触发 Draw 事件;在缓存模式下,DrawingArea 控件用作绘图设备,该绘图存储于内部。DrawingArea 内部行为与 Qt 处理 X Server 发送的绘图事件的方式有关。Qt 将所有 X11 绘图事件合并到一个非矩形的区域对象中,然后调用 Qt 绘图事件,触发 Gambas 中的 Draw 事件。绘图事件处理程序中的所有图

形都将被该区域裁剪。

图 5-6　DrawingArea 控件外观

(1) DrawingArea 控件的主要属性

① Arrangement 属性　Arrangement 属性返回或设置控件中子控件的排列方式。函数声明为：

　　DrawingArea. Arrangement As Integer

② AutoResize 属性　AutoResize 属性返回或设置控件是否自动调整大小以适合内容。函数声明为：

　　DrawingArea. AutoResize As Boolean

③ Background 属性　Background 属性返回或设置控件背景颜色。函数声明为：

　　DrawingArea. Background As Integer

④ Border 属性　Border 属性返回或设置控件的边框类型。函数声明为：

　　DrawingArea. Border As Integer

⑤ Cached 属性　Cached 属性返回或设置控件的内容是否被缓存到一个 Picture 内部对象。默认为 False，当为 True 时，控件的内容在被另一个窗口遮挡时将不会被擦除，仅能通过使用 Clear 方法来清空。函数声明为：

　　DrawingArea. Cached As Boolean

⑥ Enabled 属性　Enabled 属性返回或设置绘图区域是否可用。函数声明为：

　　DrawingArea. Enabled As Boolean

⑦ Focus 属性　Focus 属性返回或设置控件是否接收键盘事件和焦点。函数声明为：

　　DrawingArea. Focus As Boolean

⑧ Indent 属性　Indent 属性返回或设置控件中子控件是否缩进。函数声明为：

　　DrawingArea. Indent As Boolean

⑨ Invert 属性　Invert 属性返回或设置是否反转排列。函数声明为：

　　DrawingArea. Invert As Boolean

⑩ Margin 属性　Margin 属性返回或设置控件边距。函数声明为：

DrawingArea. Margin As Boolean

⑪ NoBackground 属性　NoBackground 属性返回或设置绘图区域是否自动绘制其背景。函数声明为：

DrawingArea. NoBackground As Boolean

⑫ Padding 属性　Padding 属性返回或设置子控件或容器内部边距的像素数量。函数声明为：

DrawingArea. Padding As Integer

⑬ Spacing 属性　Spacing 属性返回或设置控件中子控件是否被隔开。函数声明为：

DrawingArea. Spacing As Boolean

⑭ Tablet 属性　Tablet 属性返回或设置控件是否将 Tablet 事件作为鼠标事件接收。函数声明为：

DrawingArea. Tablet As Boolean

(2) DrawingArea 控件的主要方法

① Clear 方法　Clear 方法用于清除绘图区域。如果控件带有缓存，则内部缓冲区用 Background 填充。函数声明为：

DrawingArea. Clear()

② Refresh 方法　Refresh 方法重绘控件。重绘将被延迟，在下一次调用时处理。如果需要立即刷新，在使用该方法后调用 Wait。函数声明为：

DrawingArea. Refresh([X As Integer, Y As Integer, Width As Integer, Height As Integer])

X 为重绘区域左侧横坐标。
Y 为重绘区域左侧纵坐标。
Width 重绘区域宽度。
Height 重绘区域高度。

(3) DrawingArea 控件的主要事件

① Change 事件　Change 事件当 Application. Animations 或 Application. Shadows 属性改变时触发。函数声明为：

Event DrawingArea. Change()

② Draw 事件　Draw 事件当绘图时触发。在事件触发前自动调用绘图区域上的 Draw. Begin，并且绘图被裁剪到被重绘的区域，在事件之后自动调用 Draw. End。函数声明为：

Event DrawingArea. Draw()

③ Font 事件　Font 事件当字体改变时触发。函数声明为：

Event DrawingArea. Font()

5.2.2　Draw 类

Draw 类用于在 Picture、Window、DrawingArea 对象上绘图。在绘制之前，必须调用

Begin 方法通知系统绘图的对象或控件，然后调用绘图方法来绘制点、线、文本、图片等，当绘图结束时，调用 End 方法结束绘图。

(1) Draw 类主要静态属性

① Background 属性　Background 属性返回或设置用于绘图的刷子、文本和线条的背景颜色。函数声明为：

Draw. Background As Integer

② Clip 属性　Clip 属性返回用于管理绘图裁剪区域的虚拟对象。函数声明为：

Draw. Clip As _Draw_Clip

③ ClipRect 属性　ClipRect 属性返回或设置裁剪矩形区域。无裁剪区域时，使用 NULL 常量。函数声明为：

Draw. ClipRect As Rect

④ Device 属性　Device 属性返回开始绘图的设备。函数声明为：

Draw. Device As Object

⑤ FillColor 属性　FillColor 属性返回或设置填充区域的填充颜色。函数声明为：

Draw. FillColor As Integer

⑥ FillStyle 属性　FillStyle 属性返回或设置填充区域的填充类型。函数声明为：

Draw. FillStyle As Integer

FillStyle 属性使用 Fill 常量描述绘图区域的填充图案，如表 5-3 所示。

表 5-3　绘图区域填充图案

常量名	常量值	备注
Fill. None	0	不填充绘图区域
Fill. Solid	1	用纯色填充绘图区域
Fill. Dense94	2	94%像素置位构成的图案
Fill. Dense88	3	88%像素置位构成的图案
Fill. Dense63	4	63%像素置位构成的图案
Fill. Dense50	5	50%像素置位构成的图案
Fill. Dense37	6	37%像素置位构成的图案
Fill. Dense12	7	12%像素置位构成的图案
Fill. Dense6	8	6%像素置位构成的图案
Fill. Horizontal	9	水平线构成的图案
Fill. Vertical	10	垂直线构成的图案
Fill. Cross	11	水平线和垂直线构成的图案
Fill. Diagonal	12	对角线构成的图案
Fill. BackDiagonal	13	后向对角线构成的图案
Fill. CrossDiagonal	14	对角线、水平线和垂直线构成的图案

⑦ FillX 属性　FillX 属性返回或设置填充区域使用的刷子水平起点。函数声明为：

Draw. FillX As Integer

⑧ FillY 属性　FillY 属性返回或设置填充区域使用的刷子垂直起点。函数声明为：

Draw. FillY As Integer

⑨ Font 属性　Font 属性返回或设置绘制文本使用的字体。函数声明为：

Draw. Font As Font

⑩ Foreground 属性　Foreground 属性返回或设置用于绘图的刷子、文本和线条的前景颜色。函数声明为：

Draw. Foreground As Integer

⑪ Height 属性　Height 属性返回绘图区域高度。函数声明为：

Draw. Heigh As Integer

⑫ H 属性　H 属性返回绘图区域高度，与 Height 属性相同。函数声明为：

Draw. H As Integer

⑬ Invert 属性　Invert 属性为是否与目标像素混合。函数声明为：

Draw. Inver As Boolean

⑭ LineStyle 属性　LineStyle 属性返回或设置线型。函数声明为：

Draw. LineStyle As Integer

LineStyle 属性使用 Line 常量描述绘图区域的线条类型，如表 5-4 所示。

表 5-4　绘图区域线条类型

常量名	常量值	备注
Line. None	0	绘制空线
Line. Solid	1	绘制实线
Line. Dash	2	绘制虚线
Line. Dot	3	绘制点线
Line. DashDot	4	绘制点画线
Line. DashDotDot	5	绘制双点画线

⑮ LineWidth 属性　LineWidth 属性返回或设置绘制线条的宽度。函数声明为：

Draw. LineWidth As Integer

⑯ Transparent 属性　Transparent 属性返回或设置背景是否透明。函数声明为：

Draw. Transparent As Boolean

⑰ Width 属性　Width 属性返回绘图区域宽度。函数声明为：

Draw. Width As Integer

⑱ W 属性　W 属性返回绘图区域宽度，与 Width 属性相同。函数声明为：

Draw. W As Integer

(2) Draw 类主要静态方法

① Begin 方法　Begin 方法开始新的绘图。绘图设备包括：Window、Picture、drawing、DrawingArea、printer。该方法可以嵌套。在 DrawingArea 控件的 Draw 事件处理中不需要调用该方法，系统会自动调用并初始化。函数声明为：

　　Draw.Begin(Device As Object)

② End 方法　End 方法结束绘图。调用多少次 Begin 方法就必须调用多少次该方法。函数声明为：

　　Draw.End()

③ Arc 方法　Arc 方法绘制圆弧。函数声明为：

　　Draw.Arc(X As Integer, Y As Integer, Width As Integer, Height As Integer[, Start As Float, End As Float])

X 为弧形区域左侧横坐标。
Y 为弧形区域左侧纵坐标。
Width 为弧形区域宽度。
Height 为弧形区域高度。
Start 为开始角度，以弧度计。
End 为结束角度，以弧度计。

④ Circle 方法　Circle 方法画圆。函数声明为：

　　Draw.Circle(X As Integer, Y As Integer, Radius As Integer[, Start As Float, End As Float])

X 为圆心横坐标。
Y 为圆心纵坐标。
Radius 为半径，直径为 Radius × 2+1。
Start 为开始角度，以弧度计。
End 为结束角度，以弧度计。

⑤ Clear 方法　Clear 方法用背景色清除绘图。函数声明为：

　　Draw.Clear()

功能类似于 Draw.FillRect(0, 0, Draw.Width, Draw.Height, Draw.Background)。

⑥ Ellipse 方法　Ellipse 方法绘制椭圆。函数声明为：

　　Draw.Ellipse(X As Integer, Y As Integer, Width As Integer, Height As Integer[, Start As Float, End As Float])

X 为椭圆左侧横坐标。
Y 为椭圆左侧纵坐标。
Width 为椭圆宽度。
Height 为椭圆高度。
Start 为开始角度，以弧度计。
End 为结束角度，以弧度计。

⑦ FillRect 方法　FillRect 方法用指定颜色填充矩形区域。函数声明为：

Draw. FillRect(X As Integer,Y As Integer,Width As Integer,Height As Integer,Color As Integer)

X 为矩形左侧横坐标。
Y 为矩形左侧纵坐标。
Width 为矩形宽度。
Height 为矩形高度。
Color 为填充颜色。

⑧ Image 方法　Image 方法绘制图像或其中的一部分。函数声明为：

Draw. Image(Image As Image,X As Integer,Y As Integer[,Width As Integer,Height As Integer,SrcX As Integer,SrcY As Integer,SrcWidth As Integer,SrcHeight As Integer])

Image 为目标图像。
X 为图像左侧横坐标。
Y 为图像左侧纵坐标。
Width 为图像宽度。如果指定 Width 参数，图像调整到指定尺寸。
Height 为图像高度。如果指定 Height 参数，图像调整到指定尺寸。
SrcX 为裁剪图像左侧横坐标。
SrcY 为裁剪图像左侧纵坐标。
SrcWidth 为裁剪图像宽度。
SrcHeight 为裁剪图像高度。

⑨ Line 方法　Line 方法绘制直线。函数声明为：

Draw. Line(X1 As Integer,Y1 As Integer,X2 As Integer,Y2 As Integer)

X1 为直线左侧横坐标。
Y1 为直线左侧纵坐标。
X2 为直线右侧横坐标。
Y2 为直线右侧纵坐标。
举例说明：

```
'在窗体上绘制一条红线
Public Sub Button1_Click()
Draw. Begin(Me)
Draw. LineWidth=20
Draw. ForeColor=Color. Red
Draw. Line(50,100,200,150)
Draw. End
End
```

⑩ Picture 方法　Picture 方法绘制图片或其中的一部分。函数声明为：

Draw. Picture(Picture As Picture,X As Integer,Y As Integer[,Width As Integer,Height As Integer,SrcX As Integer,SrcY As Integer,SrcWidth As Integer,SrcHeight As Integer])

Picture 为目标图片。
X 为图片左侧横坐标。

Y 为图片左侧纵坐标。

Width 为图片宽度。如果指定 Width 参数，图片调整到指定尺寸。

Height 为图片高度。如果指定 Height 参数，图片调整到指定尺寸。

SrcX 为裁剪图片左侧横坐标。

SrcY 为裁剪图片左侧纵坐标。

SrcWidth 为裁剪图片宽度。

SrcHeight 为裁剪图片高度。

⑪ Point 方法　Point 方法绘制一个像素点。函数声明为：

Draw.Point(X As Integer, Y As Integer)

⑫ PolyLine 方法　PolyLine 方法绘制折线。函数声明为：

Draw.PolyLine(Points As Integer[])

Points 为一个包含多边形节点坐标（X，Y）的 Integer 数组，每个节点中包含两个整数。

⑬ Polygon 方法　Polygon 方法绘制多边形。函数声明为：

Draw.Polygon(Points As Integer[])

Points 为一个包含多边形节点坐标（X，Y）的 Integer 数组，每个节点中包含两个整数。

⑭ Rect 方法　Rect 方法绘制矩形。函数声明为：

Draw.Rect(X As Integer, Y As Integer, Width As Integer, Height As Integer)

X 为矩形左侧横坐标。

Y 为矩形左侧纵坐标。

Width 为矩形宽度。

Height 为矩形高度。

⑮ Reset 方法　Reset 方法绘图复位。函数声明为：

Draw.Reset()

⑯ Restore 方法　Restore 方法恢复使用 Save 方法保存的状态。函数声明为：

Draw.Restore()

⑰ RichText 方法　RichText 方法绘制富文本。函数声明为：

Draw.RichText(Text As String, X As Integer, Y As Integer [, Width As Integer, Height As Integer, Alignment As Integer])

Text 为富文本。

X 为富文本左侧横坐标。

Y 为富文本左侧纵坐标。

Width 为富文本宽度。

Height 为富文本高度。

Alignment 为富文本对齐方式。如果指定 Width、Height 等可选参数，文本被约束在指定的矩形区域，并根据 Alignment 参数对齐。

⑱ RichTextHeight 方法　RichTextHeight 方法返回富文本高度。函数声明为：

Draw. RichTextHeight(Text As String[,Width As Integer]) As Integer

Text 为富文本。
Width 为富文本宽度。
⑲ RichTextWidth 方法　RichTextWidth 方法返回富文本宽度。函数声明为：

Draw. RichTextWidth(Text As String) As Integer

Text 为富文本。
⑳ Save 方法　Save 方法保存绘图状态。函数声明为：

Draw. Save( )

㉑ Scale 方法　Scale 方法指定新的绘图坐标。函数声明为：

Draw. Scale(SX As Float,SY As Float)

SX 为横坐标。
SY 为纵坐标。
㉒ Text 方法　Text 方法绘制文本。函数声明为：

Draw. Text(Text As String,X As Integer,Y As Integer[,Width As Integer,Height As Integer,Alignment As Integer])

Text 为文本。
X 为文本左侧横坐标。
Y 为文本左侧纵坐标。
Width 为文本宽度。
Height 为文本高度。
Alignment 为文本对齐方式。如果指定 Width、Height 等可选参数，文本被约束在指定的矩形区域，并根据 Alignment 参数对齐。
㉓ TextHeight 方法　TextHeight 方法返回绘制文本高度。函数声明为：

Draw. TextHeight(Text As String) As Integer

Text 为文本。
㉔ TextWidth 方法　TextWidth 方法返回绘制文本宽度。函数声明为：

Draw. TextWidth(Text As String) As Integer

Text 为文本。
㉕ Tile 方法　Tile 方法绘制平铺图片。函数声明为：

Draw. Tile(Picture As Picture,X As Integer,Y As Integer,W As Integer,H As Integer)

Picture 为绘制图片。
X 为绘制区域左侧横坐标。
Y 为绘制区域左侧纵坐标。
W 为绘制区域宽度。
H 为绘制区域高度。

㉖ Translate 方法　Translate 方法为向量变换。函数声明为：

   Draw.Translate(DX As Float, DY As Float)

DX 为横坐标。
DY 为纵坐标。
㉗ Zoom 方法　Zoom 方法绘制图像或其中的一部分以便快速缩放。函数声明为：

   Draw.Zoom(Image As Image, Zoom As Integer, X As Integer, Y As Integer[, SrcX As Integer, SrcY As Integer, SrcWidth As Integer, SrcHeight As Integer])

Image 为图像。
Zoom 为缩放因子。1 为原始图像，2 为放大两倍，依此类推。
X 为图像左侧横坐标。
Y 为图像左侧纵坐标。
SrcX 为裁剪图像左侧横坐标。
SrcY 为裁剪图像左侧纵坐标。
SrcWidth 为裁剪图像宽度。
SrcHeight 为裁剪图像高度。

(3) Draw 类常量

Draw 类常量如表 5-5 所示。

表 5-5　Draw 类常量

常量名	常量值	备注
Draw.Normal	0	绘制激活状态时的控件
Draw.Disabled	1	绘制禁用状态时的控件
Draw.Focus	2	绘制获得焦点状态时的控件
Draw.Hover	4	绘制鼠标悬停状态时的控件

5.2.3　实用图形绘制程序设计

下面通过一个实例来学习绘图控件的使用方法。设计一个应用程序，当按下相关按钮时，在 DrawingArea 控件内部绘制文本、矩形、直线、椭圆、多边形、图像以及实现图像平铺操作，如图 5-7 所示。

(1) 实例效果预览

如图 5-7 所示。

(2) 实例步骤

① 启动 Gambas 集成开发环境，可以在菜单栏选择"文件"→"新建工程..."，或在启动窗体中直接选择"新建工程..."项。

② 在"新建工程"对话框中选择"1. 工程类型"中的"Graphical application"项，点击"下一个（N）"按钮。

③ 在"新建工程"对话框中选择"2. Parent directory"中要新建工程的目录，点击"下一个（N）"按钮。

④ 在"新建工程"对话框中"3. Project details"中输入工程名和工程标题，工程名为存储的目录的名称，工程标题为应用程序的实际名称，在这里设置相同的工程名和工程标

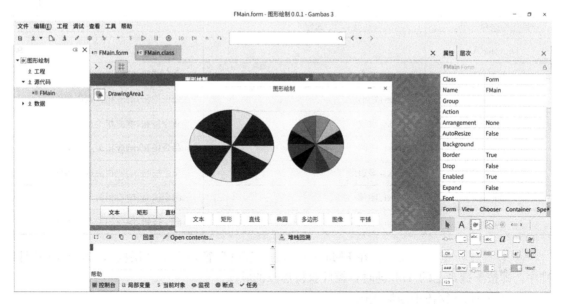

图 5-7　实用图形绘制程序窗体

题。完成之后，点击"确定"按钮。

⑤ 系统默认生成的启动窗体名称为 FMain。在 FMain 窗体中添加 1 个 DrawingArea 控件、7 个 Button 控件，如图 5-8 所示，并设置相关属性，如表 5-6 所示。

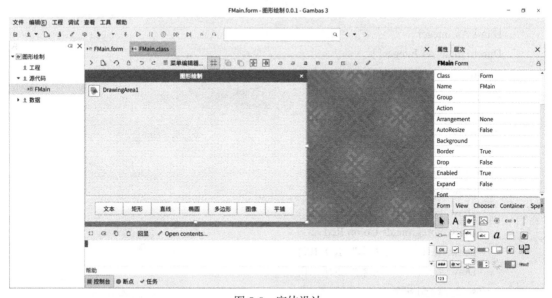

图 5-8　窗体设计

表 5-6　窗体和控件属性设置

名称	属性	说明
FMain	Text:图形绘制 Resizable:False	标题栏显示的名称 固定窗体大小,取消最大化按钮

续表

名称	属性	说明
Drawing Area		绘图
Button1	Text:文本	命令按钮,响应相关点击事件
Button2	Text:矩形	命令按钮,响应相关点击事件
Button3	Text:直线	命令按钮,响应相关点击事件
Button4	Text:椭圆	命令按钮,响应相关点击事件
Button5	Text:多边形	命令按钮,响应相关点击事件
Button6	Text:图像	命令按钮,响应相关点击事件
Button7	Text:平铺	命令按钮,响应相关点击事件

⑥ 设置 Tab 键响应顺序。在 FMain 窗体的"属性"窗口点击"层次",出现控件切换排序,即按下键盘上的 Tab 键时,控件获得焦点的顺序。

⑦ 在 FMain 窗体中添加代码。

```
' Gambas class file

Public flag As Integer

Public Sub DrawingArea1_Draw()

    Dim i As Integer
    Dim triangle As Integer[]
    Dim triangle2 As Integer[]
    Dim img As Image

    Randomize
    Select Case flag
        Case 1   '绘制文本
            Draw.Font.Size=28
            Draw.Font.Bold=True
            Draw.Foreground=Color.Red
            Draw.Text("示例文本",100,100)
            Draw.Text("示例文本",200,200)
        Case 2   '绘制矩形
            '绘制红边蓝色填充矩形
            Draw.FillStyle=Fill.Solid
            Draw.FillColor=Color.Blue
            Draw.Foreground=Color.Red
            Draw.Rect(10,10,300,300)
```

'绘制绿边十字填充矩形,填充颜色用之前设置的颜色
            Draw.FillStyle=Fill.Cross
            Draw.Foreground=Color.Green
            Draw.Rect(350,10,300,300)
        Case 3   '绘制直线
            '绘制粉色、点画线形式的对角线
            Draw.LineStyle=Line.DashDotDot
            Draw.LineWidth=20
            Draw.Foreground=Color.Pink
            Draw.Line(0,0,DrawingArea1.Width,DrawingArea1.Height)
        Case 4   '绘制椭圆
            Draw.Foreground=Color.Red
            Draw.FillStyle=Fill.Solid
            '将圆周12等分,每份30°的扇形,以备后续填充
            For i=0 To 360 Step 30
              If i Mod 45=0 Then
                Draw.FillColor=Color.Yellow
              Else
                Draw.FillColor=Color.Blue
              Endif
              '用黄色和蓝色交替填充椭圆内部区域
              Draw.Ellipse(50,50,300,250,i/180*Pi,i/180*Pi+30/180*Pi)
              Draw.FillColor=Color.RGB(Rand(0,&HFFFFFF),Rand(0,&HFFFFFF),Rand(0,&HFFFFFF))
              '用随机颜色填充圆形内部区域
              Draw.Circle(500,170,100,i/180*Pi,i/180*Pi+30/180*Pi)
            Next
        Case 5   '绘制多边形
            Draw.Foreground=Color.Magenta
            triangle=[50,350,400,350,225,10]
            '绘制三角形,用3组点确定三角形的三个顶点
            Draw.Polygon(triangle)
            triangle2=[360,350,710,350,535,10,360,350]
            Draw.Foreground=Color.Red
            '以折线方式绘制三角形,每条线需要2组点,第1条线终点为第2条线起点,共需要4组点构成封闭区域
            Draw.PolyLine(triangle2)
        Case 6   '绘制图像
            img=Image.Load("gambas.png")
            Draw.Foreground=Color.Red
            '裁剪原始图像中的明虾部分并显示

```
        Draw.Image(img,0,0,img.Width/2,img.Height,200,0,330,img.Height)
        Draw.Text("裁剪图像",150,img.Height+20)
        '将原始图像缩4倍并显示
        Draw.Image(img,400,0,img.Width/4,img.Height/4)
        Draw.Text("原始等比例缩小图",430,img.Height+20)
      Case 7   '图像平铺
        img=Image.Load("shrimp.png")
        Draw.Tile(img.Picture,0,0,DrawingArea1.Width,DrawingArea1.Height)
    End Select
    '图像刷新
    DrawingArea1.Refresh
End


Public Sub Button1_Click()
    '绘制文本
    flag=1
End


Public Sub Button2_Click()
    '绘制矩形
    flag=2
End


Public Sub Button3_Click()
    '绘制直线
    flag=3
End


Public Sub Button4_Click()
    '绘制椭圆
    flag=4
End


Public Sub Button5_Click()
    '绘制多边形
    flag=5
End


Public Sub Button6_Click()
    '绘制图像
    flag=6
End
```

```
Public Sub Button7_Click()
    '图像平铺
    flag=7
End
```

程序中，图形的绘制需要使用 DrawingArea1 控件的 Draw 事件处理，采用一个全局变量 flag 来传递按钮事件代码，flag 为 1 时绘制文本，flag 为 2 时绘制矩形，flag 为 3 时绘制直线，flag 为 4 时绘制椭圆，flag 为 5 时绘制多边形，flag 为 6 时绘制图像，flag 为 7 时图像平铺。当图像绘制完成后，需要用 Refresh 方法刷新图像，使绘制生效。

第 6 章

Message类

在编写 Gambas 应用程序时,在特定的操作下能够弹出消息框和对话框,给用户一些提示信息,特别是对于一些错误操作的提示、重要信息的确认以及一些操作选项等。当消息框和对话框被激活时,显示在 GUI 应用程序的最顶层位置,只有作出选择后才能进行下一步操作。

本章介绍消息框类、对话框类、Menu 类、Object 静态类的程序设计方法,主要包括:Message、Info、Question、Warning、Delete、Error、Optional、InputBox 等各类消息框,OpenFile、SaveFile、SelectColor、SelectDirectory、SelectFont 等各类对话框,菜单设计,动态添加控件等。

6.1 消息框类

消息框是一种预制的模式对话框,用于显示文本消息。通过调用 Message 类的静态函数方法来显示消息框,通过用户点击的按钮来选择相关操作。利用 Title 属性可以设置标题栏标题。为了使用户能够关闭消息框,将显示带有如"确定""取消"按钮的对话框或在标题栏中通过"关闭"按钮来关闭消息框。

6.1.1 Message 类

Message 类为消息对话框,由 Gambas 预定义,在消息对话框中显示一个图标和一条消息,如错误、提示、警告等,其功能是把消息传递给用户,同时接收用户在对话框中的选择,当用户选择某个按钮时,会触发程序相关操作。该控件在不同操作系统下外观会有所不同,如图 6-1 所示。

图 6-1 消息对话框外观

消息对话框最多可以设置三个按钮,一般情况下,第一个按钮是默认按钮,最后一个按钮是"取消"按钮,只有一个参数时使用"确定"按钮。消息对话框是模态的,即弹出消息对话框后程序暂停执行直到按钮被点击。消息对话框关闭时,返回被点击按钮的索引。

(1) **Message 类静态函数**

Message 类静态函数显示带有一个按钮的信息消息对话框,与 Info 属性相同。函数声明为:

Static Function Message(Message As String[,Button As String]) As Integer

Message 为消息。
Button 为按钮文本。
举例说明：

Print Message(" Program v0. 3\ \ nVersion of 2006-03-28")

在 Message 类中，消息文本可以被解释为 HTML，可以通过常用标签在文本中添加标记，如：

Message("(p And Not p)is <b>false</b>")

换行符类似于 HTML，可以使用：

Message(" Line
break")

不能使用：

Message(" Line\ \ nbreak")

然而：

Message(" (2<3)is true")

可能会导致"<3…"部分无效，可以使用：

Message(" (2 <3)is true")

（2）Message 类主要静态属性
Title 属性返回或设置消息框标题。函数声明为：

Message. Title As String

（3）Message 类主要静态方法
① Delete 方法　Delete 方法显示删除消息对话框，最多可设置三个按钮，返回被用户点击按钮的索引。函数声明为：

Static Function Message. Delete(Message As String[,Button1 As String,Button2 As String,Button3 As String]) As Integer

Message 为消息。
Button1 为按钮 1 文本。
Button2 为按钮 2 文本。
Button3 为按钮 3 文本。
② Error 方法　Error 方法显示错误消息对话框，最多可设置三个按钮，返回用户点击按钮的索引。函数声明为：S

tatic Function Message. Error(Message As String[,Button1 As String,Button2 As String,Button3 As String]) As Integer

Message 为消息。
Button1 为按钮 1 文本。
Button2 为按钮 2 文本。

Button3 为按钮 3 文本。

③ Info 方法　Info 方法显示带有一个按钮的信息消息对话框。函数声明为：

  Static Function Message. Info(Message As String[,Button As String])As Integer

Message 为消息。

Button 为按钮文本。

④ Optional 方法　Optional 方法显示可选消息对话框。函数声明为：

  Static Function Message. Optional(Message As String,Button As String,Key As String[,Icon As String,Force As Boolean]) As Integer

Message 为消息。

Button 为按钮文本。

⑤ Question 方法　Question 方法显示问题消息对话框，最多可设置三个按钮，返回用户点击按钮的索引。函数声明为：

  Static Function Message. Question(Message As String[,Button1 As String,Button2 As String,Button3 As String]) As Integer

Message 为消息。

Button1 为按钮 1 文本。

Button2 为按钮 2 文本。

Button3 为按钮 3 文本。

⑥ Warning 方法　Warning 方法显示一个错误消息对话框，最多可设置三个按钮，返回用户点击按钮的索引。函数声明为：

  Static Function Message. Warning(Message As String[,Button1 As String,Button2 As String,Button3 As String]) As Integer

Message 为消息。

Button1 为按钮 1 文本。

Button2 为按钮 2 文本。

Button3 为按钮 3 文本。

6.1.2　InputBox 类

InputBox 类实现一个简单的输入对话框，由 Gambas 预定义，等待用户在对话框中输入数据。一般用于程序的输入框，接收用户的输入，并根据收到的数据作出相应的处理。该控件在不同操作系统下外观会有所不同，如图 6-2 所示。

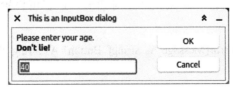

图 6-2　InputBox 输入对话框外观

InputBox 静态函数打开一个输入对话框，返回用户输入的值，或在用户点击"Cancel"

按钮时返回 NULL。函数声明为：

Static Function InputBox(Prompt As String[,Title As String,Default As String]) As String

Prompt 为输入的文本，是一个富文本字符串。
Title 为对话框标题。
Default 为文本框初始值。

6.1.3　消息框程序设计

下面通过一个实例来学习 Message 类和 InputBox 类的使用方法。设计一个应用程序，实现 Message、Info、Question、Warning、Delete、Error、Optional、InputBox 等各类对话框，在弹出的对话框中点击相应按钮或输入相关数据后，弹出对应的提示信息，如图 6-3 所示。

（1）实例效果预览

如图 6-3 所示。

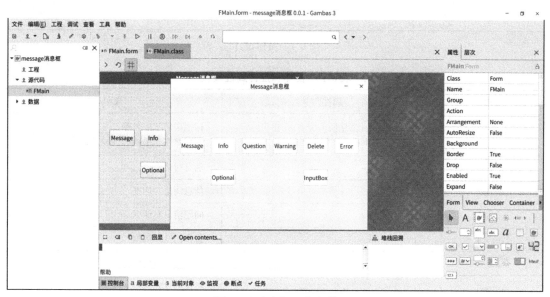

图 6-3　消息框程序窗体

（2）实例步骤

① 启动 Gambas 集成开发环境，可以在菜单栏选择"文件"→"新建工程..."，或在启动窗体中直接选择"新建工程..."项。

② 在"新建工程"对话框中选择"1. 工程类型"中的"Graphical application"项，点击"下一个（N）"按钮。

③ 在"新建工程"对话框中选择"2. Parent directory"中要新建工程的目录，点击"下一个（N）"按钮。

④ 在"新建工程"对话框中"3. Project details"中输入工程名和工程标题，工程名为存储的目录的名称，工程标题为应用程序的实际名称，在这里设置相同的工程名和工程标题。完成之后，点击"确定"按钮。

⑤ 系统默认生成的启动窗体名称为 FMain。在 FMain 窗体中添加 8 个 Button 控件，如

图 6-4 所示，并设置相关属性，如表 6-1 所示。

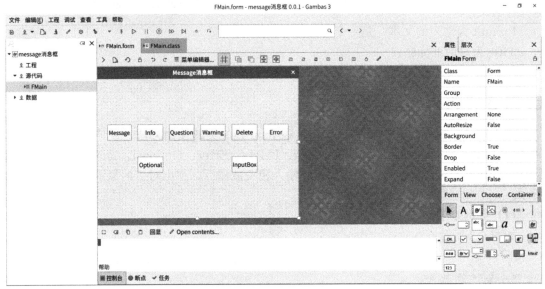

图 6-4 窗体设计

表 6-1 窗体和控件属性设置

名称	属性	说明
FMain	Text：Message 消息框 Resizable：False	标题栏显示的名称 固定窗体大小，取消最大化按钮
Button1	Text：Message	消息对话框
Button2	Text：Info	信息消息对话框
Button3	Text：Question	问题消息对话框
Button4	Text：Warning	警告消息对话框
Button5	Text：Delete	删除消息对话框
Button6	Text：Error	错误消息对话框
Button7	Text：InputBox	输入对话框
Button8	Text：Optional	与信息消息对话框相同

⑥ 设置 Tab 键响应顺序。在 FMain 窗体的"属性"窗口点击"层次"，出现控件切换排序，即按下键盘上的 Tab 键时，控件获得焦点的顺序。

⑦ 在 FMain 窗体中添加代码。

```
' Gambas class file

Public Sub Button1_Click()
    Message.Title="信息"
    Message("这是一条 Message 的信息消息框！","确定")
End
```

```
Public Sub Button2_Click()
    Message.Title="信息"
    Message("这是一条Message的Info信息消息框!","确定")
End

Public Sub Button3_Click()

    Dim res As Integer

    Message.Title="问题"
    res=Message.Question("这是一条Message的Question问题消息框!","是","否","取消")
    Select Case res
      Case 1
        Message("您按下了'是'按钮! \n返回值为" & Str(res))
      Case 2
        Message("您按下了'否'按钮! \n返回值为" & Str(res))
      Case 3
        Message("您按下了'取消'按钮! \n返回值为" & Str(res))
    End Select
End

Public Sub Button4_Click()

    Dim res As Integer

    Message.Title="警告"
    res=Message.Warning("这是一条Message的Warning警告消息框!","是","否","取消")
    Select Case res
      Case 1
        Message("您按下了'是'按钮! \n返回值为" & Str(res))
      Case 2
        Message("您按下了'否'按钮! \n返回值为" & Str(res))
      Case 3
        Message("您按下了'取消'按钮! \n返回值为" & Str(res))
    End Select
End

Public Sub Button5_Click()

    Dim res As Integer

    Message.Title="删除"
```

```
    res=Message.Delete("这是一条Message的Delete删除消息框!","是","否","取消")
    Select Case res
      Case 1
        Message("您按下了'是'按钮!\n返回值为" & Str(res))
      Case 2
        Message("您按下了'否'按钮!\n返回值为" & Str(res))
      Case 3
        Message("您按下了'取消'按钮!\n返回值为" & Str(res))
    End Select
End

Public Sub Button6_Click()

    Dim res As Integer

    Message.Title="错误"
    res=Message.Error("这是一条Message的Error错误消息框!","是","否","取消")
    Select Case res
      Case 1
        Message("您按下了'是'按钮!\n返回值为" & Str(res))
      Case 2
        Message("您按下了'否'按钮!\n返回值为" & Str(res))
      Case 3
        Message("您按下了'取消'按钮!\n返回值为" & Str(res))
    End Select
End

Public Sub Button7_Click()

    Dim res As String

    res=InputBox("请输入数字","信息输入","1")
    If res=Null Then Return
    Message("您输入了" & res,"确定")
End

Public Sub Button8_Click()
    Message.Title="Optional"
    Message.Optional("这是一条Message的Optional可选消息框!","确定","")
End
```

6.2 对话框类

在图形用户界面中，对话框是一种特殊窗体，用来在用户界面中向用户显示信息，并获得用户的输入响应，使计算机和用户之间构成一个完整的对话。不同的用户交互使用不同的对话框，如 OpenFile、SaveFile、SelectColor、SelectDirectory、SelectFont 等。

6.2.1 Dialog 类

Dialog 类包含用于调用标准对话框的静态方法。利用 Dialog 类可以创建包括打开、保存、选择颜色、选择目录、选择字体等对话框。

(1) Dialog 类静态属性

① Color 属性　Color 属性返回或设置在标准颜色对话框中选中的颜色。函数声明为：
Dialog.Color As Integer

② Filter 属性　Filter 属性返回或设置用于控制显示指定类型文件的过滤器。函数声明为：
Dialog.Filter As String[]

Filter 属性接收指定结构的字符串数组：第一个过滤器字符串、第一个过滤器描述、第二个过滤器字符串、第二个过滤器描述，依此类推。过滤器字符串是用分号分隔的通配符文件模式列表；过滤器描述是对过滤器的描述字符串；过滤器字符串自动附加到过滤器描述字符串的后面。

举例说明：

```
Dialog.Title="选择一个文件"
Dialog.Filter=["*.png;*.jpg;*.jpeg;*.bmp","图片文件","*.svg;*.wmf","绘图文件"]
Dialog.Path="/home/hjh/spiele/sudoku"
If Dialog.OpenFile()Then
    Return' 用户按下取消按钮,不打开任何文件
Endif
'用户选择了一个文件
...
```

③ Font 属性　Font 属性返回或设置在标准字体对话框中选中的字体。函数声明为：
Dialog.Font As Font

④ Path 属性　Path 属性返回或设置在标准文件对话框选中的文件路径。函数声明为：
Dialog.Path As String

⑤ Paths 属性　Paths 属性返回在标准文件对话框中选中的多个路径的字符串数组。函数声明为：
Dialog.Paths As String[]

⑥ ShowHidden 属性　ShowHidden 属性返回或设置标准文件对话框是否显示隐藏文件。函数声明为：

Dialog. ShowHidden As Boolean

⑦ Title 属性　Title 属性返回或设置标准对话框的标题。函数声明为：

Dialog. Title As String

（2）Dialog 类静态方法

① OpenFile 方法　OpenFile 方法调用标准文件对话框，获得要打开的文件名。函数声明为：

Dialog. OpenFile ([Multi As Boolean]) As Boolean

Multi 为 False 时，只能选择一个文件，并在 Path 属性中返回选中文件的路径，默认值为 False；Multi 为 True 时，可以选择多个文件，并在 Paths 属性中返回选中的多个路径的字符串数组。在对话框中点击"取消"按钮，返回 True，点击"确定"按钮，返回 False。

举例说明：

```
Dialog. Title=" Choose a file"
Dialog. Filter=[" * . txt"," Text Files"," * "," All files" ]
Dialog. Path=" . "
If Dialog. OpenFile()Then
    Return ' 取消操作
Endif
```

下面示例使用 OpenFile 对话框选择多个文件。在应用程序启动时通过设置 Dialog. Path，使第一次打开的对话框显示用户主目录。

```
Public Sub Form_Open()
    Dialog. Path=User. Home
End

Public Sub ButtonOpenMultiple_Click()
    Dim imageFile As String
    Dialog. Filter=[" * . png"," Portable Network Graphics" ]
    If Dialog. OpenFile(True)Then Return
    For Each imageFile In Dialog. Paths
        Print imageFile
    Next
Catch
    Message. Info(Error. Text)
End
```

② SaveFile 方法　SaveFile 方法调用标准文件对话框，获得一个要保存的文件名。函数声明为：

Dialog. SaveFile() As Boolean

在对话框中点击"取消"按钮，返回 True，点击"确定"按钮，返回 False。

举例说明：

```
' 保存 TextArea 的内容到一个用户选择的文件,如果取消操作,文件不保存
Public Sub ButtonSave_Click()
    Dialog. Filter=[" * . txt"," Text Files" ]
    If Dialog. SaveFile()Then Return
    File. Save(Dialog. Path,TextAreaEdit. Text)
Catch
    Message. Info(Error. Text)
End
```

③ SelectColor 方法　SelectColor 方法调用标准颜色对话框。函数声明为:

Dialog. SelectColor() As Boolean

在对话框中点击"取消"按钮,返回 True,点击"确定"按钮,返回 False。
举例说明:

```
' 设置窗体的背景颜色,如果取消操作,颜色不发生改变
Public Sub ButtonColor_Click()
    Dialog. Color=Me. BackColor
    If Dialog. SelectColor()Then Return
    Me. BackColor=Dialog. Color
End
```

④ SelectDirectory 方法　SelectDirectory 方法调用标准文件对话框,获得目录(路径)名。函数声明为:

Dialog. SelectDirectory() As Boolean

在对话框中点击"取消"按钮,返回 True,点击"确定"按钮,返回 False。
举例说明:

```
' 列出用户指定目录下的所有文件,如果取消操作,无列表显示
Public Sub ButtonDirectory_Click()
    Dim fileName As String
    If Dialog. SelectDirectory()Then Return
    For Each fileName In Dir(Dialog. Path)
        Print Dialog. Path &/ fileName
    Next
End
```

⑤ SelectFont 方法　SelectFont 方法调用标准字体对话框。函数声明为:

Dialog. SelectFont() As Boolean

在对话框中点击"取消"按钮,返回 True,点击"确定"按钮,返回 False。
举例说明:

```
' 设置 TextAreaEdit 的字体,如果用户取消操作,字体不会更新
Public Sub ButtonFont_Click()
```

Dialog. Font=TextAreaEdit. Font
   If Dialog. SelectFont()Then Return
   TextAreaEdit. Font=Dialog. Font
End

6.2.2 对话框程序设计

下面通过一个实例来学习 Dialog 类的使用方法。设计一个应用程序，实现打开、打开多个、保存、目录、颜色和字体等对话框功能。点击"打开"按钮，可以打开一个文本文件并显示；点击"打开多个"按钮，可以同时打开多个文件，并显示文件路径；点击"保存"按钮，实现文本文件的保存功能；点击"目录"按钮，打开指定目录，并显示该目录下的所有文件；点击"颜色"按钮，设置文本颜色；点击"字体"按钮，设置文本字体，如图 6-5 所示。

(1) 实例效果预览

如图 6-5 所示。

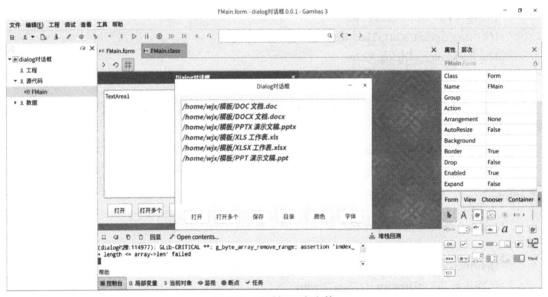

图 6-5 对话框程序窗体

(2) 实例步骤

① 启动 Gambas 集成开发环境，可以在菜单栏选择"文件"→"新建工程..."，或在启动窗体中直接选择"新建工程..."项。

② 在"新建工程"对话框中选择"1.工程类型"中的"Graphical application"项，点击"下一个（N）"按钮。

③ 在"新建工程"对话框中选择"2. Parent directory"中要新建工程的目录，点击"下一个（N）"按钮。

④ 在"新建工程"对话框中"3. Project details"中输入工程名和工程标题，工程名为存储的目录的名称，工程标题为应用程序的实际名称，在这里设置相同的工程名和工程标题。完成之后，点击"确定"按钮。

⑤ 系统默认生成的启动窗体名称为 FMain。在 FMain 窗体中添加 1 个 TextArea 控件、6 个 Button 控件，如图 6-6 所示，并设置相关属性，如表 6-2 所示。

图 6-6　窗体设计

表 6-2　窗体和控件属性设置

名称	属性	说明
FMain	Text：Dialog 对话框 Resizable：False	标题栏显示的名称 固定窗体大小，取消最大化按钮
TextArea1	Wrap：True	自动换行
Button1	Text：打开	命令按钮，响应相关点击事件
Button2	Text：打开多个	命令按钮，响应相关点击事件
Button3	Text：保存	命令按钮，响应相关点击事件
Button4	Text：目录	命令按钮，响应相关点击事件
Button5	Text：颜色	命令按钮，响应相关点击事件
Button6	Text：字体	命令按钮，响应相关点击事件

⑥ 设置 Tab 键响应顺序。在 FMain 窗体的"属性"窗口点击"层次"，出现控件切换排序，即按下键盘上的 Tab 键时，控件获得焦点的顺序。

⑦ 在 FMain 窗体中添加代码。

```
' Gambas class file

Public Sub Button1_Click()
  '清空文本
  TextArea1.Clear
  '设置对话框标题
  Dialog.Title=" 打开文件"
  '设置对话框路径为当前工程所在路径
```

```
    Dialog.Path="."
    '设置过滤器,显示指定扩展名的文件
    Dialog.Filter=["*.txt","文本文件"]
    '打开文件对话框,如果取消操作则返回
    If Dialog.OpenFile()Then Return
    '装载文件并显示
    TextArea1.Text=File.Load(Dialog.Path)
End


Public Sub Button2_Click()

    Dim sr As String

    TextArea1.Clear
    Dialog.Title="打开多个文件"
    '如果不指定路径,则打开主目录
    'Dialog.Path="."
    Dialog.Filter=["*.*","所有文件"]
    '打开多个文件对话框,如果取消操作则返回
    If Dialog.OpenFile(True)Then Return
    '显示选中的多个文件
    For Each sr In Dialog.Paths
        TextArea1.Insert(sr &"\n")
    Next
End


Public Sub Button3_Click()
    Dialog.Title="保存文件"
    Dialog.Filter=["*.txt","文本文件"]
    '打开保存文件对话框,如果取消操作则返回
    If Dialog.SaveFile()Then Return
    '保存文件
    File.Save(Dialog.Path,TextArea1.Text)
End


Public Sub Button4_Click()

    Dim sr As String

    TextArea1.Clear
    Dialog.Title="打开目录"
    '打开目录选择对话框,如果取消操作则返回
```

```
    If Dialog.SelectDirectory() Then Return
    '列出当前目录下所有文件
    For Each sr In Dir(Dialog.Path)
        TextArea1.Insert(Dialog.Path &" /" & sr &" \n")
    Next
End

Public Sub Button5_Click()
    '打开颜色对话框,如果取消操作则返回
    If Dialog.SelectColor() Then Return
    '设置文本颜色
    TextArea1.Foreground=Dialog.Color
End

Public Sub Button6_Click()
    '打开字体对话框,如果取消操作则返回
    If Dialog.SelectFont() Then Return
    '设置文本字体
    TextArea1.Font=Dialog.Font
End
```

6.3 Menu 类

Menu 类实现弹出菜单功能。如果设置热键或访问键（HotKey），在菜单的 Caption 属性字符串相应的字母前加入"&"，如"&New project…"，菜单显示时，会在"N"下出现下划线即"New project…"，当打开该下拉菜单后，按下键盘中的"N"键即可激活该菜单项；如果设置快捷键（ShortcutKey），在菜单编辑器中设置 Shortcut 属性，选择功能键 Ctrl、Shift、Alt 以及相应的字母，按下功能键和相应字母键即可激活该菜单项。菜单中分隔符（分隔菜单项的较长的细线）是将"Caption"属性设置为空字符串。Menu 菜单在不同操作系统下外观会有所不同，如图 6-7 所示。

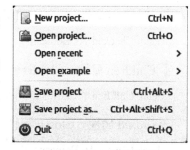

图 6-7 Menu 菜单外观

多数 Linux 的 GUI 应用程序具有一致的菜单形式，如 Gambas、Visual Studio Code 等，不仅形式相似，连菜单标题、菜单顺序都非常接近，有利于软件学习和使用。Linux 应用程序菜单具有如下一些特点：

(1) 分组

为了使应用程序更容易使用，一般按菜单项的功能将其分组。一组菜单中的各菜单项对应相关的菜单标题，包含在一个下拉菜单列表中。如在 Gambas 集成开发环境中，新建工程、打开工程、保存工程等均存放于文件菜单中。

（2）分隔

在同一分组中，如果包含许多菜单项，可将菜单项按功能、逻辑等再划分为几类，每类之间用分隔符分开。

（3）指示

菜单项右端如果有一个小箭头，表示该菜单项是一个子菜单，当光标移到其上时，会弹出子菜单列表；菜单项后紧跟三个小圆点"..."，表示点击该菜单后会弹出一个对话框，提示用户提供应用程序执行所需要的信息。

（4）按键

一些菜单项右端标出一个组合键，即快捷键，按下后会立即执行该菜单命令，如应用程序的编辑菜单中会有剪切、复制、粘贴，对应的快捷键分别为 Ctrl+X、Ctrl+C、Ctrl+P，是一个功能键与一个字母键的组合；也可以定义热键，即菜单标题中带下划线的字母，直接按下指定字母即可执行该菜单命令。

（5）复选和禁用

如果需要指示当前模式下菜单的有效状态，可在菜单项前打上"√"标记，可设置 Checked 属性为 True；如果要实现互斥操作，可设置 Radio 属性为 True；如果需要禁止某一菜单项，使其变为灰色，可设置 Enable 属性为 False。

6.3.1 Menu 类

（1）Menu 类的主要属性

① Action 属性　Action 属性返回或设置与控件关联的操作字符串。函数声明为：

  Menu.Action As String

② Caption 属性　Caption 属性返回或设置菜单显示的文本，与 Text 属性相同。函数声明为：

  Menu.Caption As String

③ Checked 属性　Checked 属性返回或设置菜单是否被选中。函数声明为：

  Menu.Checked As Boolean

④ Children 属性　Children 属性返回子菜单集合。函数声明为：

  Menu.Children As . Menu.Children

⑤ Closed 属性　Closed 属性返回菜单是否关闭。函数声明为：

  Menu.Closed As Boolean

⑥ Enabled 属性　Enabled 属性返回或设置菜单是否可用。禁用一个菜单的同时也禁用了其快捷键，而且递归禁用它的所有子菜单的快捷键。函数声明为：

  Menu.Enabled As Boolean

⑦ Name 属性　Name 属性返回或设置菜单名称。函数声明为：

  Menu.Name As String

⑧ Picture 属性　Picture 属性返回或设置菜单中显示的图标。函数声明为：

Menu. Picture As Picture

⑨ Radio 属性　Radio 属性返回或设置菜单的动作是否如 RadioButton 单选按钮一样，所有连续的单选菜单都是互斥的。函数声明为：

Menu. Radio As Boolean

⑩ Shortcut 属性　Shortcut 属性返回或设置菜单名称的快捷键。菜单快捷键对于其顶层窗口全局有效。函数声明为：

Menu. Shortcut As String

⑪ Tag 属性　Tag 属性返回或设置菜单关联的附加标记，可以存储任意 Variant 值。函数声明为：

Menu. Tag As Variant

⑫ Toggle 属性　Toggle 属性返回或设置菜单的动作是否如 ToggleButton 切换按钮一样。如果为 True，点击菜单时 Checked 属性值将改变。函数声明为：

Menu. Toggle As Boolean

⑬ Value 属性　Value 属性返回或设置菜单是否可被选中，与 Checked 属性相同。函数声明为：

Menu. Value As Boolean

⑭ Visible 属性　Visible 属性返回或设置菜单是否可见。函数声明为：

Menu. Visible As Boolean

⑮ Window 属性　Window 属性返回菜单所属的窗口。函数声明为：

Menu. Window As Window

（2）Menu 类的主要方法

① Close 方法　Close 方法用于关闭菜单。函数声明为：

Menu. Close()

② Delete 方法　Delete 方法用于删除菜单。函数声明为：

Menu. Delete()

③ Hide 方法　Hide 方法用于隐藏菜单。函数声明为：

Menu. Hide()

④ Popup 方法　Popup 方法在鼠标右击位置打开菜单，并等待到其关闭。函数声明为：

Menu. Popup([X As Integer, Y As Integer])

X 为横坐标。
Y 为纵坐标。

⑤ Show 方法　Show 方法用于显示菜单。函数声明为：

Menu. Show()

（3）Menu 类的主要事件

① Click 事件　Click 事件当点击菜单时触发。函数声明为：

Event Menu.Click()

② Hide 事件　Hide 事件当菜单隐藏时触发。函数声明为：

Event Menu.Hide()

③ Show 事件　Show 事件当菜单显示时触发。函数声明为：

Event Menu.Show()

6.3.2　.Menu.Children 虚类

.Menu.Children 虚类用于表示一个菜单的所有子菜单项的虚拟集合。用 FOR EACH 关键字可枚举该类。

（1）Count 属性

Count 属性返回菜单的子菜单项数量。函数声明为：

.Menu.Children.Count As Integer

（2）Clear 方法

Clear 方法清除菜单的所有子菜单项。函数声明为：

.Menu.Children.Clear()

6.3.3　记事本程序设计

下面通过一个实例来学习记事本程序的设计方法。该记事本程序设计参考 Windows 下的 Notepad，菜单项、快捷键、操作方法基本保持一致。对于字符串处理，程序中使用了 UTF-8 字符串操作函数和 ASCII 码字符串操作函数，能部分支持对中文的处理，如图 6-8 所示。

（1）实例效果预览

如图 6-8 所示。

（2）实例步骤

① 启动 Gambas 集成开发环境，可以在菜单栏选择"文件"→"新建工程..."，或在启动窗体中直接选择"新建工程..."项。

② 在"新建工程"对话框中选择"1.工程类型"中的"Graphical application"项，点击"下一个（N）"按钮。

③ 在"新建工程"对话框中选择"2.Parent directory"中要新建工程的目录，点击"下一个（N）"按钮。

④ 在"新建工程"对话框中"3.Project details"中输入工程名和工程标题，工程名为存储的目录的名称，工程标题为应用程序的实际名称，在这里设置相同的工程名和工程标题。完成之后，点击"确定"按钮。

⑤ 系统默认生成的启动窗体名称为 FMain。在 FMain 窗体中添加 1 个 TextArea 控件、若干菜单项，如图 6-9 所示，并设置相关属性，如表 6-3 所示。

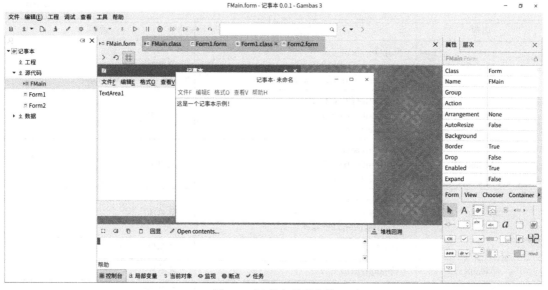

图 6-8　记事本程序窗体

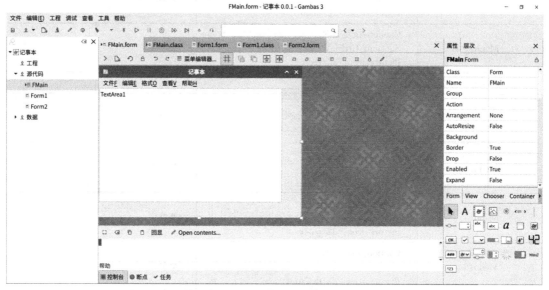

图 6-9　窗体设计

表 6-3　窗体和控件属性设置

名称	属性	说明
FMain	Text：记事本 Icon：icon：/32/edit	标题栏显示的名称 窗体的显示图标
TextArea1	Public：True Wrap：True	公共控件，可在其他窗体中引用 自动换行
Menu1	Caption：文件 &F	菜单条
Menu2	Caption：新建 &N Shortcut：Ctrl+N Picture：icon：/32/new	菜单项

续表

名称	属性	说明
Menu3	Caption：新窗口 &W Shortcut：Ctrl+Shift+N Picture：icon：/32/new-window	菜单项
Menu4	Caption：打开 &O... Shortcut：Ctrl+O Picture：icon：/32/open	菜单项
Menu5	Caption：保存 &S Shortcut：Ctrl+S Picture：icon：/32/save	菜单项
Menu6	Caption：另存为 &A Shortcut：Ctrl+Shift+S Picture：icon：/32/save	菜单项
Menu7	Caption：	分隔符
Menu8	Caption：退出 &X	菜单项
Menu9	Caption：编辑 &E	菜单条
Menu10	Caption：撤消 &U Shortcut：Ctrl+Z Picture：icon：/32/undo	菜单项
Menu11	Caption：恢复 &R Shortcut：Ctrl+Y Picture：icon：/32/redo	菜单项
Menu12	Caption：	分隔符
Menu13	Caption：剪切 &T Shortcut：Ctrl+X Picture：icon：/32/cut	菜单项
Menu14	Caption：复制 &C Shortcut：Ctrl+C Picture：icon：/32/copy	菜单项
Menu15	Caption：粘贴 &P Shortcut：Ctrl+V Picture：icon：/32/paste	菜单项
Menu16	Caption：删除 &L Shortcut：Del Picture：icon：/32/delete	菜单项
Menu17	Caption：	分隔符
Menu18	Caption：查找 &F... Shortcut：Ctrl+F Picture：icon：/32/find	菜单项
Menu19	Caption：查找下一个 &N Shortcut：F3	菜单项
Menu20	Caption：查找上一个 &V Shortcut：SHIFT+F3	菜单项
Menu21	Caption：替换 &R... Shortcut：Ctrl+H Shortcut：icon：/32/replace	菜单项

续表

名称	属性	说明
Menu22	Caption:转到 &G... Shortcut:Ctrl+G	菜单项
Menu23	Caption:全选 &A Shortcut:Ctrl+A	菜单项
Menu24	Caption:时间/日期 &D Shortcut:F5 Shortcut:icon:/32/calendar	菜单项
Menu25	Caption:格式 &O	菜单条
Menu26	Caption:自动换行 &W Checked:True	菜单项
Menu27	Caption:字体 &F...	菜单项
Menu28	Caption:查看 &V	菜单条
Menu29	Caption:缩放 &Z	菜单条
Menu30	Caption:放大 &I Shortcut:Ctrl+I	菜单项
Menu31	Caption:缩小 &O Shortcut:Ctrl+D	菜单项
Menu32	Caption:恢复默认缩放 Shortcut:Ctrl+B	菜单项
Menu33	Caption:状态显示 &S	菜单项
Menu34	Caption:帮助 &H	菜单条
Menu35	Caption:查看帮助 &H Picture:icon:/32/help	菜单项
Menu36	Caption:	分隔符
Menu37	Caption:关于 &A	菜单项

⑥ 在"工程"窗口中的"源代码"栏右击,在弹出菜单中选择"新建"→"窗口...",创建 Form1 窗体。在 Form1 窗体中添加 2 个 TextBox 控件、2 个 Label 控件、4 个 Button 控件、2 个 CheckBox 控件、2 个 RadioButton 控件、1 个 Frame 控件,如图 6-10 所示,并设置相关属性,如表 6-4 所示。

表 6-4 窗体和控件属性设置

名称	属性	说明
Form1	Resizable:False	固定窗体大小,取消最大化按钮
TextBox1		输入查找字符串
TextBox2	Public:True	在其他窗体中引用该控件 输入替换字符串
Label1	Text:查找内容:	标签控件
Label2	Text:替换为:	标签控件
Button1	Text:查找下一个 &F Public:True	命令按钮,响应相关点击事件
Button2	Text:替换 &R Public:True	命令按钮,响应相关点击事件

续表

名称	属性	说明
Button3	Text:全部替换 &A Public:True	命令按钮,响应相关点击事件
Button4	Text:取消	命令按钮,响应相关点击事件
CheckBox1	Text:区分大小写 &C	是否区分大小写选项
CheckBox2	Text:循环 &R	是否循环选项
RadioButton1	Text:向上 &U Public:True	向上选项
RadioButton2	Text:向下 &D Public:True Value:True	向下选项
Frame1	Text:方向 Public:True	方向框

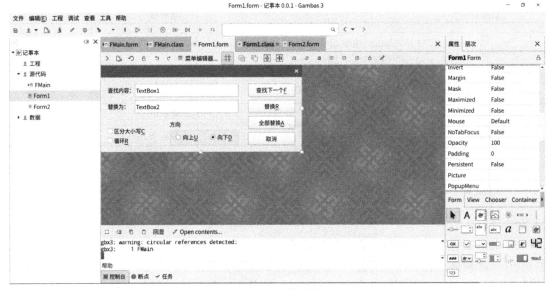

图 6-10 窗体设计

⑦ 在"工程"窗口中的"源代码"栏右击,在弹出菜单中选择"新建"→"窗口…",创建 Form2 窗体。在 Form2 窗体添加 2 个 PictureBox 控件、3 个 Label 控件、1 个 TextLabel 控件、1 个 Separator 控件,如图 6-11 所示,并设置相关属性,如表 6-5 所示。

表 6-5 窗体和控件属性设置

名称	属性	说明
Form2	Text:关于"记事本" Resizable:False	标题栏显示的名称 固定窗体大小,取消最大化按钮
PictureBox1	Picture:deepin.jpeg	显示操作系统图片
PictureBox2	Picture:icon:/32/edit	显示应用程序图标
Label1	Text:Deepin 深度操作系统	标签控件
Label2	Text:版本号 V1.0	标签控件

续表

名称	属性	说明
Label3	Text:共享版	标签控件
TextLabel1	Text:本程序使用 Gambas 3.9.1 编写,字体发布遵循 SIL 开放许可协议,发布遵循 GNU 通用公共许可协议	显示说明信息
Separator1		分隔 PictureBox1 与其他控件

图 6-11　窗体设计

⑧ 在 FMain 窗体中添加代码。

```
' Gambas class file

  '文本是否改变
  Public txtChange As Boolean
  '文件存储路径
  Public filePath As String
  '当前窗体对象
  Static Public fm As Object

'窗体打开并初始化相关控件
Public Sub Form_Open()
  '设置 TextArea1 控件的位置与大小
  TextArea1.Left=0
  TextArea1.Top=0
  TextArea1.Width=FMain.Width
  TextArea1.Height=Menu1.Window.ClientHeight
```

```
'设置标题栏文本
Me.Text="记事本-"&"未命名"
'设置自动换行
Menu26.Checked=True
End


'窗体改变大小
Public Sub Form_Resize()
    '调整TextArea1控件的位置与大小
    TextArea1.Left=0
    TextArea1.Top=0
    TextArea1.Width=FMain.Width
    TextArea1.Height=Menu1.Window.ClientHeight
End


'关闭窗体
Public Sub Form_Close()

    Dim res As Integer

    '控件内容改变
    If txtChange=True Then
        Message.Title="记事本"
        res=Message.Question("你想要更改保存吗?","保存 &S","不保存 &N","取消")
        Select Case res
            Case 1    '保存
                Dialog.Title="另存为"
                Dialog.Path="."
                Dialog.Filter=["*.txt","文本文件"]
                If Dialog.SaveFile() Then Return
                filePath=Dialog.Path &".txt"
                File.Save(filePath,TextArea1.Text)
                TextArea1.Clear
                txtChange=False
                filePath=""
                Me.Close
            Case 2    '不保存
                TextArea1.Clear
                txtChange=False
                filePath=""
                Me.Close
```

```
            Case 3    '取消
                '停止关闭窗体
                Stop Event
        End Select
    Else
        Me. Close
    Endif
End

'控件内容改变
Public Sub TextArea1_Change()
    '标识控件内容改变
    txtChange=True
End

'新建菜单
Public Sub Menu2_Click()
    Dim res As Integer
    '控件内容改变
    If txtChange=True Then
        Message. Title="记事本"
        res=Message. Question("你想要更改保存吗?","保存 &S","不保存 &N","取消")
        Select Case res
            Case 1    '保存
                Dialog. Title="另存为"
                Dialog. Path=". "
                Dialog. Filter=[" * . txt","文本文件"]
                If Dialog. SaveFile()Then Return
                filePath=Dialog. Path &". txt"
                File. Save(filePath,TextArea1. Text)
                TextArea1. Clear
                txtChange=False
                filePath=" "
            Case 2    '不保存
                TextArea1. Clear
                txtChange=False
                filePath=" "
            Case 3    '取消
                '不进行任何操作
        End Select
    Else
        TextArea1. Clear
        txtChange=False
```

```
        filePath=""
    Endif
    '标题栏显示的文本
    If filePath <> Null Then
        Me.Text="记事本-" & filePath
    Else
        Me.Text="记事本-" &" 未命名"
    Endif
End

'新窗口菜单
Public Sub Menu3_Click()

    Dim newForm As FMain

    '创建新窗体
    newForm=New FMain
    '设置标题栏文本
    newForm.Text="记事-" &" 未命名"
    '显示创建的新窗体
    newForm.Show
End

'打开菜单
Public Sub Menu4_Click()

    Dim res As Integer

    '控件内容改变
    If txtChange=True Then
        Message.Title="记事本"
        res=Message.Question("你想要更改保存吗?","保存&S","不保存&N","取消")
        Select Case res
            Case 1
                '保存当前文件
                Dialog.Title="另存为"
                Dialog.Path="."
                Dialog.Filter=["*.txt","文本文件"]
                If Dialog.SaveFile()Then Return
                filePath=Dialog.Path &".txt"
                File.Save(filePath,TextArea1.Text)
                '打开文件
```

```
            Dialog.Title="打开"
            Dialog.Path="."
            Dialog.Filter=["*.txt","文本文件"]
            If Dialog.OpenFile()Then Return
            filePath=Dialog.Path
            TextArea1.Text=File.Load(filePath)
            '设置当前文件标识为未修改
            txtChange=False
        Case 2
            Dialog.Title="打开"
            Dialog.Path="."
            Dialog.Filter=["*.txt","文本文件"]
            If Dialog.OpenFile()Then Return
            filePath=Dialog.Path
            TextArea1.Text=File.Load(filePath)
            '设置当前文件标识为未修改
            txtChange=False
        Case 3
            '不进行任何操作
        End Select
    Else
        Dialog.Title="打开"
        Dialog.Path="."
        Dialog.Filter=["*.txt","文本文件"]
        If Dialog.OpenFile()Then Return
        filePath=Dialog.Path
        TextArea1.Text=File.Load(filePath)
        '设置当前文件标识为未修改
        txtChange=False
    Endif
    '标题栏显示的文本
    If filePath<>Null Then
        Me.Text="记事本-"& filePath
    Else
        Me.Text="记事本-"&"未命名"
    Endif
End

'保存菜单
Public Sub Menu5_Click()
    If filePath<>Null Then
        '文件已经存储在磁盘
```

```
        File.Save(filePath,TextArea1.Text)
        txtChange=False
    Else
        '文件未存储在磁盘
        Menu6_Click
    Endif
    '标题栏显示的文本
    If filePath<>Null Then
        Me.Text="记事本-" & filePath
    Else
        Me.Text="记事本-" &" 未命名"
    Endif
End


'另存为菜单
Public Sub Menu6_Click()
    Dialog.Title=" 另存为"
    Dialog.Path=" . "
    Dialog.Filter=[" * . txt"," 文本文件"]
    If Dialog.SaveFile()Then Return
    filePath=Dialog.Path &" . txt"
    File.Save(filePath,TextArea1.Text)
    txtChange=False
    '标题栏显示的文本
    If filePath<>Null Then
        Me.Text="记事本-" & filePath
    Else
        Me.Text="记事本-" &" 未命名"
    Endif
End


'退出菜单
Public Sub Menu8_Click()

    Dim res As Integer

    '控件内容改变
    If txtChange=True Then
        Message.Title=" 记事本"
        res=Message.Question(" 你想要更改保存吗?" ," 保存 &S" ," 不保存 &N" ," 取消")
        Select Case res
            Case 1
```

```
                Dialog.Title="另存为"
                Dialog.Path="."
                Dialog.Filter=["*.txt","文本文件"]
                If Dialog.SaveFile()Then Return
                filePath=Dialog.Path &".txt"
                File.Save(filePath,TextArea1.Text)
                TextArea1.Clear
                txtChange=False
                filePath=""
                Me.Close
            Case 2
                TextArea1.Clear
                txtChange=False
                filePath=""
                Me.Close
            Case 3

        End Select
    Else
        Me.Close
    Endif
    '标题栏显示的文本
    If filePath<>Null Then
        Me.Text="记事本-"& filePath
    Else
        Me.Text="记事本-"&"未命名"
    Endif
    '出现错误则返回
    Catch
        Return
End

'撤消菜单
Public Sub Menu10_Click()
    TextArea1.Undo
End

'恢复菜单
Public Sub Menu11_Click()
    TextArea1.Redo
End
```

```
' 剪切菜单
Public Sub Menu13_Click()
    TextArea1.Cut
End

' 复制菜单
Public Sub Menu14_Click()
    TextArea1.Copy
End

' 粘贴菜单
Public Sub Menu15_Click()
    TextArea1.Paste
End

' 用剪切代替删除菜单
Public Sub Menu16_Click()
    TextArea1.Cut
End

' 查找菜单
Public Sub Menu18_Click()
    ' 获得当前窗体,与查找窗体关联
    fm = Me
    ' 查找与替换共用一个窗体,显示查找窗体
    Form1.Text = "查找"
    Form1.label2.Visible = False
    Form1.TextBox2.Visible = False
    Form1.Button2.Visible = False
    Form1.Button3.Visible = False
    ' 设置窗体在最顶层,不会被其他窗体遮蔽
    Form1.TopOnly = True
    Form1.Show
End

' 查找下一个菜单
Public Sub Menu19_Click()
    ' 向下查找
    Form1.RadioButton2.Value = True
    ' 查找下一个按钮
    Form1.Button1_Click
End
```

```
Public Sub Menu20_Click()
    '向上查找
    Form1. RadioButton1. Value=True
    '查找下一个按钮
    Form1. Button1_Click
End


'替换菜单
Public Sub Menu21_Click()
    '获得当前窗体,与查找窗体关联
    fm=Me
    '查找与替换共用一个窗体,显示替换窗体
    Form1. Text="替换"
    Form1. label2. Visible=True
    Form1. TextBox2. Visible=True
    Form1. Button2. Visible=True
    Form1. Button3. Visible=True
    Form1. Frame1. Visible=False
    '设置窗体在最顶层,不会被其他窗体遮蔽
    Form1. TopOnly=True
    Form1. Show
End


'转到菜单
Public Sub Menu22_Click()

    Dim row As String

    '输入行号
    row=InputBox("行号","转到指定行","")
    '定位到指定行的开头
    TextArea1. Line=Val(row)-1
    TextArea1. Column=0
End


'全选菜单
Public Sub Menu23_Click()
    TextArea1. SelectAll
End


'时间/日期菜单
Public Sub Menu24_Click()
```

```
    TextArea1.Insert(Str(Now))
End

'自动换行菜单
Public Sub Menu26_Click()
    '切换选中状态
    Menu26.Checked=Not Menu26.Checked
    '切换自动换行
    TextArea1.Wrap=Menu26.Checked
End

'字体菜单
Public Sub Menu27_Click()
    Dialog.Title="字体"
    If Dialog.SelectFont()Then Return
    '设置字体
    TextArea1.Font=Dialog.Font
End

'放大菜单
Public Sub Menu30_Click()
    TextArea1.Font.Size+=2
End

'缩小菜单
Public Sub Menu31_Click()
    TextArea1.Font.Size-=2
End


Public Sub Menu32_Click()
    TextArea1.Font.Size=12

End

'状态显示菜单
Public Sub Menu33_Click()
    Menu33.Checked=Not Menu33.Checked
    If Menu33.Checked Then
        While Menu33.Checked
            TextArea1.Tooltip="光标所在行:" & Str(textarea1.line+1)&"    "&"光标所在列:" & Str(textarea1.column+1)
            Wait 1
```

```
        Wend
    Else
        TextArea1.Tooltip=" "
    Endif
    '出现错误则返回
    Catch
        Return
End

'查看帮助菜单
Public Sub Menu35_Click()
    Message.Title="帮助"
    Message.Info("记事本是一个用来创建简单的文档的基本的文本编辑器。\n记事本最常用来查看或编辑文本 (*.txt)文件。\n其实,记事本也是创建网页的简单工具。","确定")
End

'关于菜单
Public Sub Menu37_Click()
    Form2.Show
End
```

⑨在Form1窗体中添加代码。
```
' Gambas class file

    Public index As Integer
    Public pos As Integer
    Public slen As Integer

'查找下一个按钮
Public Sub Button1_Click()

    Dim sr As String
    Dim sd As String

    '要查找的字符串
    sr=TextBox1.Text
    ' FMain.fm为全局静态变量,即显示文本的父窗体
    sd=FMain.fm.TextArea1.Text
    '向下查找
    If RadioButton2.Value=True Then
        pos=FMain.fm.TextArea1.Pos+FMain.fm.TextArea1.Selection.Length
        '不区分大小写
```

```
            If CheckBox1.Value=False Then
                sd=String.LCase(sd)
                sr=String.LCase(sr)
            Endif
         '查找字符串
            index=String.InStr(sd,sr,pos+1)
            If index>0 Then
                slen=String.Len(sr)
                FMain.fm.TextArea1.Select(index-1,slen)
            Else
              '循环查找
                If CheckBox2.Value=True Then
                    FMain.fm.TextArea1.Pos=0
                    slen=0
                Else
                    Message.Title="记事本"
                    Message.Info("找不到"& sr &"。","确定")
                Endif
            Endif
        Endif
      '向上查找
        If RadioButton1.Value=True Then
            pos=FMain.fm.TextArea1.Pos-FMain.fm.TextArea1.Selection.Length
            If CheckBox1.Value=False Then
                sd=String.LCase(sd)
                sr=String.LCase(sr)
            Endif
            index=String.RInStr(sd,sr,pos+1)
            If index>0 Then
                slen=String.Len(sr)
                FMain.fm.TextArea1.Select(index-1,slen)
            Else
              '循环查找
                If CheckBox2.Value=True Then
                    FMain.fm.TextArea1.Pos=String.Len(sd)+1
                    slen=0
                Else
                    Message.Title="记事本"
                    Message.Info("找不到"& sr &"。","确定")
                Endif
            Endif
        Endif
```

```
    End

' 替换按钮
Public Sub Button2_Click()

    Dim sc As String

    sc = TextBox2.Text
    If FMain.fm.TextArea1.Selected = True Then
        FMain.fm.TextArea1.Cut
        FMain.fm.TextArea1.Insert(sc)
    Endif
End

' 全部替换
Public Sub Button3_Click()

    Dim sr As String
    Dim sc As String
    Dim sd As String
    Dim idx As Integer

    While True
        sd = FMain.fm.TextArea1.Text
        sr = TextBox1.Text
        sc = TextBox2.Text
        idx = String.InStr(sd, sr, 0)
        If idx = 0 Then Return
        FMain.fm.TextArea1.Select(idx - 1, String.Len(sr))
        FMain.fm.TextArea1.Cut
        FMain.fm.TextArea1.Insert(sc)
    Wend
End

' 取消按钮
Public Sub Button4_Click()
    Form1.Close
End
```

6.4　Object 静态类

在 Gambas 中，对象是一个数据结构，它提供属性、方法和事件，每个对象关联到一个类,这个类描述其属性、方法和事件的特性。可以通过 Object 静态类来操作 Gambas 中的各种对象。

6.4.1 Object 静态类

Object 静态类包含一些静态方法,可以操作由解释器创建的对象。

(1) Address 方法

Address 方法返回当前对象的内存地址。函数声明为:

```
Object.Address(Object As Object) As Pointer
```

Object 为对象。

(2) Attach 方法

Attach 方法挂接当前对象到父对象。函数声明为:

```
Object.Attach(Object As Object,Parent As Object,Name As String)
```

Object 为当前对象。

Parent 为父对象。

Name 为 Parent 父对象中事件处理函数名。

当前对象发出的每个事件将被父对象事件处理程序管理。如果父对象是一个类,事件处理程序将是该类的静态方法。如:

```
hObject=New MyClass
Object.Attach(hObject,Me," EventName")
```

等价于:

```
hObject=New MyClass As " EventName"
```

举例说明:

```
Public Process1 As Process
...
Process1=Shell" find /" For Read
Object.Attach(Process1,Me," Process1")
...

Public Sub Process1_Read()
    Message.Info(" Got output from Process1!")
    ' and then read and do something with the output...
End
' 创建 8 个 PictureBox,点击(MouseUp)后切换显示图片
Private $picOn As Picture=Picture[" icon:/32/connect"]
Private $picOff As Picture=Picture[" icon:/32/disconnect"]

Public Sub Form_Show()
    Dim i As Integer
    Dim hSwitch As PictureBox
```

```
    '按行排列
    Me. Arrangement = Arrange. Row
    '创建 8 个 PictureBoxes
    For i = 1 To 8
        hSwitch = New PictureBox(Me)
        hSwitch. Resize(32,32)
        '用 Tag 属性存储开关状态
        hSwitch. Tag = False
        hSwitch. Picture = $ picOff
        '可使用下一行的注释代码代替 Object. Attach()方法
        ' hSwitch = New PictureBox(Me) As" Switch"
        Object. Attach(hSwitch, Me," Switch")
    Next
End

Public Sub Switch_MouseUp()
    Dim hSwitch As PictureBox = Last ' 获得当前点击控件
    
    '切换图片
    hSwitch. Tag = Not hSwitch. Tag
    If hSwitch. Tag Then
        hSwitch. Picture = $picOn
    Else
        hSwitch. Picture = $picOff
    Endif
End
```

(3) Call 方法

Call 方法动态调用当前对象。如果指定的方法是一个函数,返回值为 Object. Call 的返回值。函数声明为:

> Object. Call(Object As Object, Method As String[, Arguments As Array]) As Variant

Object 为当前对象。
Method 为方法名。
Arguments 为参数数组。

(4) CanRaise 方法

CanRaise 方法返回当前对象是否可以触发指定事件。函数声明为:

> Object. CanRaise(Object As Object, Event As String) As Boolean

Object 为当前对象。
Event 为事件名。

(5) Class 方法

Class 方法返回当前对象的类。函数声明为:

```
Object.Class(Object As Object) As Class
```

Object 为当前对象。

(6) Count 方法

Count 方法返回当前对象引用次数。函数声明为：

```
Object.Count(Object As Object) As Integer
```

Object 为当前对象。

(7) Detach 方法

Detach 方法从父对象上断开当前对象。函数声明为：

```
Object.Detach(Object As Object)
```

Object 为当前对象。

(8) GetProperty 方法

GetProperty 方法动态获得当前对象属性值。函数声明为：

```
Object.GetProperty(Object As Object, Property As String) As Variant
```

Object 为当前对象。
Property 为属性名。

(9) Is 方法

Is 方法返回当前对象是否为指定类。函数声明为：

```
Object.Is(Object As Object, Class As String) As Boolean
```

Object 为当前对象。
Class 为指定类。

(10) IsLocked 方法

IsLocked 方法返回当前对象是否被锁定。锁定的对象不再触发事件。函数声明为：

```
Object.IsLocked(Object As Object) As Boolean
```

Object 为当前对象。

(11) IsValid 方法

IsValid 方法返回当前对象是否有效。如果对象无效返回 False。函数声明为：

```
Object.IsValid(Object As Object) As Boolean
```

Object 为当前对象。

(12) Lock 方法

Lock 方法锁定当前对象。被锁定的对象不能触发任何事件。函数声明为：

```
Object.Lock(Object As Object)
```

Object 为当前对象。

(13) New 方法

New 方法实例化 Class 类。函数声明为：

```
Object.New(Class As String[, Arguments As Array]) As Object
```

Class 为类名。
Arguments 为参数数组。
举例说明：

hButton=Object.New("Button",[hParent])

'等价于：

hButton=New Button(hParent)

Object.New 方法与 New 操作基本相同，不同点是类名是在运行时指定，而不是在编译时指定。

（14）Parent 方法

Parent 方法返回当前对象的父对象。函数声明为：

Object.Parent(Object As Object) As Object

Object 为当前对象。

（15）Raise 方法

Raise 方法调用当前对象的事件。函数声明为：

Object.Raise(Object As Object,Event As String[,Arguments As Array]) As Boolean

Object 为当前对象。
Event 为事件名。
Arguments 为参数数组。

（16）SetProperty 方法

SetProperty 方法动态设置当前对象属性值。函数声明为：

Object.SetProperty(Object As Object,Property As String,Value As Variant)

Object 为当前对象。
Property 为属性名。
Value 为属性值。

（17）SizeOf 方法

SizeOf 方法返回以字节为单位的当前对象使用的内存。函数声明为：

Object.SizeOf(Object As Object) As Integer

Object 为当前对象。
举例说明：

```
Public Struct EmployeeStruct
    Name As String
    Age As Integer
End Struct

Dim hEmp As New EmployeeStruct

hEmp.Name="Benoît Minisini"
hEmp.Age=42
Print Object.SizeOf(hEmp)
```

(18) Type 方法

Type 方法返回对象的类名。函数声明为：

Object.Type(Object As Object) As String

Object 为当前对象。

(19) Unlock 方法

Unlock 方法解锁当前对象。对象触发的事件不再被忽略。函数声明为：

Object.Unlock(Object As Object)

Object 为当前对象。

6.4.2 动态添加控件程序设计

下面通过一个实例来学习 Menu 类和 Object 静态类的使用方法。设计一个应用程序，在窗体上设计"文件"和"编辑"菜单，其菜单项包括新建、打开、退出、撤消、恢复、剪切、复制、粘贴、控制；当重复点击"新建"菜单时，会实时添加新的菜单项"新建 0""新建 1"等；当重复点击"撤消"菜单时，"恢复"菜单在可见与不可见之间切换；当重复点击"控制"菜单时，"剪切""复制""粘贴"菜单在可用与不可用之间切换；设计一个"控件"菜单，初始状态为不可见，当在窗体上右击时弹出该菜单，可动态创建 PictureBox 控件、RadioButton 控件、Button 控件、LCDLable 控件，并将控件放置在窗体上，当双击任何一个已创建的控件后，按下鼠标左键可以自由拖拽到其他位置，适合于动态添加、删除、修改控件的场合，如图 6-12 和图 6-13 所示。

(1) 实例效果预览

如图 6-12、图 6-13 所示。

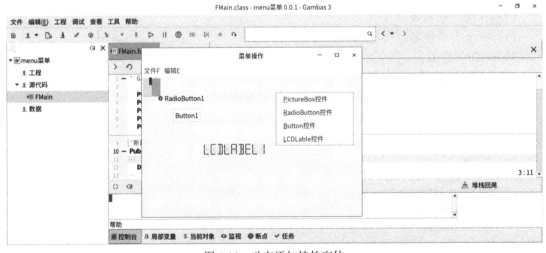

图 6-12 动态添加控件窗体

(2) 实例步骤

① 启动 Gambas 集成开发环境，可以在菜单栏选择"文件"→"新建工程..."，或在启动窗体中直接选择"新建工程..."项。

② 在"新建工程"对话框中选择"1.工程类型"中的"Graphical application"项，点

击"下一个（N）"按钮。

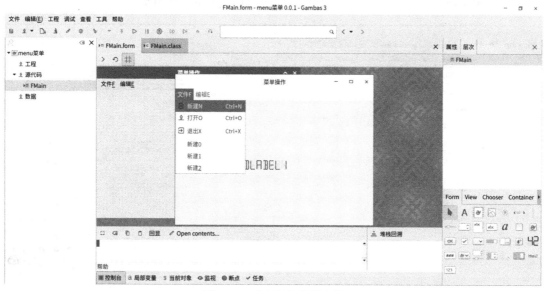

图 6-13　动态添加菜单窗体

③ 在"新建工程"对话框中选择"2. Parent directory"中要新建工程的目录，点击"下一个（N）"按钮。

④ 在"新建工程"对话框中"3. Project details"中输入工程名和工程标题，工程名为存储的目录的名称，工程标题为应用程序的实际名称，在这里设置相同的工程名和工程标题。完成之后，点击"确定"按钮。

⑤ 系统默认生成的启动窗体名称为 FMain，如图 6-14 所示。

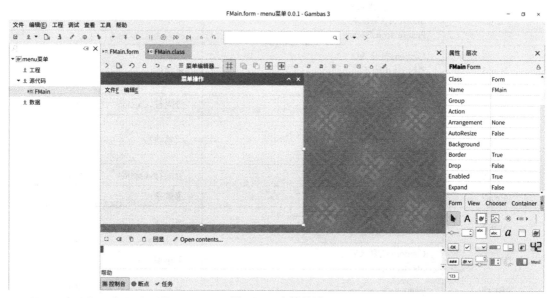

图 6-14　窗体设计

⑥ 在菜单栏选择"编辑（E）"→"菜单编辑器..."项，或直接在工具栏中点击"菜

单编辑器..."按钮,弹出"FMain-菜单编辑器"对话框。在菜单编辑器内添加 1 个菜单栏,3 个下拉菜单,如图 6-15 所示,并设置相关属性,如表 6-6 所示。

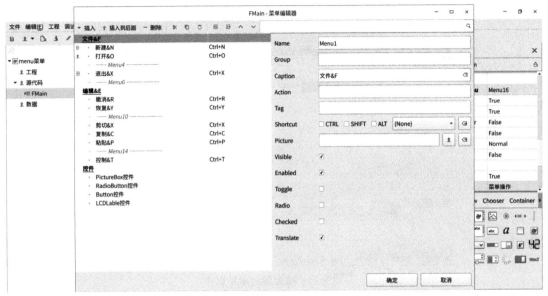

图 6-15 菜单设计

表 6-6 窗体和菜单属性设置

名称	属性	说明
FMain	Text:菜单操作 PopupMenu:Menu16	标题栏显示的名称 弹出右键菜单
Menu1	Caption:文件 &F	菜单条
Menu2	Caption:新建 &N Shortcut:Ctrl+N Picture:icon:/32/new	菜单项
Menu3	Caption:打开 &O Shortcut:Ctrl+O Picture:icon:/32/open	菜单项
Menu4	Caption:	分隔符,Caption 为空字符串
Menu5	Caption:退出 &X Shortcut:Ctrl+X Picture:icon:/32/quit	菜单项
Menu6	Caption:	分隔符,Caption 为空字符串
Menu7	Caption:编辑 &E	菜单条
Menu8	Caption:撤消 &R Shortcut:Ctrl+R	菜单项
Menu9	Caption:恢复 &Y Shortcut:Ctrl+Y	菜单项
Menu10	Caption:	分隔符,Caption 为空字符串
Menu11	Caption:剪切 &X Radio:True Shortcut:Ctrl+X	菜单项

续表

名称	属性	说明
Menu12	Caption:复制 &C Radio:True Shortcut:Ctrl+C	菜单项
Menu13	Caption:粘贴 &P Radio:True Shortcut:Ctrl+P	菜单项
Menu14	Caption:	分隔符,Caption 为空字符串
Menu15	Caption:控制 &T Shortcut:Ctrl+T	菜单项
Menu16	Caption:控件 Visible:False	用于弹出菜单,运行时不可见
Menu17	Caption:PictureBox 控件 Group:ctl	菜单项
Menu18	Caption:RadioButton 控件 Group:ctl	菜单项
Menu19	Caption:Button 控件 Group:ctl	菜单项
Menu20	Caption:LCDLable 控件 Group:ctl	菜单项

⑦ 在 FMain 窗体中添加代码。

```
' Gambas class file
    Public i As Integer
    Public hMenu[3] As Menu
    Public x1 As Integer
    Public y1 As Integer
    Public obj As Object

'新建菜单
Public Sub Menu2_Click()

    Dim tmp As String

    '创建最多 3 个菜单,并添加到末尾
    If i<3 Then
        tmp=" 新建" & Str(i)
        '新菜单事件为 myEvent
        hMenu[i]=New Menu(Menu1,False) As " myEvent"
        '设置新菜单名称
        hMenu[i]. Caption=tmp
        '变量自增
        Inc i
```

```
    Endif
End

'打开菜单
Public Sub Menu3_Click()
    '对当前选中状态取反
    Menu3.Checked=Not Menu3.Checked
End

'退出菜单
Public Sub Menu5_Click()
    Me.Close
End

'新创建菜单点击事件
Public Sub myEvent_Click()
    Message.Title="提示"
    Message.Info("您按下了新添加的菜单项!\n" & Last.Text,"确定")
End

'撤消菜单
Public Sub Menu8_Click()
    '恢复菜单是否可见
    Menu9.Visible=Not Menu9.Visible
End

'恢复菜单
Public Sub Menu9_Click()
    '设置菜单Toggle状态
    Menu9.Toggle=Not Menu9.Toggle
End

'控制菜单
Public Sub Menu15_Click()
    '设置剪切、复制、粘贴菜单是否有效
    Menu11.Enabled=Not Menu11.Enabled
    Menu12.Enabled=Not Menu12.Enabled
    Menu13.Enabled=Not Menu13.Enabled
End

'控件菜单中多个菜单项响应同一事件
Public Sub ctl_Click()
```

```
    Select Case Last.Text
        Case" PictureBox 控件"
            ' 创建控件对象
            obj=New PictureBox(FMain)
            ' 添加对象图片
            obj.Picture=Picture[" icon:/64/book" ]
            ' 设置对象自动大小
            obj.AutoResize=True
        Case" RadioButton 控件"
            obj=New RadioButton(FMain)
            obj.Text=" RadioButton1"
            obj.AutoResize=True
            obj.x=50
            obj.y=50
        Case" Button 控件"
            obj=New Button(FMain)
            obj.Text=" Button1"
            obj.AutoResize=True
            obj.X=100
            obj.Y=100
        Case" LCDLable 控件"
            obj=New LCDLabel(FMain)
            obj.Text=" LCDLabel1"
            obj.X=200
            obj.Y=200
            obj.W=200
            obj.H=50
    End Select
    ' 将新生成对象挂接到相应的事件上
    Object.Attach(obj,FMain," obj")
End

Public Sub obj_MouseDown()
    ' 鼠标点击时记录当前坐标值
    x1=Mouse.X
    y1=Mouse.Y
End

' 拖拽添加的对象
Public Sub obj_MouseMove()
    ' 按下鼠标左键
    If Mouse.Left Then
```

```
        '设置当前横坐标
        obj.X=Mouse.ScreenX-FMain.X-x1
        '设置当前纵坐标
        obj.Y=Mouse.ScreenY-FMain.Y-y1-obj.Height-30
    Endif
End

Public Sub obj_GotFocus()
    '对象获得焦点时挂接对象事件
    obj=Last
    Object.Attach(obj,FMain,"obj")
End

Public Sub obj_DblClick()
    '对象双击时挂接对象事件
    obj_GotFocus
End
```

程序中，在 obj.Y=Mouse.ScreenY-FMain.Y-y1-obj.Height-30 语句中，为精确获得对象（控件）拖拽的位置，需要减去窗体中菜单栏的高度，在这里约为 30。在窗体中添加控件时，有些控件获得焦点后会马上失去焦点，在挂接对象事件时，对于 PictureBox、LCD-Lable 控件，可用 obj_DblClick 事件挂接；而对于 RadioButton 和 Button 控件，可用 obj_GotFocus 事件挂接。

第 7 章

事件处理

事件是对象所执行的一种特有的动作，如单击事件、双击事件、键盘事件等。对象不同，对象的事件也有所不同。在对象事件中，既有专用事件，也有通用事件，一些通用事件几乎涵盖了所有对象。事件是由一段代码组成的，包含在 Sub 和 End Sub 中。

本章介绍 Gambas 中键盘事件、鼠标事件和定时器事件的处理方法，主要包括 KeyPress 事件、KeyRelease 事件、Key 类、Mouse 类、Timer 控件，并利用键盘、鼠标、定时器事件设计开发一个板球游戏。

7.1 键盘事件

键盘是操作设备运行的一种指令和数据输入装置，是最常用也是最主要的输入设备。通过键盘可以将英文字母、数字、标点符号等输入计算机中，从而向计算机发出命令、输入数据等。现代 QWERTY 键盘原型来源于 1860 年由肖尔斯、格利登、索尔合作设计的打字机原型。在键盘上按下某个键或弹起时会触发按键事件，按下组合键时会触发相关功能事件，并可根据按键情况获取按键码。

7.1.1 按键事件

在键盘上按下某个键时，将触发 KeyPress 事件和 KeyRelease 事件，可用于窗体、命令按钮、文本框、滚动条等控件。严格来说，当按下某个键时，所触发的是拥有焦点的控件的 KeyPress 事件和 KeyRelease 事件。在某一时刻，焦点只能位于某一个控件上，如果窗体上没有活动或可见的控件，则焦点落在窗体上。当一个控件或窗体拥有焦点时，该控件或窗体将接收从键盘输入的信息，如一个文本框拥有焦点，则从键盘上输入的任何字符都将在该文本框中显示。

（1）KeyPress 事件

KeyPress 事件当窗体或控件获得焦点且按下按键时触发。函数声明为：

Event Control. KeyPress()

举例说明：

Public Sub n_Keypress()
Dim ltext As Variant

```
Dim ltag As Variant

ltext=Key. Text ' 获取键文本
ltag=Last. Tag ' 组属性
If Not IsNull(ltext) Then
    If Mid(ltext,1)>="0" And Mid(ltext,1)<="9" Then
        ' 按下 0~9 的数字键中的一个
        z[ltag]=Int(Asc(ltext)-48)' 转换字符串为整数,并保存在整数数组中
...
```

(2) KeyRelease 事件

KeyRelease 事件当窗体或控件获得焦点且按键被释放时触发。函数声明为：

Event Control. KeyRelease()

7.1.2 Key 类

Key 类用于获取按键事件的信息，包含按键常数。不要直接使用键值，不同的 GUI 组件其键值会有所不同。尽量不要使用数值或 Asc 函数来测试字母键，可以使用 Key 数组存取器，根据键名返回相应按键常数。

(1) Key 类主要静态属性

① Alt 属性　Alt 属性返回 Alt 键是否被按下，用于 KeyPress 或 KeyRelease 事件。函数声明为：

Key. Alt As Boolean

举例说明：

```
Public Sub Button1_KeyPress()
    If Key. Alt Then
        Button1. Text="True" & CString(Time)
    Else
        Button1. Text="False" & CString(Time)
    Endif
End

' Form 的 KeyPress 事件
Public Sub Form_KeyPress()

    Dim altSet As Boolean

    Try altSet=Key. Alt
    altSet=IIf(Error ,False,altSet)
    If altSet Then
        Me. Text=CString(Time)&" True: Alt 建被按下"
```

```
    Else
        Me.Text=CString(Time) & " False: Alt 键未被按下"
    Endif
End
```

② Code 属性   Code 属性返回按键代码。不要用属性的值和常数比较，按键代码依赖的基础工具包可能会有所不同。函数声明为：

Key.Code As Integer

举例说明：

```
' 测试 Ctrl 和 R 组合键
If Key.Code=Key[" R" ] And If Key.Control Then
    Print" 你按下了 Ctrl+R"
End If
```

③ Control 属性   Control 属性返回 Ctrl 键是否被按下，用于 KeyPress 或 KeyRelease 事件。函数声明为：

Key.Control As Boolean

举例说明：

```
Public Sub Button1_KeyPress()
    If Key.Control Then
        Button1.Text=" True" & CString(Time)
    Else
        Button1.Text=" False" & CString(Time)
    Endif
End


' Form 的 KeyPress 事件
Public Sub Form_KeyPress()

    Dim CntrlDown As Boolean

    Try CntrlDown=Key.Control
    CntrlDown=IIf(Error ,False,CntrlDown)
    If CntrlDown Then
        Me.Text=CString(Time) & " True: Ctrl 键按下"
    Else
        Me.Text=CString(Time) & " False: Ctrl 键未按下"
    Endif
End
```

④ Meta 属性   Meta 属性返回 Meta 键是否被按下。函数声明为：

Key. Meta As Boolean

Meta 原本是一个英文前缀，为"变化、变换"的意思，是早期 MIT 计算机键盘上的一个特殊键，如 Tom knight 设计的 Symbolics Space-cadet Keyboard 就包含该键。Macintosh 的 Command 键被用作 Meta 键，Windows 下通常被认为是 Win 键，与开发工具系统定义有关。

⑤ Normal 属性 Normal 属性返回是否有功能键被按下，用于 KeyPress 或 KeyRelease 事件。函数声明为：

Key. Normal As Boolean

举例说明：

```
Public Sub Button1_KeyPress()
    If Key. Normal Then
        Button1. Text=" True" & CString(Time)
    Else
        Button1. Text=" False" & CString(Time)
    Endif
End
```

⑥ Shift 属性 Shift 属性返回 Shift 键是否被按下，用于 KeyPress 或 KeyRelease 事件。函数声明为：

Key. Shift As Boolean

举例说明：

```
Public Sub Button1_KeyPress()
    If Key. Shift Then
        Button1. Text=" True" & CString(Time)
    Else
        Button1. Text=" False" & CString(Time)
    Endif
End


' Form 的 KeyPress 事件
Public Sub Form_KeyPress()

    Dim altSet As Boolean

    Try altSet=Key. Shift
    altSet=IIf(Error ,False,altSet)
    If altSet Then
        Me. Text=CString(Time) & " True: SHIFT 键按下"
    Else
        Me. Text=CString(Time) & " False: SHIFT 键未按下"
```

        Endif
    End

⑦ State 属性　State 属性返回功能键的状态。使用 ALT、CONTROL、SHIFT 和 META 属性取代。函数声明为：

Key.State As Integer

⑧ Text 属性　Text 属性返回按键关联的文本，为一个字符。函数声明为：

Key.Text As String

（2）Key 数组存取器

Key 数组存取器根据键名称返回相应按键常数。函数声明为：

…=Key[…]
Dim anInteger As Integer
anInteger=Key[Key As String]

（3）Key 类主要常量

Key 类主要常量如表 7-1 所示。

表 7-1　Key 类主要常量

常量名	常量值	备注
Key.Space	32	&H20
Key.Esc	16777216	&H1000000
Key.Escape	16777216	&H1000000
Key.Tab	16777217	&H1000001
Key.BackTab	16777218	&H1000002
Key.BackSpace	16777219	&H1000003
Key.Return	16777220	&H1000004
Key.Enter	16777221	&H1000005
Key.Ins	16777222	&H1000006
Key.Insert	16777222	&H1000006
Key.Del	16777223	&H1000007
Key.Delete	16777223	&H1000007
Key.Pause	16777224	&H1000008
Key.Print	16777225	&H1000009
Key.SysReq	16777226	&H100000A
Key.Home	16777232	&H1000010
Key.End	16777233	&H1000011
Key.Left	16777234	&H1000012
Key.Up	16777235	&H1000013
Key.Right	16777236	&H1000014
Key.Down	16777237	&H1000015

续表

常量名	常量值	备注
Key.PageUp	16777238	&H1000016
Key.PgUp	16777238	&H1000016
Key.PgDown	16777239	&H1000017
Key.PageDown	16777239	&H1000017
Key.ShiftKey	16777248	&H1000020
Key.ControlKey	16777249	&H1000021
Key.MetaKey	16777250	&H1000022
Key.AltKey	16777251	&H1000023
Key.CapsLock	16777252	&H1000024
Key.NumLock	16777253	&H1000025
Key.ScrollLock	16777254	&H1000026
Key.F1	16777264	&H1000030
Key.F2	16777265	&H1000031
Key.F3	16777266	&H1000032
Key.F4	16777267	&H1000033
Key.F5	16777268	&H1000034
Key.F6	16777269	&H1000035
Key.F7	16777270	&H1000036
Key.F8	16777271	&H1000037
Key.F9	16777272	&H1000038
Key.F10	16777273	&H1000039
Key.F11	16777274	&H100003A
Key.F12	16777275	&H100003B
Key.F13	16777276	&H100003C
Key.F14	16777277	&H100003D
Key.F15	16777278	&H100003E
Key.F16	16777279	&H100003F
Key.F17	16777280	&H1000040
Key.F18	16777281	&H1000041
Key.F19	16777282	&H1000042
Key.F20	16777283	&H1000043
Key.F21	16777284	&H1000044
Key.F22	16777285	&H1000045
Key.F23	16777286	&H1000046
Key.F24	16777287	&H1000047
Key.Menu	16777301	&H1000055
Key.Help	16777304	&H1000058
Key.AltGrKey	16781571	&H1001103

7.2 Mouse 类

Mouse 类用于获取鼠标事件、鼠标信息，并定义 Mouse 类常数。

(1) Mouse 类主要静态属性

① Alt 属性　Alt 属性返回 Alt 键是否被按下。函数声明为：

　　Mouse.Alt As Boolean

② Button 属性　Button 属性返回鼠标按键状态。用 Left、Middle 和 Right 属性代替。函数声明为：

　　Mouse.Button As Integer

③ Control 属性　Control 属性返回 CTRL 键是否被按下。函数声明为：

　　Mouse.Control As Boolean

④ Delta 属性　Delta 属性返回 MouseWheel 事件的 delta 值。函数声明为：

　　Mouse.Delta As Float

⑤ Forward 属性　Forward 属性返回鼠标滚轮是否向前滚动。函数声明为：

　　Mouse.Forward As Boolean

⑥ Left 属性　Left 属性返回鼠标左键是否被按下。函数声明为：

　　Mouse.Left As Boolean

⑦ Meta 属性　Meta 属性返回 Meta 键是否被按下。函数声明为：

　　Mouse.Meta As Boolean

⑧ Middle 属性　Middle 属性返回鼠标中键（滚轮）是否被按下。函数声明为：

　　Mouse.Middle As Boolean

⑨ Normal 属性　Normal 属性返回是否有键被按下。函数声明为：

　　Mouse.Normal As Boolean

⑩ Orientation 属性　Orientation 属性返回 MouseWheel 事件的方向，可以是 Mouse.Horizontal 或 Mouse.Vertical。函数声明为：

　　Mouse.Orientation As Integer

⑪ Right 属性　Right 属性返回鼠标右键是否被按下。函数声明为：

　　Mouse.Right As Boolean

⑫ ScreenX 属性　ScreenX 属性返回鼠标光标相对屏幕的横坐标。函数声明为：

　　Mouse.ScreenX As Integer

⑬ ScreenY 属性　ScreenY 属性返回鼠标光标相对屏幕的纵坐标。函数声明为：

　　Mouse.ScreenY As Integer

⑭ Shift 属性 Shift 属性返回 Shift 键是否被按下。函数声明为：

Mouse.Shift As Boolean

⑮ StartX 属性 StartX 属性返回在事件开始时 Mouse.X 的值。函数声明为：

Mouse.StartX As Integer

⑯ StartY 属性 StartY 属性返回在事件开始时 Mouse.Y 的值。函数声明为：

Mouse.StartY As Integer

⑰ State 属性 State 属性返回鼠标按键状态，按比特位设置按键状态，位 0 置 1 为鼠标左键按下，位 1 置 1 为鼠标中键按下，位 2 置 1 为鼠标右键按下。函数声明为：

Mouse.State As Integer

⑱ X 属性 X 属性返回鼠标光标的横坐标。函数声明为：

Mouse.X As Integer

⑲ Y 属性 Y 属性返回鼠标光标的纵坐标。函数声明为：

Mouse.Y As Integer

（2）Mouse 类主要静态方法

① Inside 方法 Inside 方法返回鼠标光标是否在指定的控件内，如果控件为隐藏状态，则返回 False。函数声明为：

Mouse.Inside(Control As Control) As Boolean

Control 为控件。

② Move 方法 Move 方法移动鼠标指针到屏幕上的指定位置。函数声明为：

Mouse.Move(X As Integer, Y As Integer)

X 为鼠标光标的横坐标。
Y 为鼠标光标的纵坐标。

③ Translate 方法 Translate 方法转换鼠标光标的缩放距离。函数声明为：

Mouse.Translate(DX As Integer, DY As Integer)

DX 为鼠标光标的横坐标缩放距离。
DY 为鼠标光标的纵坐标缩放距离。

（3）Mouse 类主要静态常量

Mouse 类主要常量如表 7-2 所示。

表 7-2 Mouse 类主要常量

常量名	常量值	备注
Mouse.Custom	−2	自定义光标
Mouse.Default	−1	默认光标
Mouse.Arrow	0	箭头光标
Mouse.Horizontal	1	水平光标

续表

常量名	常量值	备注
Mouse.Cross	2	十字线光标
Mouse.Vertical	2	十字线光标
Mouse.Wait	3	等待光标
Mouse.Text	4	文本编辑光标
Mouse.SizeS	5	向下指向光标
Mouse.SizeN	5	向下指向光标
Mouse.SizeV	5	向下指向光标
Mouse.SizeE	6	向右指向光标
Mouse.SizeH	6	向右指向光标
Mouse.SizeW	6	向右指向光标
Mouse.SizeNE	7	右上左下指向光标
Mouse.SizeNESW	7	右上左下指向光标
Mouse.SizeSW	7	右上左下指向光标
Mouse.SizeSE	8	左上右下指向光标
Mouse.SizeNW	8	左上右下指向光标
Mouse.SizeNWSE	8	左上右下指向光标
Mouse.SizeAll	9	四向指向光标
Mouse.Blank	10	不显示光标
Mouse.SplitV	11	上下指向光标
Mouse.SplitH	12	左右指向光标
Mouse.Pointing	13	手形光标

7.3 Timer 控件

在进行程序设计时，可能会遇到需要定时、有规律地执行某些功能的问题，则需要使用 Timer 定时器控件，如定时备份数据、实时显示时间等。Timer 控件每隔一个时间间隔触发一次 Timer 事件，时间间隔由 Delay 确定。

(1) Timer 控件的主要属性

① Delay 属性　Delay 属性返回或设置定时器触发的时间间隔，以毫秒计。函数声明为：

Timer.Delay As Integer

② Enabled 属性　Enabled 属性返回或设置定时器是否可用。函数声明为：

Timer.Enabled As Boolean

(2) Timer 控件的主要方法

① Restart 方法　Restart 方法再次重启定时器。函数声明为：

Timer.Restart()

② Start 方法　Start 方法用于启动定时器，与设置 Enabled 为 True 效果相同。函数声明为：

Timer. Start()

③ Stop 方法　Stop 方法用于停止定时器，与设置 Enabled 为 False 效果相同。函数声明为：

Timer. Stop()

④ Trigger 方法　Trigger 方法在下一次事件循环时触发一次定时器，Enabled 设置被忽略。函数声明为：

Timer. Trigger()

(3) Timer 控件的主要事件

Timer 事件当定时器达到规定时间间隔时触发。函数声明为：

Event Timer. Timer()

举例说明：

Public hConsoleTimer As Timer

Public Sub Main()
　hConsoleTimer=New Timer As " MyTimer"
　hConsoleTimer. Delay=1000
　hConsoleTimer. Enabled=True
End

Public Sub MyTimer_Timer()
　Print CInt(Timer);;" Hello Gambas"
End

7.4　板球游戏程序设计

下面通过一个实例来学习键盘事件、鼠标事件和定时器控件的使用方法。设计一个板球游戏，当按下回车键或在窗体中双击鼠标时游戏开始运行；利用 RadioButton 控件的圆形单选按钮生成 4 个板球，其中选中状态的板球主球，程序运行时为深色（蓝色），其他板球为辅助球，程序运行时为浅色（白色）；板球的初始速度、方向随机生成；在窗体的下方设计一个挡板，使用 ToggleButton 控件实现，当板球碰撞挡板后被弹起，否则该板球绕过挡板后消失；板球碰到上、左、右三面墙壁后会被弹回；行进路线与反弹路线沿法线方向对称；如果挡板未接住主球，则弹出对话框，提示游戏结束。板球游戏程序窗体如图 7-1 所示。

(1) 实例效果预览

如图 7-1 所示。

(2) 实例步骤

① 启动 Gambas 集成开发环境，可以在菜单栏选择"文件"→"新建工程..."，或在启

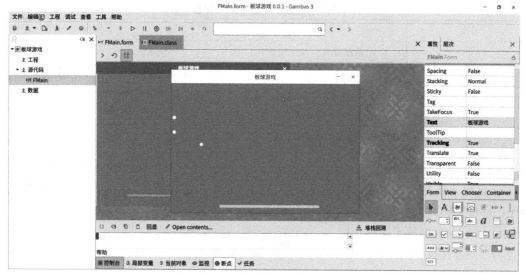

图 7-1　板球游戏程序窗体

动窗体中直接选择"新建工程…"项。

② 在"新建工程"对话框中选择"1. 工程类型"中的"Graphical application"项，点击"下一个（N）"按钮。

③ 在"新建工程"对话框中选择"2. Parent directory"中要新建工程的目录，点击"下一个（N）"按钮。

④ 在"新建工程"对话框中"3. Project details"中输入工程名和工程标题，工程名为存储的目录的名称，工程标题为应用程序的实际名称，在这里设置相同的工程名和工程标题。完成之后，点击"确定"按钮。

⑤ 系统默认生成的启动窗体名称为 FMain。在 FMain 窗体中添加 1 个 RadioButton 控件、1 个 ToggleButton 控件，1 个 Timer 控件，如图 7-2 所示，并设置相关属性，如表 7-3 所示。

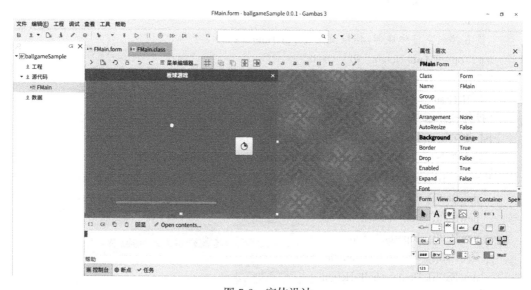

图 7-2　窗体设计

表 7-3 窗体和控件属性设置

名称	属性	说明
FMain	Text：板球游戏 Resizable：False Background：Orange Tracking：True	标题栏显示的名称 固定窗体大小，取消最大化按钮 背景颜色 接收 MouseMove 事件
ball	Class：RadioButton	板球
bar	Class：ToggleButton	挡板
Timer1	Delay：10	定时触发

⑥ 设置 Tab 键响应顺序。在 FMain 窗体的"属性"窗口点击"层次"，出现控件切换排序，即按下键盘上的 Tab 键时，控件获得焦点的顺序。

⑦ 在 FMain 窗体中添加代码。

```
' Gambas class file

Public hd As Integer                          '蓝色板球水平方向
Public vd As Integer                          '蓝色板球垂直方向
Public newBall As New RadioButton[3]          '白色板球
Public newhd[3] As Integer                    '白色板球水平方向
Public newvd[3] As Integer                    '白色板球垂直方向
Public stp[3,2] As Integer                    '水平和垂直步长
Public mx As Integer                          '鼠标横坐标

Public Sub Form_Open()

   Dim i As Integer

   '启动随机数发生器
   Randomize
   '设置挡板在窗体底部，挡板使用 ToggleButton 控件
   bar.Top=FMain.Height-30
   '设置板球垂直飞行方向，包括正向与反向
   vd=IIf(Rand(1,10)<=5,1,-1)
   '设置板球水平飞行方向，包括正向与反向
   hd=IIf(Rand(1,10)<=5,1,-1)
   '生成3个板球，与原始板球重叠放置，板球使用 RadioButton 控件
   For i=0 To 2 Step 1
      newBall[i]=New RadioButton(FMain)
      newBall[i].Left=ball.Left
      newBall[i].Top=ball.Top
      newBall[i].Width=ball.Width
      newBall[i].Height=ball.Height
```

```
      '设置板球飞行方向
      newhd[i]=IIf(Rand(1,10)< =5,1,-1)
      newvd[i]=IIf(Rand(1,10)< =5,1,-1)
      '设置板球不可见
      newBall[i]. Visible=False
      '设置水平步长,即水平速度
      stp[i,0]=Rand(3,8)
      '设置垂直步长,即垂直速度
      stp[i,1]=Rand(3,8)
   Next
End

Public Sub Form_KeyPress()
   '识别按键码
   Select Case Key. Code
      Case Key. Left        '按下"←"键
         '挡板左移
         bar. Left=bar. Left -20
      Case Key. Right       '按下"→"键
         '挡板右移
         bar. Left=bar. Left+20
      Case Key. Esc         '按下 Esc 键退出
         FMain. Close
      Case Key. Return      '按下回车键开始游戏
         Timer1. Enabled=True
   End Select
   '挡板的左侧与右侧均不能移出窗体
   If bar. Left <=0 Then
      bar. Left=0
   Endif
   If bar. Left >=FMain. Width -bar. Width Then
      bar. Left=FMain. Width -bar. Width
   Endif
End


Public Sub Timer1_Timer()

   Dim i As Integer


   '设置板球位置,第一个板球为选中状态,故运行时为蓝色
   ball. Left=ball. Left+2* hd
   ball. Top=ball. Top+2* vd
```

'当板球碰到墙壁或挡板时被弹回,即取相反方向
If (ball.Top+ball.Height>=bar.Top) And (ball.Left>bar.Left) And (ball.Left<bar.Left+bar.Width)Then
    vd=vd*(-1)
Endif
If (ball.Top<=0)And (ball.Left>=0)And (ball.Left<FMain.Width)Then
    vd=vd*(-1)
Endif
If (ball.Left<=0)And (ball.top>0)And (ball.Top<bar.Top)Then
    hd=hd*(-1)
Endif
If (ball.Left+ball.Width>=FMain.Width)And (ball.Top>0)And (ball.Top<bar.Top)Then
    hd=hd*(-1)
Endif
'当蓝色板球逃逸时,游戏结束
If ball.Top>FMain.Height+20 Then
    Message.Title="提示"
    Message.Info("Game Over!","确定")
    Timer1.Enabled=False
    FMain.Close
Endif
'显示3个白色板球
For i=0 To 2 Step 1
    '板球可见
    newBall[i].Visible=True
    '设置板球的移动方向和速度
    newBall[i].Left=newBall[i].Left+stp[i,0]*newhd[i]
    newBall[i].Top=newBall[i].Top+stp[i,1]*newvd[i]
    '当板球碰到墙壁或挡板时被弹回,即取相反方向
    If (newBall[i].Top+newBall[i].Height>=bar.Top)And (newBall[i].Left>bar.Left)And (newBall[i].Left<bar.Left+bar.Width)Then
        newvd[i]=newvd[i]*(-1)
    Endif
    If (newBall[i].Top<=0)And (newBall[i].Left>=0)And (newBall[i].Left<FMain.Width)Then
        newvd[i]=newvd[i]*(-1)
    Endif
    If (newBall[i].Left<=0)And (newBall[i].top>0)And (newBall[i].Top<bar.Top)Then
        newhd[i]=newhd[i]*(-1)
    Endif
    If (newBall[i].Left+newBall[i].Width>=FMain.Width)And (newBall[i].Top>0)And (newBall[i].Top<bar.Top)Then

```
            newhd[i]=newhd[i]*(-1)
        Endif
        '当白色板球逃逸时,将其放置在不可见区域
        If newBall[i]. Top>FMain. Height+20 Then
            newBall[i]. top=FMain. Height+100
        Endif
    Next
End

Public Sub Form_MouseMove()
    '挡板当前位置为鼠标横坐标移动增量
    bar. Left=bar. Left+Mouse. X-mx
    '挡板的左侧与右侧均不能移出窗体
    If bar. Left <=0 Then
        bar. Left=0
    Endif
    If bar. Left>=FMain. Width-bar. Width Then
        bar. Left=FMain. Width-bar. Width
    Endif
    '鼠标位置
    mx=Mouse. X
End

Public Sub Form_DblClick()
    Timer1. Enabled=True
End
```

程序中,使用 RadioButton 控件作为板球,开始游戏后采用随机选择方向和速度的方式,使之不能提前预测;ToggleButton 作为挡板接球,空间中三面为墙壁,一面为挡板。假设板球碰撞没有能量损失,当板球碰撞后类似于光的反射,会沿着法线方向弹射,速度不发生变化,只是运动方向发生变化。此外,游戏中共设计 4 个板球,1 个板球为原始设计,其余为程序在运行时生成,其运动方向、速度都是随机的。可以利用鼠标控制,为此增加了 Form_MouseMove 过程,需要设置窗体的 Tracking 属性为 True,以接收鼠标移动事件。

第 8 章

流与输入输出

Gambas 的流与输入输出操作集成了数据流、文件等操作。流是 CPU 与外部进行数据交换的通道,可以借此保存、访问各类数据,也可以使其他应用程序共享这些数据。利用 Gamabs 的强大流处理能力,可以为用户提供多种数据管理与解决方案。

本章介绍 Gambas 中的流操作,主要包括:流与输入输出、文件操作、文件和目录管理、Stat 类以及二进制文件操作等。

8.1 流与输入输出

Gambas 提供了流管理、错误输出、锁定解锁、重定向、内存管理、管道操作、文件管理等函数,涵盖了几乎所有常用 Linux 流操作功能,如表 8-1 所示。

表 8-1 流操作函数及功能

流操作函数	功能
CLOSE	关闭一个流
Eof	返回是否到达文件末尾
ERROR	打印表达式到标准错误输出
ERROR TO	重定向标准错误输出
FLUSH	刷新缓冲流的输出
INPUT	从文本流中读取字符串
INPUT FROM	重定向标准输入
LINE INPUT	从一个文本流中读取一行
LOCK	锁定一个打开的流
Lof	返回一个的流长度
MEMORY	创建一个可以直接对内存读写二进制数据的流
OPEN	打开一个读或写的文件,并且为其创建一个流
OPEN MEMORY	同 MEMORY
OPEN PIPE	同 PIPE
OPEN STRING	打开一个读或写的字符串,并为其创建一个流
OUTPUT TO	重定向标准输出

续表

流操作函数	功能
PIPE	打开一个读或写的命名管道,并且为其创建一个流
PRINT	打印表达式到一个流
DEBUG	打印表达式到标准错误输出
READ	从一个流中读取二进制数据
SEEK	改变流文件指针的位置
Seek	获取流文件指针的位置
UNLOCK	解锁一个打开的流
WRITE	向一个流中写入二进制数据

8.1.1 流打开与关闭

(1) OPEN 语句

OPEN 语句打开一个文件读、写、创建或者追加数据。除非指定 CREATE 关键字,否则文件必须存在。如果文件成功打开,流对象返回给 Stream 变量。语句声明为:

Stream= OPEN FileName [FOR [READ | INPUT] [WRITE | OUTPUT] [CREATE | APPEND] [WATCH]]

FileName 为文件名。
READ 为非缓冲读文件。
WRITE 为非缓冲写文件。
INPUT 为缓冲读文件。
OUTPUT 为缓冲写文件。
CREATE 为创建新文件或者清空已有文件。
APPEND 为文件打开后文件指针指向文件末尾。
WATCH 为解释器将监视该文件。

如果从文件中读取数据,则调用 File_Read 事件;如果向文件中写入数据,则调用 File_Write 事件。默认情况下,流使用缓冲,如果使用非缓冲,必须声明 READ 或 WRITE 关键字。Gambas 不会删除使用 WRITE 关键字打开的文件,以前的内容会保留在新文件的末尾,可以使用 CREATE 清空。

OPEN 语句返回的错误码如表 8-2 所示。

表 8-2 OPEN 语句返回的错误码

消息	含义	说明
禁止访问(43)	用户没有访问该文件或目录的权限	不允许对文件的访问请求,或某个目录的路径检索许可被拒绝,或文件不存在且不允许对其父目录写访问
指定文件是目录(46)	指定的文件路径指向一个目录	FileName 指向的是目录,用 Dir 函数代替
文件或目录不存在(45)	指定的文件或目录不存在	FileName 不存在,或路径中的某个目录不存在或是断开的符号连接
内存不足(1)	系统内存耗尽	系统运行内存不足

续表

消息	含义	说明
设备已满(37)	正在写入数据的设备已满	FileName 被创建,但是保存 FileName 的设备没有空间给这个新文件
非目录(49)	指定路径必须是一个目录	FileName 路径中某个目录实际上不是目录
系 统 错 误 …(42)	当系统调用返回一个没有与之匹配的错误时,该错误发生	其他可能的系统错误: ①解析 FileName 时遇到太多的符号连接 ②进程中已经有最大数量文件打开 ③达到系统打开文件总数限制 ④FileName 指向一个设备专用文件,并且对应的设备不存在 ⑤文件是命名管道,并且没有进程为了读取而打开该文件 ⑥FileName 指向只读文件系统上的文件,并且有写访问请求 ⑦FileName 指向正在执行的可执行映射,并且有写访问请求

举例说明:

```
'打印文本文件内容到屏幕
Dim hFile As File
Dim sLine As String

hFile = Open" /etc/passwd" For Input

While Not Eof(hFile)
    Line Input #hFile, sLine
    Print sLine
Wend

'监视串口
Dim hFile As File

hFile = Open" /dev/ttyS0" For Read Write Watch

...

Public Sub File_Read()

    Dim iByte As Byte

    Read #hFile, iByte
    Print" 得到一个字节:"; iByte
End
```

```
'读小字节序(小端对齐)格式的 BMP 文件数据
Dim hFile As File
Dim iData As Integer

hFile=Open" image. bmp" For Input
hFile. ByteOrder=gb. LittleEndian
...
Read #hFile,iData
```

(2) CLOSE 语句

CLOSE 语句关闭打开的文件或流。语句声明为：

CLOSE[#] Stream

如果有一个打开的文件或流，关闭操作实际上是关闭标准输入。关闭字符串流。语句声明为：

String=CLOSE[#] StringStream

关闭字符串流，返回流缓冲内的字符串。

(3) OPEN STRING 语句

OPEN STRING 语句用流访问一个字符串。语句声明为：

Stream=OPEN STRING[String][FOR[READ][WRITE]]

String 为指定参数，写入内部缓冲。
READ 为打开字符串并读取数据。
WRITE 为打开字符串并写入数据。
CLOSE 语句返回该字符串缓冲。

(4) OPEN MEMORY 语句

OPEN MEMORY 语句可用 MEMORY 语句代替。语句声明为：

Stream=OPEN MEMORY Pointer[FOR[READ][WRITE]]

(5) OPEN PIPE 语句

OPEN PIPE 语句可用 PIPE 语句代替。语句声明为：

Stream=OPEN PIPE PipeName FOR[READ][WRITE][WATCH]

8.1.2 流输入输出

(1) FLUSH 语句

FLUSH 语句刷新 Stream 指定的缓冲流输出。语句声明为：

FLUSH[[#] Stream]

如果不指定 Stream，刷新每一个打开的流。

(2) INPUT 语句

INPUT 语句从 Stream 流中读取用空格或换行符分割的字符串，并且将其保存到指定变量中。函数声明为：

```
INPUT[#Stream ,] Variable[,Variable ...]
```

如果没有指定 Stream 流，则使用标准输入。

(3) INPUT FROM 语句

INPUT FROM 语句重定向默认的标准输入到 Stream 流。语句声明为：

```
INPUT FROM Stream
```

当没有指定 INPUT、READ、LINE INPUT、Eof 以及 Lof 函数的流参数时，系统使用默认的标准输入。

INPUT FROM DEFAULT 语句恢复重定向默认的标准输入到最后一次重定向之前的状态。语句声明为：

```
INPUT FROM DEFAULT
```

(4) LINE INPUT 语句

LINE INPUT 语句从 Stream 流中读取一个整行的文本到 Variable 字符串变量。语句声明为：

```
LINE INPUT[#Stream ,] Variable
```

如果没有指定 Stream 流，则使用标准输入。

读取的整行文本不包括行尾的定界符。

行尾定界符可由 Stream.EndOfLine 属性定义。默认是 gb.Unix，使用一个单字符 Chr$(10)。

不能用于读取二进制文件，由于得不到换行符，读取二进制文件应使用 READ 函数。

不要在不一定发送换行的进程的 Read 事件内部使用该语句，由于其将保持阻塞来等待换行符。

举例说明：

```
Dim hFile As Stream
Dim sOneLine As String

' 打印文件到标准输出
hFile = Open "/etc/hosts" For Input

While Not Eof(hFile)
    Line Input #hFile, sOneLine
    Print sOneLine
Wend

Close #hFile
```

(5) OUTPUT TO 语句

OUTPUT TO 语句重定向默认的标准输出到 Stream 流。语句声明为：

```
OUTPUT TO Stream
```

如果没有指定 Stream 流，则 PRINT 语句和 WRITE 语句使用默认标准输出，允许嵌套调用。

OUTPUT TO DEFAULT 语句恢复重定向默认的标准输出到最后一次重定向之前的状态。语句声明为：

```
OUTPUT TO DEFAULT
```

(6) PRINT 语句

PRINT 语句打印 Expression 序列到 Stream 流。语句声明为：

```
PRINT[#Stream ,] Expression[{ ; | ;; | ,} Expression ... ][{ ; | ;; | ,} ]
```

如果没有指定 Stream，打印到标准输出。

标准输出可以使用 OUTPUT TO 语句重定向。

Expression 会用 Str$ 函数转换成字符串。

如果最后一个 Expression 后面既没有逗号，也没有分号，在最后一个 Expression 后面会打印行尾符。行尾符可以用 Stream.EndOfLine 属性定义。

如果使用连续两个分号，在两个 Expression 之间会打印一个空格。

如果用逗号取代分号，在两个 Expression 之间会打印一个制表符 [Chr$(9)，ASCII 码为 9]。

8.1.3 流锁定

(1) LOCK 语句

LOCK 语句用指定的 Path 创建一个系统公用锁定。函数声明为：

```
Stream=LOCK Path
```

如果指定文件已经被另一个进程锁定，则命令失败。

被 LOCK 锁定后，一旦流对象被释放，流会被关闭且锁定被解锁。

用 UNLOCK 语句解锁。

举例说明：

```
Dim hLock As Stream
' 试图获取锁定
Try hLock=Lock" ~ /my-lock"
If Error Then
    Print" 锁定已经被获取,稍后再试."
    Return
Endif
' 文件已锁定!
...
' 释放锁定
Unlock hLock
```

(2) LOCK WAIT 语句

LOCK WAIT 语句尝试在指定的延时内锁定一个文件。语句声明为：

```
Stream=LOCK Path WAIT Delay
```

Delay 为延时时间，以毫秒计。

如果在延时期间内未成功锁定，命令失败。

(3) UNLOCK 语句

UNLOCK 语句解锁一个以前使用 LOCK 语句锁定的 Stream 流。语句声明为：

UNLOCK[#] Stream

解锁流和关闭流是相同的。被锁定的文件保留在磁盘上。

8.1.4 流信息

(1) Eof 函数

Eof 函数返回流是否到达末尾。如果到达末尾，返回 True。如果没有指定 Stream，使用标准输入。函数声明为：

Result=Eof([Stream AS Stream]) As Boolean

Eof 函数的行为依赖于流阻塞模式：

① 如果流为非阻塞模式，从流中至少可以读取一个字节，且当 Eof 函数被调用时。

② 如果流是阻塞模式，Eof 函数在检查是否有数据可读之前保持等待状态。

③ 对于阻塞模式下的非文件流（管道、进程、套接字等），当流的另一端被关闭时将到达文件末尾。

(2) Lof 函数

Lof 函数返回打开的 Stream 流的长度。函数声明为：

Length=Lof(Stream AS Stream) As Long

举例说明：

Open sFileName For Read As #hFile
...
Print" 文件长度为"; Lof(hFile)

如果 Stream 流不是文件，而是进程（Process）或套接字（Socket），则返回当前读取的字节数。

举例说明：

Public Sub Process_Read()

　　Dim sBuffer As String

　　Print" 可以读"; Lof(hLAST)
　　' 读取
　　Read #hLAST, sBuffer, Lof(hLAST)
End

8.1.5 流读写定位

(1) READ 语句

READ 语句读取指定数据类型。语句声明为：

> Variable=READ[#Stream] As Datatype

读取 Steam 流作为由 Datatype 参数指定类型的二进制数据。二进制形式由 WRITE 语句的用法决定。如果没有指定 Stream，则使用标准输入。返回的数据类型可以是下列之一：NULL、Boolean、Byte、Short、Integer、Long、Pointer、Single、Float、Date、String、Variant、任意 Array、Collection 或结构体。如果流的内容不能被解析，将触发一个错误。该语句使用流的字节序来读取数据。

> Variable=READ[#Stream ,] Length

从 Stream 流中读取由 Length 参数指定数量的字节，并将其作为一个字符串返回。如果 Length 为负数，在流尾部读取由 Length 的绝对值指定的字节数。如果没有指定 Stream，使用标准输入。

（2）MEMORY 语句

MEMORY 语句创建一个允许直接对内存读取或写入二进制数据的流。语句声明为：

> Stream=MEMORY Pointer[FOR[READ][WRITE]]

Pointer 为内存地址，流的读取或写入都会使流的内部指针发生改变。
READ 为允许读取内存。
WRITE 为允许写入内存。
用 SEEK 设置或 Seek 返回的流位置，即从 Pointer 指针位置开始的字节数。
如果尝试对保护内存地址进行写入，会产生错误。

（3）PIPE 语句

PIPE 语句打开管道以便只读、只写或读写流。管道不存在时，会被自动创建。如果管道被成功打开，一个流对象被返回到 Stream 变量。语句声明为：

> Stream=PIPE PipeName FOR[READ][WRITE][WATCH]

PipeName 为文件名。
READ 为读取打开管道。
WRITE 为写入打开管道。
WATCH 为监视管道。

如果从管道中读取数据，则调用 Pipe_Read 事件；如果向管道中写入数据，则调用 Pipe_Write 事件。

管道流不使用缓冲。

管道在同一系统的进程之间提供单向数据传输，即管道是半双工的。

管道的一个主要特征就是通过通信媒介传输的数据是暂存数据，只能从读描述符读取一次。同样，如果是写描述符，则只能按照数据写入的顺序读取数据。

在对管道进行读取或写入操作之前要两端同时打开。

为了读取合法的数据块，管道应保持打开状态，直到其他的进程为了写入而打开这个管道。

PIPE 语句返回的错误码如表 8-3 所示。

表 8-3 PIPE 语句返回的错误码

消息	含义	说明
禁止访问(43)	用户没有访问该文件或目录的权限	不允许对管道的访问请求,或某个目录的路径检索许可被拒绝,或不允许对其父目录写访问
设备已满(37)	正在写入数据的设备已满	PipeName 被创建,但保存 PipeName 的设备没有空间给这个新文件
非目录(49)	指定路径必须是一个目录	PipeName 路径中的某个目录实际上不是目录
系统错误…(42)	当系统调用返回一个没有与之匹配的错误时,该错误发生	其他可能的系统错误: ①解析路径时遇到太多的符号连接 ②路径参数超过最大路径长度,或路径的某个目录超过目录名称最大长度 ③命名一个存在的目录,或路径是空字符串 ④容纳新文件的目录不能扩展,或文件系统缺乏文件分配资源 ⑤达到系统打开文件总数限制 ⑥PipeName 指向只读文件系统上的文件,并且有写访问请求

举例说明:

```
' 打印发送到管道的信息
' 在窗口中启动程序,然后在终端中使用命令: ls>/tmp/FIFO1
Dim hFile As File
Dim sLine As String

hFile=Pipe" /tmp/FIFO1" For Read

Do
    Read #hFile,sLine,-256
    If Not sLine Then Break
    Print sLine;
Loop

' 如果已知数据是文本行,这里有另一种读取管道的方法
Dim hFile As File
Dim sLine As String

hFile=Pipe " /tmp/FIFO1" For Read

Do
    Line Input #hFile,sLine
    If hFile.EndOfFile Then Break
    Print sLine
Loop
```

(4) SEEK 语句

SEEK 语句为下一次读写操作指明流指针的位置。语句声明为:

```
SEEK[#] Stream ,Position
```

如果 Position 为负数，从文件尾向前移动流指针。
移动流指针到文件末尾，必须使用 Lof 函数。
举例说明：

```
'移动到文件首
Seek #hFile,0
'移动到文件末尾
Seek #hFile,Lof(#hFile)
'移动到文件末尾之前 100 字节处
Seek #hFile,-100
```

（5） Seek 函数

Seek 函数返回 Stream 指定的流指针位置。返回值为 Long 型。函数声明为：

```
Position=Seek(Stream)
```

一些类型的流是没有流指针的，如：Process、Socket。

（6） WRITE 语句

WRITE 语句写入指定类型数据。语句声明为：

```
WRITE[#Stream ,] Expression As Datatype
```

将一个 Expression 的二进制数据写入 Stream 流。如果没有指定 Stream，使用标准输出。当写入一个字符串时，字符串的长度被写在字符串内容之前。Expression 的数据类型可以是下列之一：NULL、Boolean、Byte、Short、Integer、Long、Pointer、Single、Float、Date、String、Variant、任意 Array、Collection 或任意结构体。如果 Expression 是一个集合、数组或结构体，其内容被递归写入。当写入一个结构体时，结构体类型必须用 Datatype 参数指定。如果写入不支持的数据类型或检测到循环引用，将触发一个错误。该语句写入的数据决定了流的字节序。

写入一个字符串。语句声明为：

```
WRITE[#Stream ,] String[,Length]
```

从 String 取 Length 个字节写入指定的流。如果没有指定 Stream，使用标准输出。如果没有指定 Length，使用 String 的长度。

写入内存。语句声明为：

```
WRITE[#Stream ,] Pointer ,Length
```

从 Pointer 指针指向的内存地址取 Length 个字节写入指定的流。如果没有指定 Stream，使用标准输出。必须指定 Length，否则系统不进行任何操作。

8.1.6　流错误处理

（1） ERROR 函数

ERROR 函数在有错误发生时返回 True。函数声明为：

```
ERROR As Boolean
```

仅用于 TRY 语句之后，以便获得指令是否执行失败。使用 ERROR 可以获取更多的错误信息。

在下列情况下，错误标志被清除为 False：

① 执行 Return 语句。

② 执行 TRY 语句，并且没有发生任何错误。

举例说明：

```
Dim FileName As String = "File"
Try Kill FileName
If Error Then Print " Cannot remove file. " ; Error. Text
```

（2） ERROR 语句

ERROR 语句声明为：

```
ERROR Expression[{ ; | ;; | ,} Expression ... ][{ ; | ;; | ,}]
```

打印 Expression 到标准错误输出，用法和 PRINT 语句相同。

使用 ERROR TO 语句可以重定向标准输出。

（3） ERROR TO 语句

ERROR TO 语句重定向默认的标准错误输出到 Stream 流。语句声明为：

```
ERROR TO Stream
```

ERROR 语句和 DEBUG 语句均使用默认的标准错误输出，并允许嵌套调用。

ERROR TO DEFAULT 语句恢复重定向默认的标准错误输出到最后一次重定向之前的状态。语句声明为：

```
ERROR TO DEFAULT
```

（4） DEBUG 语句

DEBUG 语句打印表达式到标准错误输出，需要编译程序时包含调试信息选项。语句声明为：

```
DEBUG Expression[{ ; | ;; | ,} Expression ... ][{ ; | ;; | ,}]
```

Expression 将被 Str＄函数转换成字符串。

如果最后一个 Expression 后面既没有逗号，也没有分号，则在最后一个 Expression 后面会打印行尾符。行尾符在 Stream. EndOfLine 属性中定义。

如果使用连续两个分号，在两个 Expression 之间会打印一个空格。

如果用逗号取代分号，在两个 Expression 之间会打印一个制表符［Chr＄（9），ASCII 码为 9］。

举例说明：

```
Dim a As Float
a = 45 / 180*Pi
Debug " at 45 degrees the sine value is" ,Format$ (a," 0. ####" )
```

结果为：

```
at 45 degrees the sine value is    0. 7854
```

8.1.7 简易英汉汉英双语词典程序设计

在工程目录中存储有 dict.txt 词典文件,包含有英汉和汉英双语文本,并以逐行逐条形式记录数据,可根据实际情况添加或删除相关词组,如图 8-1 所示。

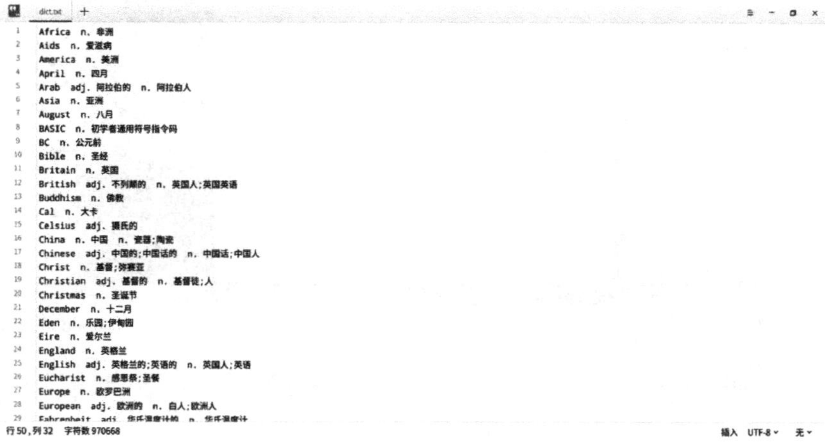

图 8-1 英汉和汉英双语词典词条

词典文件以二进制形式存储,可用 Okteta 十六进制文件编辑器打开,如图 8-2 所示,具体使用方法参考 8.5.1 节。

图 8-2 用 Okteta 打开英汉和汉英双语词典

可以发现,词典文件每行字符串的结束符为换行符"\n",即 0x0A。

下面通过一个实例来学习文件操作的一般方法。设计一个简易英汉汉英双语词典,可在文本输入框(ButtonBox 控件)中输入要查询的英文或中文,在下方的释义区则显示相关查询备选结果。输入的查询字符越多,查询结果也越准确,且最多可显示 10 个备选结果。当输入字符发生变化时,结果也会实时跟踪查询并变化。当输入有误时,可点击输入框右端的清除按钮删除输入,如图 8-3 所示。

(1) 实例效果预览

如图 8-3 所示。

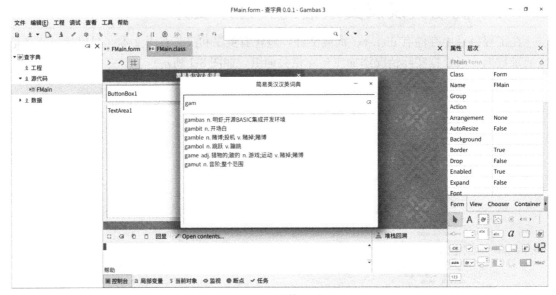

图 8-3　窗体设计

(2) 实例步骤

① 启动 Gambas 集成开发环境，可以在菜单栏选择"文件"→"新建工程..."，或在启动窗体中直接选择"新建工程..."项。

② 在"新建工程"对话框中选择"1. 工程类型"中的"Graphical application"项，点击"下一个（N）"按钮。

③ 在"新建工程"对话框中选择"2. Parent directory"中要新建工程的目录，点击"下一个（N）"按钮。

④ 在"新建工程"对话框中"3. Project details"中输入工程名和工程标题，工程名为存储的目录的名称，工程标题为应用程序的实际名称，在这里设置相同的工程名和工程标题。完成之后，点击"确定"按钮。

⑤ 系统默认生成的启动窗体名称为 FMain。在 FMain 窗体中添加 1 个 ButtonBox 控件、1 个 TextArea 控件，如图 8-4 所示，并设置相关属性，如表 8-4 所示。

表 8-4　窗体和控件属性设置

名称	属性	说明
FMain	Text：简易英汉汉英双语词典 Resizable：False	标题栏显示的名称 固定窗体大小，取消最大化按钮
ButtonBox1	Button：False ClearButton：True	不显示矩形按钮 显示清除按钮 输入查询字符串
TextArea1	Wrap：True	自动换行，显示查询结果

⑥ 设置 Tab 键响应顺序。在 FMain 窗体的"属性"窗口点击"层次"，出现控件切换排序，即按下键盘上的 Tab 键时，控件获得焦点的顺序。

⑦ 在 FMain 窗体中添加代码。

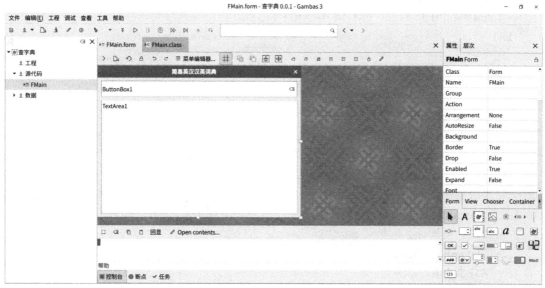

图 8-4 窗体设计

```
' Gambas class file
  ' 存储词条
  Public itms As String[]

Public Sub Form_Open()

  Dim hFile As File
  Dim s As String
  Dim itm As String

  ' 打开并读取词典文件,返回流
  hFile=Open" dict. txt" For Read
  ' 按行读取,直到文件结束
  While Not Eof(hFile)
    ' 读取行
    ' Line Input #hFile,s
    Read #hFile,s,-256
    ' 每行后添加换行符
    itm=itm & s &" \n"
  Wend
  ' 关闭文件
  Close #hFile
  ' 将字符串分为若干个字符串数组
  itms=Split(itm," \n")
```

```
    ' 可将上述代码简化为一行
    ' itms=Split(File.Load("dict.txt"),"\n")
End


Public Sub ButtonBox1_Change()

    Dim s As String
    Dim i As Integer
    Dim j As Integer

    ' 清除控件文本
    TextArea1.Clear
    ' 获得要查找的字符串
    s=ButtonBox1.Text
    ' 字符串查找
    ' While True
    '   ' 词典中字符串是否以输入字符串开头
    '   If (LCase(itms[i])Begins LCase(s))Then
    '     ' 显示查到的字符串
    '     TextArea1.Insert(itms[i] &"\n")
    '     Inc j
    '   Endif
    '   Inc i
    '   ' 显示10组查到的字符串
    '   If j>=10 Then Return
    '   ' 查到末尾时返回
    '   If i>itms.Count -1 Then Return
    ' Wend

    ' 将While语句用For语句代替并简化
    For i=0 To itms.Count-1
        If (LCase(itms[i])Begins LCase(s))Then
            ' 显示查到的字符串
            TextArea1.Insert(itms[i] &"\n")
            Inc j
            If j> =10 Then Break
        Endif
    Next
    ' 错误处理
    Catch
        Return
End
```

程序中，在 Form_Open 过程中添加了大量程序代码，其目的是装载词典文件，词典中的每一个词条都占用一个独立的行，并按行进行读取。

由于采用行读取模式，Read #hFile,s,-256 语句可用 Line Input #hFile,s 替代。此外，Form_Open 过程的代码可用 itms=Split(File.Load("dict.txt"),"\n") 一条语句替代，并且能显著提高执行效率。

在 ButtonBox1_Change 过程中，可以使用 If j>=10 Then Return 语句来显示最多十条查询结果，完成之后返回，也可以使用 If j>=10 Then Break 语句来实现，二者不同点在于 Return 会直接返回，后续代码不再执行，而 Break 跳出原有循环，继续执行后续代码。

8.2 文件操作

文件是程序设计中的一个重要环节，用于为应用程序提供输入数据或保存由程序产生的输出数据。在 Linux 系统中，甚至驱动程序都是以文件形式提供的，存储于外部介质如机械硬盘、固态硬盘、U 盘、光盘中，操作系统以文件为单位对数据进行管理。当访问外部存储介质上的数据时，先按文件名找到相关文件，再读取文件中的数据；当向外部存储介质存储数据时，也必须先建立一个文件，才能向其输出数据。

为了有效地对数据进行存储和读取，文件中的数据必须以某种特定的格式存储，这种格式就是文件的结构。在数据文件中，数据以记录为单位存储，每条记录又由若干相互关联的数据项组成，称为字段。文件是记录的集合，通常以 ASCII 码（或字节）为最小的信息单位，当文件中包含汉字时，则一个汉字占用两个字节。

存取一个文件时，根据文件所含数据类型的不同，可以采用不同存取方式，包括：顺序存取、随机存取、二进制存取。

（1）顺序存取

顺序存取方式规则最简单，存入一个顺序文件时，依次把文件中的每个字符转换为相应的 ASCII 码存储；读取数据时必须从文件的头部开始，按文件写入的顺序一次性全部读出。不能只读取中间的一部分数据。用顺序存取方式形成的文件称为顺序文件。顺序存取方式适合以整个文件为单位存取的环境，主要用于文本文件，如 Deepin 下的"编辑器"、WPS 办公软件等。

（2）随机存取

随机存取的文件由一组固定长度的记录组成，每条记录分为若干个字段，每个字段的长度固定，可以有不同的数据类型。可以使用自定义数据类型来建立记录。用随机存取方式形成的文件称为随机文件。随机文件中每个记录都有一个记录号，通过指定记录号，可以随机地访问每一条记录。随机文件适合于以记录为单位存储的环境。对于大容量有规律的数据，可以使用数据库来代替。Gambas 提供了 SQLite、MySQL、PostgreSQL 以及 ODBC 等数据库管理接口，应用更加灵活。

（3）二进制存取

二进制存取方式可以存取任意数据，与随机文件类似，但没有数据类型和记录长度的限制。用二进制存取方式形成的文件称为二进制文件。二进制文件适合于无格式的字节序列存储环境，如图像数据、音频数据等。

8.2.1 File 类

File 类用于描述一个用 OPEN 语句打开的文件。不能直接创建该类，必须使用 OPEN

语句。该类可以用来访问标准的输入、输出和错误流,使用静态方法操控文件。

(1) File 类主要静态属性

① Err 属性　Err 属性返回标准错误输出流。函数声明为:

　File. Err As File

② In 属性　In 属性返回标准的输入流。函数声明为:

　File. In As File

举例说明:该示例演示读写标准输入、输出和错误的方法,包括 File. In、File. Out 和 File. Err。标准输入上的每一行先被输出到标准输出,再被回显到标准错误输出。

```
Public Sub Main()

    Dim inputLine As String

    ' 循环直到标准输入文件流结束
    While Not Eof(File. In)
        ' 从标准输入读取一行,与下句作用相同:
        ' LINE INPUT inputLine
        Line Input #File. In, inputLine
        ' 打印到标准输出,与下句作用相同:
        ' PRINT inputLine
        Print #File. Out, inputLine
        ' 打印到标准错误输出
        Print #File. Err, inputLine
    Wend
End
```

创建一个命令行应用程序并将上面的代码放入启动模块。如果在 Gambas 的 IDE 中运行这个示例,应用程序表现为停止。如果在 IDE 的控制台窗口中输入,每行将会被回显两次。保存上述代码,并创建一个可执行文件,名称为"pipe.gambas",打开一个 Linux 终端并进入保存可执行文件的目录。输入命令:

　ls - a | . /pipe. gambas

将看到来自"ls -a"命令的每一行回显两次。一次来自标准输出流,一次来自标准错误输出流。如果输入命令:

　ls - a | . /pipe. gambas>files. txt

将重定向标准输出流到一个文件而且在终端窗口中会显示标准错误流的输出,并以文件形式存储。

③ Out 属性　Out 属性返回标准输出流。函数声明为:

　File. Out As File

(2) File 类主要静态方法

① BaseName 方法　BaseName 方法返回文件名。函数声明为:

File. BaseName(Path As String) As String

Path 为文件存储路径。
举例说明：

```
Public Sub ButtonDisplayPath_Click()
    If Dialog. OpenFile() Then Return
    Print" Full file path:" & Dialog. Path
    Print" File name (with extension):" & File. Name(Dialog. Path)
    Print" File name (without extension):" & File. BaseName(Dialog. Path)
    Print" File extension:" & File. Ext(Dialog. Path)
    Print" Directory of the file:" & File. Dir(Dialog. Path)
End
```

② Dir 方法　Dir 方法返回一个文件路径。函数声明为：

File. Dir(Path As String) As String

Path 为文件存储路径。
③ Ext 方法　Ext 方法返回文件扩展名。函数声明为：

File. Ext(Path As String) As String

Path 为文件存储路径。
④ IsHidden 方法　IsHidden 方法返回文件路径是否被隐藏。函数声明为：

File. IsHidden(Path As String) As Boolean

Path 为文件存储路径。
⑤ IsRelative 方法　IsRelative 方法返回是否为相对路径。如果 Path 为空，则返回 False。函数声明为：

File. IsRelative(Path As String) As Boolean

Path 为文件存储路径。
⑥ Load 方法　Load 方法加载一个文件并将其内容作为字符串返回。函数声明为：

File. Load(FileName As String) As String

FileName 为文件名。
举例说明：

```
Public Sub ButtonOpen_Click()
    Dialog. Filter=[" * . txt" ," Text Files" ]
    If Dialog. OpenFile()Then Return
    TextAreaEdit. Text=File. Load(Dialog. Path)
Catch
    Message. Info(Error. Text)
End
```

⑦ Name 方法　Name 方法返回文件名。函数声明为：

File. Name(Path As String) As String

Path 为文件存储路径。

⑧ Save 方法　Save 方法保存文本到文件。函数声明为：

File. Save(FileName As String, Data As String)

FileName 为存储的文件名。
Data 为存储的文本。
举例说明：

```
Public Sub ButtonSave_Click()
    Dialog. Filter=["*.txt","Text Files"]
    If Dialog. SaveFile()Then Return
    File. Save(Dialog. Path,TextAreaEdit. Text)
Catch
    Message. Info(Error. Text)
End
```

⑨ SetBaseName 方法　SetBaseName 方法设置路径的主文件名，并返回修改后的路径。函数声明为：

File. SetBaseName(Path As String, NewBaseName As String) As String

Path 为文件存储路径。
NewBaseName 为新文件名（不包含扩展名）。
举例说明：

```
Dim filePath As String

Print"*　一个标准路径"
filePath="/my/path/file.ext"
Print filePath
Print File. SetBaseName(filePath,"new-name")

Print"\n*　带两个扩展名的路径"
filePath="/my/path/file.ext1.ext2"
Print filePath
Print File. SetBaseName(filePath,"new-name")

Print"\n*　仅有扩展名的路径"
filePath=".ext"
Print filePath
Print File. SetBaseName(filePath,"new-name")

Print"\n*　没有文件名的路径"
```

```
filePath=" /my/path/. ext"
Print filePath
Print File. SetBaseName(filePath," new-name" )

Print"\\n*  没有文件名和扩展名的路径"
filePath=" /my/path/"
Print filePath
Print File. SetBaseName(filePath," new-name" )
```

⑩ SetDir 方法　SetDir 方法设置路径的目录部分，并返回修改后的路径。函数声明为：

File. SetDir(Path As String,NewDir As String) As String

Path 为路径。
NewDir 为新路径。
举例说明：

```
Dim filePath As String

Print" *   一个标准路径"
filePath=" /my/path/file. ext"
Print filePath
Print File. SetDir(filePath," /new/path" )

Print"\\n*   一个相对路径"
filePath=" my/path/file. ext"
Print filePath
Print File. SetDir(filePath," new/path" )

Print"\\n*   给文件名添加路径"
filePath=" file. ext"
Print filePath
Print File. SetDir(filePath," /new/path" )

Print"\\n*   改变没有文件名的路径"
filePath=" my/path/"
Print filePath
Print File. SetDir(filePath," new/path/" )
```

⑪ SetExt 方法　SetExt 方法设置路径的文件扩展名，并返回修改后的路径。函数声明为：

File. SetExt(Path As String,NewExt As String) As String

Path 为文件存储路径。
NewExt 为扩展名。

举例说明：

```
Dim filePath As String

Print" *  扩展名从 mp3 改为 ogg"
filePath=" /my/path/file. mp3"
Print filePath
Print File. SetExt(filePath," ogg" )

Print" \ \ n*  添加扩展名"
filePath=" /my/path/file"
Print filePath
Print File. SetExt(filePath," new" )

Print" \ \ n*  改变隐含文件扩展名"
filePath=" /my/path/. file. ext"
Print filePath
Print File. SetExt(filePath," new" )

Print" \ \ n*  确定有文件名,否则"
Print" *  可能最终获得一个无效路径"
filePath=" /my/path/. ext"
Print filePath
Print File. SetExt(filePath," new" )

Print" \ \ n*  确定有文件名和扩展名,否则"
Print" *  可能最终获得一个无效路径"
filePath=" /my/path/"
Print filePath
Print File. SetExt(filePath," new" )
```

⑫ SetName 方法　SetName 方法设置路径的文件名部分，并返回修改后的路径。函数声明为：

File. SetName(Path As String, NewName As String) As String

举例说明：

```
Dim filePath As String

Print" *  一个标准路径"
filePath=" /my/path/file. ext"
Print filePath
Print File. SetName(filePath," new-name. new" )
```

```
Print"\n* 新文件名无扩展名"
filePath="/my/path/file.ext"
Print filePath
Print File.SetName(filePath,"new-name")

Print"\n* 路径无文件名"
Print" *  可能会得到一个无效的路径"
filePath="/my/path/"
Print filePath
Print File.SetName(filePath,"new-name.new")

Print"\n* 路径仅包含文件名"
filePath="file.ext"
Print filePath
Print File.SetName(filePath,"new-name.new")
```

(3) File 类主要属性

① Blocking 属性　Blocking 属性返回或设置是否流阻塞。当设置该属性，流没有数据可读时读操作被阻塞，流内部系统缓冲区满时写操作被阻塞。函数声明为：

Stream.Blocking As Boolean

② ByteOrder 属性　ByteOrder 属性返回或设置从流读写二进制数据的字节顺序。函数声明为：

Stream.ByteOrder As Integer

ByteOrder 属性字节顺序常量如表 8-5 所示。

表 8-5　ByteOrder 属性字节顺序常量

常量名	常量值	备注
gb.BigEndian	1	大端对齐,高字节在前存储于内存
gb.LittleEndian	0	小端对齐,低字节在前存储于内存

③ EndOfFile 属性　EndOfFile 属性返回最近一次使用 LINE INPUT 读操作是到达了文件末尾，还是读取了一个用行结束字符结尾的完整行。函数声明为：

Stream.EndOfFile As Boolean

若要检查在任何上下文中是否都到达文件末尾，使用 Eof 函数或 Eof 属性。

④ Eof 属性　Eof 属性返回是否到达流末尾。函数声明为：

Stream.Eof As Boolean

⑤ Handle　Handle 属性返回与 Stream 关联的系统文件句柄。函数声明为：

Stream.Handle As Integer

⑥ IsTerm 属性　IsTerm 属性返回流是否与终端关联。函数声明为：

Stream. IsTerm As Boolean

⑦ Lines 属性　Lines 属性返回允许用户逐行枚举流内容的虚类对象。函数声明为：

Stream. Lines As . Stream. Lines

举例说明：

Dim hFile As File
Dim sLine As String

hFile=Open" /var/log/syslog"
For Each sLine In hFile. Lines
　　If InStr(sLine，" [drm]")Then Print sLine
Next

⑧ NullTerminatedString 属性　NullTerminatedString 属性返回是否为空结束符。函数声明为：

Stream. NullTerminatedString As Boolean

⑨ Tag 属性　Tag 属性返回或设置与流关联的标签。函数声明为：

Stream. Tag As Variant

⑩ Term 属性　Term 属性返回与流关联的终端的虚拟对象。函数声明为：

Property Read Stream. Term As . Stream. Term

(4) File 类主要方法

① Begin 方法　Begin 方法写入缓冲数据到流，以便在调用 Send 方法时发送相关数据。函数声明为：

Stream. Begin()

② Close 方法　Close 方法关闭流。函数声明为：

Stream. Close()

③ Drop 方法　Drop 方法清除自上次调用 Begin 方法以来缓冲的数据。函数声明为：

Stream. Drop()

④ ReadLine 方法　ReadLine 方法从流中读取一行文本，类似 LINE INPUT。函数声明为：

Stream. ReadLine([Escape As String]) As String

Escape 为忽略文本，即忽略两个 Escape 字符之间的新行。

⑤ Send 方法　Send 方法发送自上次调用 Begin 以来的所有数据。函数声明为：

Stream. Send()

⑥ Watch 方法　Watch 方法开始或停止监视流文件描述符以进行读写操作。函数声明为：

Stream. Watch(Mode As Integer，Watch As Boolean)

Mode 为监视类型。gb. Read 为读，gb. Write 为写。
Watch 为监视开关。

（5）File 类主要事件

① Read 事件　Read 事件当读文件时触发。函数声明为：

Event File. Read()

文件必须使用 WATCH 关键字打开。

② Resize 事件　当调整过程的控制终端大小时，File. In 流将触发该事件。函数声明为：

Event File. Resize()

③ Write 事件　Write 事件当写文件时触发。函数声明为：

Event File. Write()

文件必须使用 WATCH 关键字打开。

8.2.2　Stream 类

Stream 类是每一个 Gambas 流对象的父类。这些对象可以用于 Gambas 所有的输入输出功能：PRINT、INPUT、LINE INPUT、CLOSE 等。继承 Stream 的类包括：Compress、Curl、File、Process、SerialPort、Socket、Uncompress、VideoDevice。

Stream 类属性包括：Blocking、ByteOrder、EndOfFile、EndOfLine、Eof、Handle、IsTerm、Lines、NullTerminatedString、Tag、Term。

Stream 类方法包括：Begin、Close、Drop、ReadLine、Send、Watch。

以上属性和方法可参考 File 类。

8.2.3　. Stream. Term 虚类

. Stream. Term 虚类管理与流关联的终端。

（1）. Stream. Term 虚类主要属性

① Echo 属性　Echo 属性返回或设置是否输入字符在终端输出上回显。函数声明为：

. Stream. Term. Echo As Boolean

② FlowControl 属性　FlowControl 属性返回或设置是否在终端输入和输出队列上启用流控制。函数声明为：

. Stream. Term. FlowControl As Boolean

③ Height 属性　Height 属性返回终端显示的行数。函数声明为：

. Stream. Term. Height As Integer

④ H 属性　H 属性返回终端显示的行数，与 Height 属性相同。函数声明为：

. Stream. Term. H As Integer

⑤ Name 属性　Name 属性返回与终端关联的设备文件的名称。函数声明为：

. Stream. Term. Name As String

⑥ Width 属性　Width 属性返回终端显示的列数。函数声明为：

．Stream. Term. Width As Integer

⑦ W 属性　W 属性返回终端显示的列数，与 Width 属性相同。函数声明为：

．Stream. Term. W As Integer

（2）．Stream. Term 虚类主要方法

Resize 方法调整终端大小。函数声明为：

．Stream. Term. Resize（Width As Integer，Height As Integer）

Width 为列数。
Height 为行数。

8.3　文件和目录管理

在 Gambas 中有两种描述文件或目录路径的方法：绝对路经和相对路径。绝对路经用一个"/"或"～"来标识开始。如果路径用一个"～"字符开始并紧跟一个"/"，那么"～"会被替换成用户主目录。此外，如果路径用一个"～"开始并且没有紧跟一个"/"，"～"一直到下一个斜线之间或路径结束必须是一个系统用户名，该部分会被替换成指定的用户主目录。一般情况下，不要使用绝对路径替代工程目录，因为当生成一个可执行文件时，这些路径可能会改变，因此，通常使用相对路径，如表 8-6 所示。

表 8-6　路径设置

Gambas 路径	实际路径
～/Desktop	/home/benoit/Desktop
～root/Desktop	/root/Desktop

相对路径不使用"/"来标识开始。相对路径不能用于查阅位于当前工作目录下的文件，同样，在 Gambas 中没有当前工作目录，这是由于位于当前工程中的文件实际上被归档在一个可执行文件中，并且是只读的。

8.3.1　文件管理函数

Gambas 提供了访问权限、文件属组、文件权限、文件属主、复制文件、设备存储空间、浏览目录、删除文件、创建目录等文件管理函数，涵盖了几乎所有常用 Linux 文件操作功能，如表 8-7 所示。

表 8-7　文件管理函数

函数	功能
Access	测试文件访问权限
CHGRP	改变文件属组
CHMOD	改变文件权限
CHOWN	改变文件属主
COPY	复制文件
DFree	返回设备的自由存储空间大小

续表

函数	功能
Dir	浏览目录
Exist	检查指定的文件和目录是否存在
IsDir	返回路径是否指向目录
KILL	删除文件
LINK	创建符号连接
MKDIR	创建目录
MOVE	重命名或移动文件及目录
RDir	递归浏览目录
RMDIR	删除空目录
Stat	获取文件的相关信息
Temp$	生成临时文件名

使用文件路径连接操作"&/",可以在程序运行时生成一个文件路径。
举例说明:

```
Mkdir" /home/gambas/" &/" /tmp" &/" foo. bar"
```

(1) 文件模式

在 Linux 下,文件模式采用 9 个字符的字符串来描述,采用与 ls 终端命令相同的表示方法,如表 8-8 所示。

表 8-8 文件模式

位置	字符	含义
1	-	文件属主禁止读
	r	文件属主允许读
2	-	文件属主禁止写
	w	文件属主允许写
3	-	文件属主禁止执行
	x	文件属主允许执行
	S	文件属主禁止执行并开启"setuid"位
	s	文件属主允许执行并开启"setuid"位
4	-	文件属组禁止读
	r	文件属组允许读
5	-	文件属组禁止写
	w	文件属组允许写
6	-	文件属组禁止执行
	x	文件属组允许执行
	S	文件属组禁止执行并开启"setgid"位
	s	文件属组允许执行并开启"setgid"位

续表

位置	字符	含义
7	-	其他用户禁止读
	r	其他用户允许读
8	-	其他用户禁止写
	w	其他用户允许写
9	-	其他用户禁止执行
	x	其他用户允许执行
	T	其他用户禁止执行并开启"sticky"位
	t	其他用户允许执行并开启"sticky"位

特殊权限说明：

① s 或 S（SUID，Set UID）：可执行的文件搭配该权限，便能得到特权，任意存取该文件的文件属主所能使用的全部系统资源。

② s 或 S（SGID，Set GID）：设置文件时，其效果与 SUID 相同，该文件可以任意存取整个文件属主所能使用的系统资源。

③ t 或 T（Sticky）：/tmp 和 /var/tmp 目录供所有用户暂时存取文件，即每位用户皆拥有完整的权限进入该目录，去浏览、删除和移动文件。

④ 因为 SUID、SGID、Sticky 占用 x 的位置来表示，所以在表示上会有大小写之分，加入同时开启执行权限和 SUID、SGID、Sticky，则权限表示字符使用小写。

（2）Access 函数

Access 函数当 Path 指定的文件权限符合 Mode 模式时，返回 True。函数声明为：

Accessible=Access(Path[,Mode])

Path 为文件存储路径。

Mode 为文件模式。

Access 函数的 Mode 文件模式常量如表 8-9 所示。

表 8-9　Mode 文件模式常量

常量名	常量值	备注
gb.Read	4	默认值，文件是否可读
gb.Write	2	文件是否可写
gb.Exec	1	文件是否可执行

对于目录，可执行标志表示目录是否可以被浏览。模式常量可以通过 OR 操作符组合使用。

举例说明：

Print Access(User.Home,gb.Write Or gb.Exec)

（3）CHGRP 语句

CHGRP 语句改变文件或目录的属组。语句声明为：

CHGRP Path TO Group

Path 为文件或目录的路径。
Group 为新属组的名称。

（4）CHMOD 语句

CHMOD 语句改变指定文件或目录的权限。语句声明为：

```
CHMOD Path TO Mode
```

Path 为文件或目录的路径。
Mode 为描述新权限的字符串。
举例说明：

```
Chmod" ~ /Documents" To" rwxr-x---"
```

（5）CHOWN 语句

CHOWN 语句改变文件或目录的属主。语句声明为：

```
CHOWN Path TO User
```

Path 为文件或目录路径。
User 为新属主的名称。

（6）COPY 语句

COPY 语句从 Source path 复制文件到 Destination path。语句声明为：

```
COPY Source path TO Destination path
```

Source path 为源路径。
Destination path 为目的路径。
举例说明：

```
' 保存 gambas 配置文件
Copy User. Home &/ ". config/gambas/gambas. conf" To" /mnt/save/gambas. conf. save"
```

（7）DFree 函数

DFree 函数返回 Path 指向设备的自由空间大小，以字节计。函数声明为：

```
Size=DFree(Path AS String) As Long
```

Path 为设备路径。
举例说明：

```
Print Dfree("/")
```

（8）Dir 函数

Dir 函数返回位于 Directory 目录中与 Pattern 和 Filter 条件匹配的文件名，并存储于一个字符串数组中。函数声明为：

```
FilenameArray=Dir(Directory As String[ ,Pattern As String ,Filter As Integer]) As String[]
```

Directory 为目录。
Pattern 可以包含与 LIKE 操作一样的通配符。如果没有指定 Pattern，则返回任何文件名。
Filter 为文件类型常数或多个文件类型常数的组合，过滤返回的文件类型。如果没有指定 Filter，则返回所有的文件和目录。如 gb.File 返回文件，gb.Directory 返回目录，gb.File＋gb.Directory 返回文件和目录。

举例说明：

```
'以字母顺序打印 Directory 目录中的 png 图像文件文件名
Sub PrintDirectory(Directory As String)

    Dim File As String

    For Each File In Dir(Directory,"*.png").Sort()
        Print File
    Next
End
'打印用户主目录中所有非隐藏文件
Dim fileName As String

For Each fileName In Dir(User.Home,"[^.]*")
    Print fileName
Next
'打印用户主目录中的 png 和 jpeg 图像文件名
Dim Directory As String
Dim Files As String[]
Dim FileName As String

Directory=System.User.Home
Files=Dir(Directory,"*.png")
Files.Insert(Dir(Directory,"*.jpg"))
Files.Insert(Dir(Directory,"*.jpeg"))

For Each FileName In Files
    Print FileName
Next
'打印用户主目录中的文件名
Dim fileName As String

For Each fileName In Dir(User.Home,"*",gb.File)
    Print fileName
Next
'打印用户主目录中的子目录名
Dim directoryName As String

For Each directoryName In Dir(User.Home,"*",gb.Directory)
```

```
    Print directoryName
Next
' 打印用户主目录中的非隐藏目录名
Dim directoryName As String

For Each directoryName In Dir(User.Home,"[^.]* ",gb.Directory)
    Print directoryName
Next
' 列出系统设备清单
Dim deviceName As String

For Each deviceName In Dir("/dev"," * ",gb.Device)
    Print deviceName
Next
```

(9) Exist 函数

Exist 函数检查文件或目录是否存在，如果存在返回 True。函数声明为：

```
Boolean=Exist(Path)
```

Path 为文件或路径。

举例说明：

```
Print Exist("/home/benoit/gambas")
```

(10) IsDir 函数

IsDir 函数返回路径是否指向目录。函数声明为：

```
bResult=IsDir(sPath AS String) As Boolean
```

sPath 为路径。如果 sPath 参数指向一个目录，返回 True；如果 sPath 指向的目录不存在，或指向的不是目录，则函数返回 False。

(11) KILL 语句

KILL 语句删除一个存在的文件。语句声明为：

```
KILL Path
```

Path 为要删除的文件。

举例说明：

```
Try Kill"/tmp/testfile"
```

(12) LINK 语句

LINK 语句创建一个名为 Path 的符号连接，连接到 Target 指定的文件或目录。功能与命令行下的"ln-s"命令相同。语句声明为：

```
LINK Target AS String TO Path As String
```

(13) MKDIR 语句

MKDIR 语句创建一个由 Path 指定的目录。如果指定路径中的某些父目录不存在，该命令失败。语句声明为：

MKDIR Path

举例说明：

Mkdir" /tmp/xxnn"

MKDIR 语句返回的错误码如表 8-10 所示。

表 8-10　MKDIR 语句返回的错误码

消息	含义	说明
禁止访问(43)	用户没有访问该文件或目录的权限	对于本进程，父目录不允许写许可，或 Path 中的某一个目录不允许路径检索许可
文件或目录不存在(45)	指定的文件或目录不存在	Path 中的某些目录不存在，或是悬挂符号连接
非目录(49)	指定路径必须是一个目录	Path 中的某些目录实际上不是目录
内存不足(1)	系统耗尽内存	可用核心内存不足
文件名太长(44)	指定的文件名或路径太长，文件路径的最大长度是 255 个字符	Path 太长
设备已满(37)	正在写入数据的设备已满	Path 指定的设备没有剩余空间给新目录
文件或目录已经存在(38)	指定的文件或目录已经存在	Path 已经存在(不一定是目录)，包括 Path 是一个符号连接(悬挂或非悬挂)的情况
系统错误…(42)	当系统调用返回一个没有与之匹配的错误时，该错误发生	其他可能的系统错误： ①解析 Path 时遇到太多的符号连接 ②Path 指向的文件系统不支持创建目录 ③Path 指向只读文件系统上的一个文件

(14) MOVE 语句

MOVE 语句重命名或移动一个文件或目录。语句声明为：

MOVE OldName As String TO NewName As String

Oldname 和 NewName 可以位于不同的目录，但是必须位于同一个设备上。

举例说明：

```
' 移动一个文件到其他位置
Try Move OldName To NewName
If Error Then
    Try Copy OldName To NewName
    If Not Error Then Kill OldName
Endif
```

(15) RDir 函数

RDir 函数指定的目录被递归遍历。函数声明为：

FileNameArray=RDir(Directory As String[, Pattern As String , Filter As Integer , FollowLink As Boolean]) As String[]

返回位于 Directory 目录及其子目录中与 Pattern 和 Filter 条件匹配的文件名，并存储于一个字符串数组中。

Pattern 可以包含与 LIKE 操作一样的通配符。Pattern 匹配整个相对路径，而不仅仅是文件名。如果没有指定 Pattern，则会返回任何文件名。

Filter 指定将返回何种类型的文件。如果没有指定 Filter，则返回所有的文件和目录。如 gb. File 返回文件，gb. Directory 返回目录，gb. File+gb. Directory 返回文件和目录。

如果 FollowLink 为 True，对目录的符号连接被递归遍历，否则像普通文件一样处理。

如果查找文件 "/usr/share/icons/locolor/32x32/apps/libreoffice4.1-impress.png"，应该用：

```
RDir("/usr","* libreoffice4.1-impress.png")
```

而非：

```
RDir("/usr","libreoffice4.1-impress.png")
```

举例说明：

```
' 打印 Directory 目录及其子目录中的 png 图像文件名
Sub PrintDirectory(Directory As String)

  Dim File As String

  For Each File In RDir(Directory,"*.png")
    Print File
  Next
End
```

（16）RMDIR 语句

RMDIR 语句删除 Path 指定的目录，该目录必须为空。语句声明为：

RMDIR Path

（17）Stat 函数

Stat 函数返回关于文件和目录的信息到一个 Stat 对象，包括：文件类型、文件大小、最后一次修改时间、权限许可等。函数声明为：

FileInfo=Stat(Path[,FollowLink])

如果 FollowLink 为 True，则会追踪符号连接，即返回的是目标文件的信息，而不是连接自身的信息。

举例说明：

```
With Stat("/home")
  Print .Type=gb.Directory
  Print Round(.Size / 1024);" K"
End With
```

（18）Temp $ 函数

Temp $ 函数返回一个临时文件的路径。函数声明为：

File name=Temp$ ([Prefix])
File name=Temp([Prefix])

路径使用下面的格式：

/tmp/gambas.<UserId>/<ProcessId>/<Prefix>.tmp

<UserId>为用户的系统标识符。

<ProcessId>为当前进程的系统标识符。

<Prefix>为 Prefix 字符串参数的值。

如果 Prefix 没有指定，将用随着本函数被调用的次数而增加的整数代替，以获得唯一的文件名。

该函数仅返回一个路径，可以利用这个路径来创建文件、目录、套接字、符号连接等。

举例说明：

```
Dim sDir As String=Temp$ ()

' Extract an archive to a temporary directory first
Mkdir sDir
Exec[" tar" " -zxf" ," archive. tar. gz" ," -C" ,sDir] Wait

' If unsuccessful,no need to clean up
If Process. LastValue Then Return ErrorCode
...
```

所有存放于/HTtmp/gambas.<UserId>/<ProcessId> 目录的文件在 Gambas 程序结束时会被自动删除。

8.3.2 文件 Access 属性测试程序设计

下面通过一个实例来学习 Access 函数的使用方法。设计一个应用程序，在窗体中添加 FileChooser 控件，用于文件的浏览与选择。窗体的左侧显示目录，右侧以图像预览的形式显示文件名和关联图标，点击时即可选中；当选中一个文件后，在属性框中选择"可读""可写""可执行"任一选项或选项组合，即测试该文件的可读、可写、可执行属性，完成后点击"Access"按钮，则在"结果"处给出测试结果，其结果为布尔值 True 或 False（是或否），如图 8-5 所示。

（1）实例效果预览

如图 8-5 所示。

（2）实例步骤

① 启动 Gambas 集成开发环境，可以在菜单栏选择"文件"→"新建工程..."，或在启动窗体中直接选择"新建工程..."项。

② 在"新建工程"对话框中选择"1.工程类型"中的"Graphical application"项，点击"下一个（N）"按钮。

③ 在"新建工程"对话框中选择"2.Parent directory"中要新建工程的目录，点击"下一个（N）"按钮。

④ 在"新建工程"对话框中"3.Project details"中输入工程名和工程标题，工程名为存储的目录的名称，工程标题为应用程序的实际名称，在这里设置相同的工程名和工程标题。完成之后，点击"确定"按钮。

图 8-5 文件 Access 属性测试程序窗体

⑤ 系统默认生成的启动窗体名称为 FMain。在 FMain 窗体中添加 1 个 FileChooser 控件、1 个 Frame 控件、4 个 CheckBox 控件、1 个 Button 控件，如图 8-6 所示，并设置相关属性，如表 8-11 所示。

图 8-6 窗体设计

表 8-11 窗体和控件属性设置

名称	属性	说明
FMain	Text：Access 操作 Resizable：False	标题栏显示的名称 固定窗体大小，取消最大化按钮
FileChooser1		文件选择器，类似于 Deepin 下的文件管理器
Frame1	Text：属性	显示属性框

续表

名称	属性	说明
CheckBox1	Text:可读 Value:True	复选框,显示"可读" 默认为选中状态
CheckBox2	Text:可写	复选框,显示"可写"
CheckBox3	Text:可执行	复选框,显示"可执行"
CheckBox4	Text:结果:	复选框,显示"结果:"
Button1	Text:Access	命令按钮,响应相关点击事件

⑥ 设置 Tab 键响应顺序。在 FMain 窗体的"属性"窗口点击"层次",出现控件切换排序,即按下键盘上的 Tab 键时,控件获得焦点的顺序。

⑦ 在 FMain 窗体中添加代码。

```
' Gambas class file

Public Sub Button1_Click()

    Dim rd As Boolean
    Dim wt As Boolean
    Dim ec As Boolean
    Dim s As Integer
    Dim res As Boolean

    ' 分别为可读、可写、可执行选项
    rd=CheckBox1.Value
    wt=CheckBox2.Value
    ec=CheckBox3.Value
    ' 分别设置可读、可写、可执行模式
    If rd Then s=s Or gb.Read
    If wt Then s=s Or gb.Write
    If ec Then s=s Or gb.Exec
    ' 分别设置可读、可写、可执行模式
    ' If rd Then s=s+4
    ' If wt Then s=s+2
    ' If ec Then s=s+1
    ' 文件模式
    res=Access(FileChooser1.SelectedPath,s)
    If res Then
        CheckBox4.Text=" 结果:是"
        CheckBox4.Value=True
    Else
        CheckBox4.Text=" 结果:否"
```

```
        CheckBox4.Value=False
    Endif
End
```

语句 If rd Then s=s Or gb.Read 与 If rd Then s=s+4 是等价的，类似于位操作，这是因为 gb.Read、gb.Write、gb.Exec 分别为 4、2、1，用二进制表示为 $(0100)_2$、$(0010)_2$、$(0001)_2$，其任意组合的"+"运算与"Or"运算结果相同，此处的"Or"运算可以理解为位或运算。

8.4 Stat 类

8.4.1 Stat 类

Stat 类描述系统返回指定文件的相关信息。

(1) Auth 属性

Auth 属性返回文件权限字符串，与 CHMOD 语法相同。函数声明为：

    Stat.Auth As String

(2) Group 属性

Group 属性返回文件所属组名。函数声明为：

    Stat.Group As String

(3) Hidden 属性

Hidden 属性返回文件是否为隐藏文件。函数声明为：

    Stat.Hidden As Boolean

(4) LastAccess 属性

LastAccess 属性返回最后访问文件的时间。函数声明为：

    Stat.LastAccess As Date

(5) LastChange 属性

LastChange 属性返回最后修改文件属性的时间。函数声明为：

    Stat.LastChange As Date

(6) LastModified 属性

LastModified 属性返回文件内容的最后修改时间。函数声明为：

    Stat.LastModified As Date

(7) Link 属性

当文件是一个符号连接时，该属性返回连接引用的文件路径。函数声明为：

    Stat.Link As String

(8) Mode 属性

Mode 属性返回文件的模式。函数声明为：

Stat.Mode As Integer

（9）Path 属性

Path 属性返回被 Stat 对象引用的文件路径。函数声明为：

Stat.Path As String

（10）Perm 属性

Perm 属性返回一个描述文件许可的虚类。函数声明为：

Stat.Perm As . Stat.Perm

（11）SetGID 属性

SetGID 属性返回是否文件许可标志位 SetGID 置位。函数声明为：

Stat.SetGID As Boolean

（12）SetUID 属性

SetUID 属性返回是否文件许可标志位 SetUID 置位。函数声明为：

Stat.SetUID As Boolean

（13）Size 属性

Size 属性返回文件大小。函数声明为：

Stat.Size As Long

（14）Sticky 属性

Sticky 属性返回是否文件许可标志位 sticky 置位。函数声明为：

Sticky As Boolean

（15）Time 属性

Time 属性返回文件内容的最后修改时间，与 LastModified 属性相同。函数声明为：

Stat.Time As Date

（16）Type 属性

Type 属性返回文件类型。函数声明为：

Stat.Type As Integer

Stat 类的 Type 属性返回文件类型如表 8-12 所示。

表 8-12　Type 属性文件类型常量

常量名	常量值	备注
gb.File	1	普通文件
gb.Directory	2	目录
gb.Device	3	专用设备文件
gb.Pipe	4	命名的管道
gb.Socket	5	专用套接字文件
gb.Link	6	符号连接

（17）User 属性

User 属性返回文件所属的用户名。函数声明为：

Stat. User As String

8.4.2 .Stat.Perm 虚类

.Stat.Perm 虚类描述文件的权限。

（1）Group 属性

Group 属性以字符串形式返回组权限。字符串含义：r 为读权限，w 为写权限，x 为执行权限。函数声明为：

.Stat.Perm.Group As String

（2）Other 属性

Other 属性以字符串形式返回默认权限。字符串含义：r 为读权限，w 为写权限，x 为执行权限。函数声明为：

.Stat.Perm.Other As String

（3）User 属性

User 属性以字符串形式返回自己（或用户）的权限。字符串含义：r 为读权限，w 为写权限，x 为执行权限。函数声明为：

.Stat.Perm.User As String

8.4.3 文件 Stat 属性测试程序设计

下面通过一个实例来学习 Stat 类的使用方法。设计一个应用程序，能够对文件进行操作，包括读取文件权限、属组、最后访问文件时间、最后修改文件属性时间、最后修改文件内容时间、连接、文件路径、文件大小、文件类型、用户名等文件属性信息。点击 ButtonBox 控件右端的"..."按钮，弹出"打开文件"对话框，可以选择相关文件，在文本框内显示路径，并在 TextArea 控件内显示文件的各种相关属性，点击"清除"按钮可以清除文件名，如图 8-7 所示。

（1）实例效果预览

如图 8-7 所示。

（2）实例步骤

① 启动 Gambas 集成开发环境，可以在菜单栏选择"文件"→"新建工程..."，或在启动窗体中直接选择"新建工程..."项。

② 在"新建工程"对话框中选择"1.工程类型"中的"Graphical application"项，点击"下一个（N）"按钮。

③ 在"新建工程"对话框中选择"2.Parent directory"中要新建工程的目录，点击"下一个（N）"按钮。

④ 在"新建工程"对话框中"3.Project details"中输入工程名和工程标题，工程名为存储的目录的名称，工程标题为应用程序的实际名称，在这里设置相同的工程名和工程标题。完成之后，点击"确定"按钮。

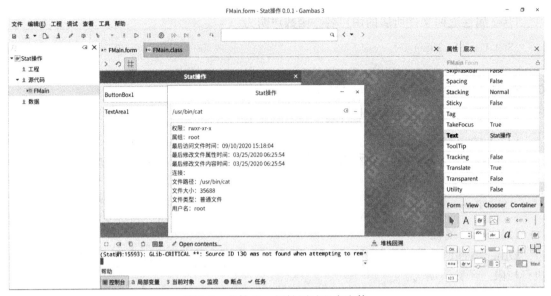

图 8-7　文件 Stat 属性测试程序窗体

⑤ 系统默认生成的启动窗体名称为 FMain。在 FMain 窗体中添加 1 个 ButtonBox 控件、1 个 TextArea 控件，如图 8-8 所示，并设置相关属性，如表 8-13 所示。

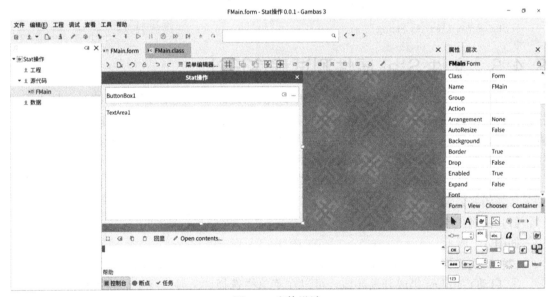

图 8-8　窗体设计

表 8-13　窗体和控件属性设置

名称	属性	说明
FMain	Text：Stat 操作 Resizable：False	标题栏显示的名称 固定窗体大小，取消最大化按钮
ButtonBox1	ClearButton：True	显示清除按钮，输入文件路径
TextArea1		显示文件属性

⑥ 设置 Tab 键响应顺序。在 FMain 窗体的"属性"窗口点击"层次",出现控件切换排序,即按下键盘上的 Tab 键时,控件获得焦点的顺序。

⑦ 在 FMain 窗体中添加代码。

```
' Gambas class file

Public Sub ButtonBox1_Click()

  Dim s As String

  '通过"打开文件"对话框打开一个文件
  Dialog.Title="选择文件"
  Dialog.Path="."
  If Dialog.OpenFile(False)Then Return
  '显示文件路径
  ButtonBox1.Text=Dialog.Path
  '清空文本
  TextArea1.Clear
  '显示文件属性
  With Stat(ButtonBox1.Text)
    TextArea1.Insert("权限:" & .Auth &"\n")
    TextArea1.Insert("属组:" & .Group &"\n")
    TextArea1.Insert("最后访问文件时间:" & .LastAccess &"\n")
    TextArea1.Insert("最后修改文件属性时间:" & .LastChange &"\n")
    TextArea1.Insert("最后修改文件内容时间:" & .LastModified &"\n")
    TextArea1.Insert("连接:" & .Link &"\n")
    TextArea1.Insert("文件路径:" & .Path &"\n")
    TextArea1.Insert("文件大小:" & .Size &"\n")
    '文件类型
    Select Case .Type
      Case 1 ' gb.File
        s="普通文件"
      Case 2 ' gb.Directory
        s="目录"
      Case 3 ' gb.Device
        s="专用设备文件"
      Case 4 ' gb.Pipe
        s="命名的管道"
      Case 5 ' gb.Socket
        s="专用套接字文件"
      Case 6 ' gb.Link
        s="符号连接"
```

```
        End Select
        TextArea1.Insert("文件类型:" & s &"\n")
        TextArea1.Insert("用户名:" & .User &"\n")
    End With
End
```

8.5 二进制文件操作

本节以手机拍摄的图片为例说明如何读取其中的 GPS 信息。图像数据以二进制形式存储，通常有 JPEG、TIFF、GIF、PNG 等格式，由于手机、数码相机、摄像头等设备拍摄的文件很大，而硬盘储存容量有限，通常都会经过压缩后再储存。JPEG（Joint Photographic Experts Group）即联合图像专家组，是一种连续色调静态图像压缩标准，文件扩展名为 jpg、jpeg，是数码设备中最常用的图片文件存储格式，其主要采用预测编码（DPCM）、离散余弦变换（DCT）以及熵编码的联合编码方式，以去除冗余的图像和彩色数据，属于有损压缩格式，能够将图像压缩到很小的储存空间内。

8.5.1 Exif 信息

通常情况下，数码设备拍摄的照片会包含除图片数据以外的其他一些信息，主要包括图片信息（厂商、分辨率等）、拍摄记录（ISO、白平衡、饱和度、锐度等）、缩略图（宽度、高度等）、GPS（拍摄时的经度、纬度、高度）等。Exif 用来记录拍摄时的各种信息，并将这些信息按照 JPEG 文件标准放在图像数据文件的头部。

Exif（Exchangeable Image File）即可交换图像文件，由日本电子工业发展协会（Japan Electronic Industry Development Association，JEIDA）制订。Exif 遵从 JPEG 标准，在文件头部信息中增加了有关拍摄信息的内容和索引图，用图像处理软件修改文件时，可能会造成 Exif 信息的丢失。

① 由于图片文件以二进制形式存储，打开或编辑需要使用相关工具软件。在这里，采用 Okteta 十六进制文件编辑器工具软件，可在 Deepin "应用商店"中搜索 Okteta，安装成功后打开即可，如图 8-9 所示。

② 以华为手机拍摄的 phone.jpg 图片为例进行说明，其原始图片包含有 GPS 信息，如图 8-10 所示。

③ 将图片用 Okteta 打开，以十六进制形式显示。在显示区域中，左侧为图像数据的存储地址，从 0 开始，中间部分为以十六进制形式显示的数据，右侧为以 ASCII 码形式显示的数据。中间和右侧的数据均可进行修改，如图 8-11 所示。

④ 图像数据格式定义为：

FF D8	SOI
FF E1	APP1
74 5B	APP1 LENGTH
45 78 69 66 00 00	Exif 和 2 个 ASCII 码结束符
4D 4D	MM big endian TIFF Header
00 2A	fixed

第8章
流与输入输出

图 8-9　安装十六进制文件编辑器 Okteta

图 8-10　原始图片

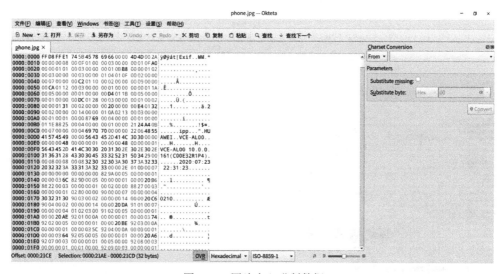

图 8-11　图片十六进制数据

00 00 00 08   IFD0 offset
00 0F   IFD 15 个 tag

⑤ GPS 信息 IFD 指针存储格式为：

88 25   GPS Info IFD Pointer
00 04   LONG
00 00 00 01   count
00 00 21 24   offset+&HC=&H2124=&HC=&H2130

其中，第一行为 GPS 指针信息头，第二行表明数据类型，第三行为数量，第四行为偏移地址，即数据存储地位。

⑥ 选择菜单"编辑（E）"→"查找（F）…"，或按下 Ctrl+F 键，在弹出的查找对话框中输入"8825"，点击"Find"按钮，如图 8-12 所示。

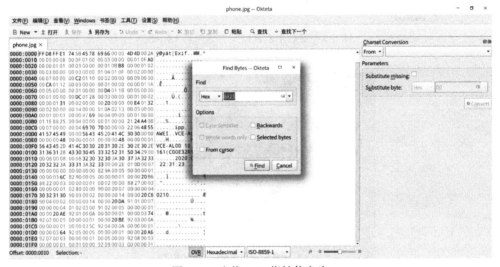

图 8-12　查找 GPS 指针信息头

⑦ 找到 GPS 信息 IFD 指针存储地址，其指针地址为"00 00 21 24"，如图 8-13 所示。

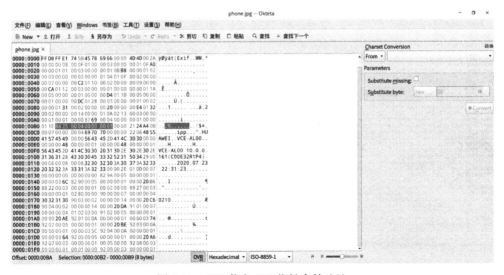

图 8-13　GPS 信息 IFD 指针存储地址

⑧ 利用 Deepin 下的计算器工具 galculator 计算偏移地址，即 &H2124+&HC=&H2130，找到地址"2130"位置的对应数据，其后依次为纬度和经度数据，如图 8-14 所示。

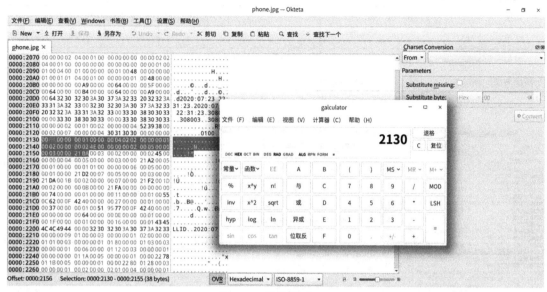

图 8-14　计算偏移地址

⑨ "2130"地址后为纬度数据，其对应的数据格式定义为：

00 0A	count of TAGs
00 00	GPSVersionID
00 01	BYTE
00 00 00 04	count
02 02 00 00	value 2. 2. 0. 0
00 01	GPSLatitudeRef
00 02	ASCII
00 00 00 02	count
4E 00 00 00	N North
00 02	GPSLatitude
00 05	RATIONAL，前 4 字节为分子，后 4 字节为分母
00 00 00 03	count
00 00 21 BA	offset+&HC=&H21BA+&HC=&H21C6

其中，最后一行为纬度数据的偏移地址，如图 8-15 所示。

⑩ "21C6"地址对应的纬度数据格式如表 8-14 所示。

表 8-14　纬度数据格式

项目	1~4 字节	5~8 字节	9~12 字节	13~16 字节	17~20 字节	21~24 字节
十六进制	00 00 00 27	00 00 00 01	00 00 00 37	00 00 00 01	00 51 95 77	00 0F 42 40

325

续表

项目	1~4字节	5~8字节	9~12字节	13~16字节	17~20字节	21~24字节
十进制	39	1	55	1	5346679	1000000
算法	39÷1		55÷1		5346679÷1000000	
结果	39		55		5.346679	
单位	度/°		角分（1度＝60角分）/′		角秒（1角分＝60角秒）/″	
转换为度	39＋55÷60＋5.346679÷3600＝39.9181518552778(°)					

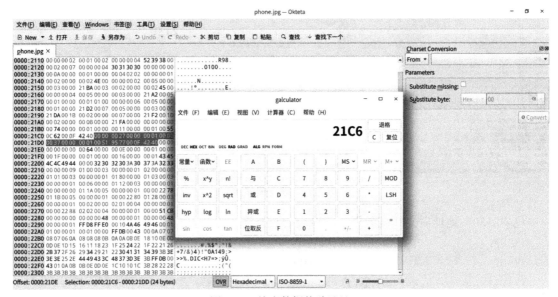

图 8-15　纬度数据偏移地址

⑪ "2130"地址的纬度数据后为经度数据，其对应的数据格式定义为：

00 03	GPSLongitudeRef
00 02	
00 00 00 02	count
45 00 00 00	East

00 04	GPSLongitude
00 05	RATIONAL
00 00 00 03	count
00 00 21 A2	offset+&HC=&H21A2+&HC=&H21AE

其中，最后一行为经度数据的偏移地址，如图 8-16 所示。

⑫ "21AE"地址对应的经度数据格式如表 8-15 所示。

表 8-15　经度数据格式

项目	1~4字节	5~8字节	9~12字节	13~16字节	17~20字节	21~24字节
十六进制	00 00 00 74	00 00 00 01	00 00 00 11	00 00 00 01	00 55 0C 62	00 0F 42 40
十进制	116	1	17	1	5573730	1000000

续表

项目	1~4字节	5~8字节	9~12字节	13~16字节	17~20字节	21~24字节
算法	116÷1		17÷1		5573730÷1000000	
结果	116		17		5.57373	
单位	度/(°)		角分(1度=60角分)/(′)		角秒(1角分=60角秒)/(″)	
转换为度	116+17÷60+5.57373÷3600=116.284881591667(°)					

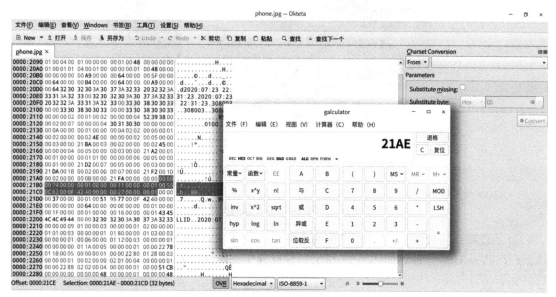

图 8-16　经度数据偏移地址

⑬ 打开百度地图中的"拾取坐标系统",输入经纬度坐标,勾选"坐标反查",可以对图片进行 GPS 定位,但定位结果存在一定的误差,主要由于手机拍摄时的 GPS 信息采集不准确导致。

8.5.2　图片 GPS 信息提取程序设计

下面通过一个实例来学习图像二进制文件的读取方法。设计一个应用程序,根据上一节提供的方法,提取照片 Exif 信息中包含的 GPS 经纬度数据并显示出来,方便确认拍摄区域,如图 8-17 所示。

(1) 实例效果预览

如图 8-17 所示。

(2) 实例步骤

① 启动 Gambas 集成开发环境,可以在菜单栏选择"文件"→"新建工程...",或在启动窗体中直接选择"新建工程..."项。

② 在"新建工程"对话框中选择"1.工程类型"中的"Graphical application"项,点击"下一个(N)"按钮。

③ 在"新建工程"对话框中选择"2.Parent directory"中要新建工程的目录,点击"下一个(N)"按钮。

④ 在"新建工程"对话框中"3.Project details"中输入工程名和工程标题,工程名为

存储的目录的名称,工程标题为应用程序的实际名称,在这里设置相同的工程名和工程标题。完成之后,点击"确定"按钮。

图 8-17　图片 GPS 信息提取程序窗体

⑤ 系统默认生成的启动窗体名称为 FMain。在 FMain 窗体中添加 1 个 PictureBox 控件、1 个 TextArea 控件,如图 8-18 所示,并设置相关属性,如表 8-16 所示。

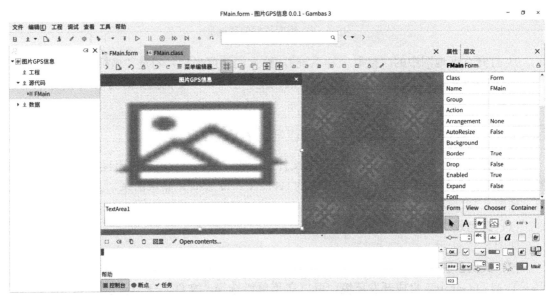

图 8-18　窗体设计

表 8-16　窗体和控件属性设置

名称	属性	说明
FMain	Text:图片 GPS 信息 Resizable:False	标题栏显示的名称 固定窗体大小,取消最大化按钮

续表

名称	属性	说明
PictureBox1	Stretch：True	图片适应控件大小
TextArea1	ScrollBar：Vertical Wrap：True	只显示垂直滚动条 自动换行

⑥ 设置 Tab 键响应顺序。在 FMain 窗体的"属性"窗口点击"层次"，出现控件切换排序，即按下键盘上的 Tab 键时，控件获得焦点的顺序。

⑦ 在 FMain 窗体中添加代码。

```
' Gambas class file

    Public f As File

Public Function StrToInt(PointerSource As Integer) As Integer

    Dim num As Integer
    Dim ls As String

    '指定流操作指针
    Seek #f,PointerSource
    '从指定位置开始读取4个字节
    Read #f,ls,4
    '将4个字节字符转换为整型数据
    num=Asc(Mid(ls,1,1))*&H01000000
    num=Asc(Mid(ls,2,1))*&H00010000+num
    num=Asc(Mid(ls,3,1))*&H00000100+num
    num=Asc(Mid(ls,4,1))*&H00000001+num
    '返回转换结果
    Return num
End

Public Sub Form_Open()

    Dim i As Integer
    Dim flag As Integer
    Dim ls As String
    Dim s As String
    Dim num As Integer
    Dim tmp As Integer
    Dim v As Float
    Dim v1 As Integer
```

```
    Dim v2 As Integer
    Dim Longitude As Float
    Dim Latitude As Float

'显示图片,确认图片包含 GPS 信息
PictureBox1.Picture=Picture.Load("phone.jpg")
'打开图片文件
f=Open Application.Path &/"phone.jpg" For Input
'将数据转换为字符串,便于处理
' While Not Eof(f)
'    Line Input #f,ls
'    s=s & ls
' Wend
' Read #f,s,Lof(f)
s=Read #f,Lof(f)
'获得照片 GPS 信息的 IFD 指针
i=0
Seek #f,0
While Not Eof(f)
    Seek #f,i
    Read #f,ls,8
    ' IFD 标识字符串
    If ls="\x88\x25\x00\x04\x00\x00\x00\x01" Then
        flag=i
        Break
    Else
        flag=0
    Endif
    Inc i
Wend
'找到该标识符后读取 GPS 经纬度信息
If flag>10 Then
    '读取 IFD 信息偏移地址
    Seek #f,0
    num=StrToInt(flag+8)
    num=12+num
    '获取纬度偏移地址
    tmp=34+num
    num=StrToInt(34+num)
    num=12+num
    '前4字节为分子,后4字节为分母,相除即得纬度的度
```

```
v1=StrToInt(num)
v2=StrToInt(num+4)
v=v1 / v2
Latitude=v
' 度为整数,否则出错返回
If v-CInt(v)< >0 Then Return
TextArea1. Text=TextArea1. Text &" 纬度:" & Str(v)&"°"
' 前4字节为分子,后4字节为分母,相除即得纬度的角分
v1=StrToInt(num+8)
v2=StrToInt(num+12)
v=v1 / v2
' 将角分转换为度,1度为 60 角分
Latitude=Latitude+v / 60
' 角分为整数,否则出错返回
If v-CInt(v)< >0 Then Return
TextArea1. Text=TextArea1. Text & Str(v)&"′"
' 前4字节为分子,后4字节为分母,相除即得纬度的角秒
v1=StrToInt(num+16)
v2=StrToInt(num+20)
v=v1 / v2
' 将角秒转换为度,1度为 3600 角秒
Latitude=Latitude+v / 3600
TextArea1. Text=TextArea1. Text & Str(v)&"″"


' 获取经度偏移地址
num=tmp
num=StrToInt(num+24)
num=12+num
' 前4字节为分子,后4字节为分母,相除即得经度的度
v1=StrToInt(num)
v2=StrToInt(num+4)
v=v1 / v2
Longitude=v
' 度为整数,否则出错返回
If v-CInt(v)< >0 Then Return
TextArea1. Text=TextArea1. Text &"           "
TextArea1. Text=TextArea1. Text &" 经度:" & Str(v)&"°"
' 前4字节为分子,后4字节为分母,相除即得经度的角分
v1=StrToInt(num+8)
v2=StrToInt(num+12)
v=v1 / v2
' 将角分转换为度,1度为 60 角分
```

```
            Longitude=Longitude+v / 60
            '角分为整数,否则出错返回
            If v-CInt(v)< >0 Then Return
            TextArea1. Text=TextArea1. Text & Str(v)&" ′ "
            '前 4 字节为分子,后 4 字节为分母,相除即得经度的角秒
            v1=StrToInt(num+16)
            v2=StrToInt(num+20)
            v=v1 / v2
            '将角秒转换为度,1 度为 3600 角秒
            Longitude=Longitude+v / 3600
            TextArea1. Text=TextArea1. Text & Str(v)&" ″ "
            '经纬度显示
            TextArea1. Text=TextArea1. Text &" \ n "&" 经纬度:" & Str(longitude)&" ," & Str(latitude)
        Endif
    End

    Public Sub Form_Close()
        '关闭流
        Close #f
        FMain. Close
    End
```

程序中,在装载图片的方式上,可以使用 Read 语句、Line Input 语句等,先将二进制数据以字符串形式读取,便于后续处理。

```
While Not Eof(f)
    Line Input #f, ls
    s=s & ls
Wend
```

该代码采用逐行读取的方式,将数据以字符串的形式存入变量 s,缺点是数据量大时耗时较多,等待时间长,因此,可以将语句修改为 Read#f,s,Lof(f) 或 s=Read#f,Lof(f) 的形式,以提高读取效率。

自定义函数 Public Function StrToInt(PointerSource As Integer) As Integer 可以通过输入流指针的方式,将指定的字符串转换为数值并返回。函数中使用 Seek#f, PointerSource 定位流指针,利用 Read#f,ls,4 读取 4 个字符串,以便后续处理。

在字符串查找时,使用 If ls="\x88\x25\x00\x04\x00\x00\x00\x01"Then 语句,通常不能使用字符串操作函数(如 InStr)定位,否则可能会出现定位误差,导致计算错误。语句中,使用了字符串的十六进制表示形式如"\x88""\x25",可以方便实现对指定字符串的查找。

参 考 文 献

[1] HANS. Gambas3-Das Online-Buch (German) [M]. https://www.gambas-buch.de/doku.php.
[2] RITTINGHOUSE J W, NICHOLSON J. A Beginner's Guide To Gambas [M]. Infinity Publishing, 2006.
[3] GUZMÁN ABAD A E. Gambas WebForm: Desarrollo de Aplicaciones Web con Gambas (Spanish Edition) [M]. https://www.amazon.com/Gambas-WebForm-Desarrollo-Aplicaciones-Spanish-ebook/dp/B086H6BB7T/ref=sr_1_1?keywords=gambas+webform&qid=1585584017&s=digital-text&sr=1-1.
[4] Gambas Documentation [EB/OL]. http://gambaswiki.org/wiki.
[5] 邢俊凤,苗玥,杨敏.基于Linux的药品管理系统的设计与实现 [J].科技传播,2012,4 (18):213-214.
[6] 项勇,陈月明,叶继伦,等.基于嵌入式Linux+Qt的多参监护系统设计 [J].中国医疗器械杂志,2020,44 (02):127-131.
[7] 夏梦迎,武樱楠,侯家成.基于Linux Qt的动力集中动车组显示屏设计及实现 [J].铁道机车与动车,2020 (01):18-20.
[8] 仝雪峰,黄文海.Linux平台下运用Lazarus+Firebird开发数据库应用程序 [J].工业控制计算机,2010,23 (05):80-81.
[9] 粮婵新,谭亮,张少平.Visual Basic程序设计 [M].北京:北京理工大学出版社,2018.
[10] 王建新,隋美丽.LabWindows CVI虚拟仪器测试技术及工程应用 [M].北京:化学工业出版社,2011.
[11] 王建新,隋美丽.LabWindows CVI虚拟仪器高级应用 [M].北京:化学工业出版社,2013.
[12] 王建新,隋美丽.LabWindows CVI虚拟仪器设计技术 [M].北京:化学工业出版社,2013.
[13] 王建新,隋美丽.大话虚拟仪器——我与LabWindows/CVI十年 [M].北京:电子工业出版社,2013.